西门子
PLC 编程
与通信综合应用

—— PLC与机器人、视觉、RFID、仪表、变频器系统集成

向晓汉　郭浩　主编

化学工业出版社

·北京·

内 容 简 介

本书以西门子 PLC 编程及通信应用为主线，从 PLC 技术人员的实际学习需求出发，采用全实例讲解的方式，全面介绍西门子 PLC 的编程、工业网络通信及其系统集成。

全书共分为三部分：第一部分介绍西门子 PLC 的编程，主要内容包括西门子 S7-1200/1500 PLC 的硬件系统、TIA Portal 软件的使用、西门子 S7-1200/1500 PLC 的编程；第二部分讲解西门子 PLC 的通信应用，包括 S7-1200/1500 PLC 的 PROFIBUS 通信、Modbus 通信、工业以太网通信、PROFINET 通信及 S7-200 SMART/1200/1500 PLC 的自由口通信；第三部分介绍西门子 PLC 与机器人、机器视觉、RFID、智能仪表、变频器的系统集成，第三方网关模块的应用、西门子耦合器使用、无线通信及其在远程维护中的应用。

本书采用双色图解，重点突出，内容实用，案例丰富，且实例来自于工程实际开发过程，包含详细的软硬件配置清单、接线图和程序，便于读者模仿应用。为方便学习，本书还配有视频讲解，扫描书中二维码即可观看，帮助读者快速掌握西门子 PLC 编程及应用。

本书可供从事 PLC 编程及开发应用的电气控制技术人员学习使用，也可供大中专院校相关专业师生学习参考。

图书在版编目（CIP）数据

西门子PLC编程与通信综合应用：PLC与机器人、视觉、RFID、仪表、变频器系统集成 / 向晓汉，郭浩主编. —北京：化学工业出版社，2023.9
　　（老向讲工控）
　　ISBN 978-7-122-43599-6

　　Ⅰ. ①西… 　Ⅱ. ①向…②郭… 　Ⅲ. ① PLC 技术 - 程序设计②通信系统 - 应用
Ⅳ. ① TM571.6 ② TN914

中国国家版本馆 CIP 数据核字（2023）第 099135 号

责任编辑：李军亮　徐卿华　　　　　　　　　文字编辑：李亚楠　陈小滔
责任校对：宋　玮　　　　　　　　　　　　　装帧设计：王晓宇

出版发行：化学工业出版社（北京市东城区青年湖南街13号　邮政编码100011）
印　　刷：三河市航远印刷有限公司
装　　订：三河市宇新装订厂
787mm×1092mm　1/16　印张22¾　字数591千字　2023年10月北京第1版第1次印刷

购书咨询：010-64518888　　　　　　　　　　售后服务：010-64518899
网　　址：http://www.cip.com.cn
凡购买本书，如有缺损质量问题，本社销售中心负责调换。

定　　价：108.00元　　　　　　　　　　　　　　　　　　版权所有　违者必究

随着计算机技术的发展，以可编程控制器（PLC）、变频器、伺服驱动系统和计算机通信等技术为主体的新型电气控制系统已经逐渐取代传统的继电器控制系统，并广泛应用于各个行业。其中，西门子、三菱 PLC、变频器、触摸屏及伺服驱动系统具有卓越的性能，且有很高的性价比，因此在工控市场占有非常大的份额，应用十分广泛。笔者之前出版过一系列西门子及三菱 PLC 方面的图书，深受读者欢迎，并被很多学校选为教材。近年来，由于工控技术不断发展，产品更新换代，性能得到了进一步提升，为了更好地满足读者学习新技术的需求，我们组织编写了这套全新的"老向讲工控"丛书。

　　本套丛书主要包括三菱 FX3U PLC、FX5U PLC、iQ-R PLC、MR-J4/JE 伺服系统，西门子 S7-1200/1500 PLC、SINAMICS V90 伺服系统，欧姆龙 CP1 系列 PLC 等内容，总结了笔者十余年的教学经验及工程实践经验，将更丰富、更实用的内容呈现给大家，帮助读者全面掌握工控技术。

　　丛书具有以下特点。

　　（1）内容全面，知识系统。既适合初学者全面掌握工控技术，也适合有一定基础的读者结合实例深入学习。

　　（2）实例引导学习。大部分知识点采用实例讲解，便于读者举一反三，快速掌握编程技巧及应用。

　　（3）案例丰富，实用性强。精选大量工程实用案例，便于读者模仿应用，重点实例都包含软硬件配置清单、原理图和程序，且程序已经在 PLC 上运行通过。

　　（4）对于重点及复杂内容，配有大量微课视频。读者扫描书中二维码即可观看，配合文字讲解，学习效果更好。

　　本书为《西门子 PLC 编程与通信综合应用》。PLC 通信和张力控制是 PLC 控制中的公认难点，对于西门子 PLC 刚入门的读者来说就更是如此，为了使读者能系统地掌握西门子 PLC 的编程与通信技术，我们在总结长期教学经验和工程实践的基础上，联合相关企业人员，共同编写了本书。

　　本书以西门子 PLC 编程及通信应用为主线，采用实例引导学习的方式，分三篇由浅入深全面介绍西门子 S7-1200/1500 编程、通信及与机器人、机器视觉、RFID、智能仪表和变频器等的系统集成。本书内容新颖、先进、实用，丰富案例配合视频详细讲解，帮助读者快速，掌握西门子 PLC 编程及通信综合应用。

　　本书由向晓汉和郭浩主编。第 1~4 章由龙丽编写，第 5~12 章由无锡职业技术学院向晓汉编写，第 13~16 章由西安中诺工业自动化科技有限公司郭浩编写。全书由陆金荣高级工程师主审。

　　由于编者水平有限，不足之处在所难免，敬请读者批评指正。

编者

CONTENTS

目 录

第 2 篇　西门子 PLC 通信应用

第 4 章　工业网络与现场总线通信基础　142

第 5 章　PROFIBUS 通信及应用　149

微课视频目录

第1篇
西门子PLC编程

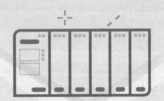

第1章
西门子 S7-1200/1500 PLC 的硬件系统

本章介绍西门子 S7-1200/1500 PLC 的 CPU 模块、数字量输入/输出模块、模拟量输入/输出模块、通信模块、电源模块的功能、接线与安装，该内容是后续程序设计和控制系统设计的前导知识，非常重要。

1.1 S7-1200 PLC 的 CPU 模块的接线

1.1.1 西门子 PLC 简介

德国西门子（Siemens）公司是欧洲最大的电子和电气设备制造商之一，其生产的 SIMATIC（"Siemens Automation"即西门子自动化）可编程序控制器在欧洲处于领先地位。

西门子公司的第一代 PLC 是 1975 年投放市场的 SIMATIC S3 系列的控制系统。之后在 1979 年，西门子公司将微处理器技术应用到 PLC 中，研制出了 SIMATIC S5 系列，取代了 S3 系列，目前 S5 系列产品仍然有少量在工业现场使用。20 世纪末，西门子又在 S5 系列的基础上推出了 S7 系列产品。

SIMATIC S7 系列产品包括 S7-200、S7-200 CN、S7-200 SMART、S7-1200、S7-300、S7-400 和 S7-1500 等，其外形见图 1-1。S7-200 PLC 是在西门子公司收购的小型 PLC 的基础上发展而来，因此其指令系统、程序结构及编程软件和 S7-300/400 PLC 有较大的区别，在西门子 PLC 产品系列中是一类特殊的产品。S7-200 SMART PLC 是 S7-200 PLC 的升级版本，于 2012 年 7 月发布，其绝大多数的指令和使用方法与 S7-200 PLC 类似，编程软件也和 S7-200 PLC 的类似，而且在 S7-200 PLC 中能运行的程序，大部分在 S7-200 SMART PLC 中也可以运行。S7-1200 PLC 是在 2009 年推出的新型小型 PLC，定位于 S7-200 PLC 和 S7-300 PLC 产品之间。S7-300/400 PLC 是由西门子的 S5 系列发展而来，是西门子公司最具竞争力的 PLC 产品之一。2013 年西门子公司又推出了 S7-1500 PLC。西门子 PLC 产品系列的定位见表 1-1。

(a) LOGO!　　(b) S7-200　(c) S7-200 SMART　(d) S7-1200　(e) S7-300　(f) S7-400　(g) S7-1500

图 1-1 SIMATIC 控制器的外形

表 1-1　SIMATIC 控制器的定位

序号	控制器	定位
1	LOGO！	低端独立自动化系统中简单的开关量解决方案和智能逻辑控制器
2	S7-200 和 S7-200 CN	低端的离散自动化系统和独立自动化系统中使用的紧凑型逻辑控制器模块，目前已经停产
3	S7-200 SMART	低端的离散自动化系统和独立自动化系统中使用的紧凑型逻辑控制器模块，是 S7-200 PLC 的升级版本
4	S7-1200	低端的离散自动化系统和独立自动化系统中使用的小型控制器模块
5	S7-300	中端的离散自动化系统中使用的控制器模块
6	S7-400	高端的离散和过程自动化系统中使用的控制器模块
7	S7-1500	中高端系统中使用的控制器模块

SIMATIC 产品除了 SIMATIC S7 外，还有 M7、C7 和 WinAC 系列等。

SIMATIC C7 系列基于 S7-300 系列 PLC 性能，同时集成了 HMI，具有节省空间的特点。

SIMATIC M7-300/400 采用了与 S7-300/400 相同的结构，又具有兼容计算机的功能，可以用 C、C++ 等高级语言编程，SIMATIC M7-300/400 适用于需要处理大量数据和实时性要求高的场合。

WinAC 是在个人计算机上实现 PLC 功能，突破了传统 PLC 开放性差、硬件昂贵等缺点，WinAC 具有良好的开放性和灵活性，可以很方便地集成第三方的软件和硬件。

1.1.2　S7-1200 PLC 的体系

S7-1200 PLC 的硬件主要包括电源模块、CPU 模块、信号模块、通信模块和信号板（CB 和 SB）。S7-1200 PLC 本机的体系如图 1-2 所示，通信模块安装在 CPU 模块的左侧，信号模块安装在 CPU 模块的右侧，西门子早期的 PLC 产品，扩展模块只能安装在 CPU 模块的右侧。

S7-1200 PLC 的体系与安装

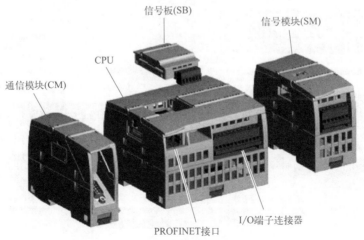

图 1-2　S7-1200 PLC 本机的体系

S7-1200 安装
实操

（1）S7-1200 PLC 本机扩展

S7-1200 PLC 本机最多可以扩展 8 个信号模块、3 个通信模块和 1 个信号板，最大本地数字 I/O 点数为 284 点，其中 CPU 模块最多 24 点，8 个信号模块最多 256 点，信号板最多 4 点，不计算通信模块的数字量点数。

最大本地模拟 I/O 点数为 37 个，其中 CPU 模块最多 4 点（CPU1214C 为 2 点，CPU1215C、CPU1217C 为 4 点），8 个信号模块最多 32 点，信号板最多 1 点，不计算通信模块的模拟量点数，如图 1-3 所示。

S7-1200 拆卸
实操

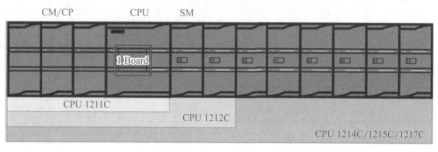

图 1-3　S7-1200 PLC 本机的扩展

（2）S7-1200 PLC 总线扩展

S7-1200 PLC 可以进行 PROFIBUS-DP 和 PROFINET 通信，即可以进行总线扩展。

S7-1200 PLC 的 PROFINET 通信，使用 CPU 模块集成的 PN 接口即可，S7-1200 PLC 的 PROFINET 通信最多扩展 16 个 IO 设备站，256 个模块，如图 1-4 所示。PROFINET 控制器站数据区的大小为输入区最大 1024 字节（8192 点），输出区最大 1024 字节（8192 点）。此 PN 接口还集成了 MODBUS-TCP、S7 通信和 OUC 通信。

S7-1200 PLC 的 PROFIBUS-DP 通信，要配置 PROFIBUS-DP 通信模块，主站模块是 CM1243-5，S7-1200 PLC 的 PROFIBUS-DP 通信最多扩展 32 个从站，512 个模块，如图 1-5 所示。PROFIBUS-DP 主站数据区的大小为输入区最大 1024 字节（8192 点），输出区最大 1024 字节（8192 点）。

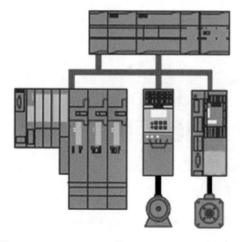

图 1-4　S7-1200 PLC 的 PROFINET 通信扩展

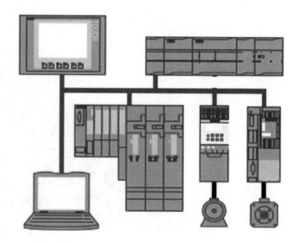

图 1-5　S7-1200 PLC 的 PROFIBUS-DP 通信扩展

1.1.3　S7-1200 PLC 的 CPU 模块及接线

S7-1200 PLC 的 CPU 模块是 S7-1200 PLC 系统中最核心的成员。目前，S7-1200 PLC 的 CPU 有 5 类：CPU 1211C、CPU 1212C、CPU1214C、CPU1215C 和 CPU 1217C。每类 CPU 模块又细分三种规格，即 DC/DC/DC、DC/DC/RLY 和 AC/DC/RLY，印刷在 CPU 模块的外壳上。其含义如图 1-6 所示。

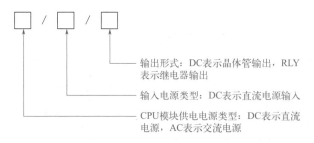

输出形式：DC表示晶体管输出，RLY 表示继电器输出

输入电源类型：DC表示直流电源输入

CPU模块供电电源类型：DC表示直流电源，AC表示交流电源

图 1-6　细分规格含义

AC/DC/RLY 的含义是：CPU 模块的供电电源是交流电源，范围为 120 ～ 240V AC；输入电源是直流电源，范围为 20.4 ～ 28.8V DC；输出形式是继电器输出。

（1）CPU 模块的外部介绍

S7-1200 PLC 的 CPU 模块将微处理器、集成电源、模拟量 I/O 点和多个数字量 I/O 点集成在一个紧凑的盒子中，形成功能比较强大的 S7-1200 微型 PLC，外形如图 1-7 所示。以下按照图中序号顺序介绍其外部的各部分功能。

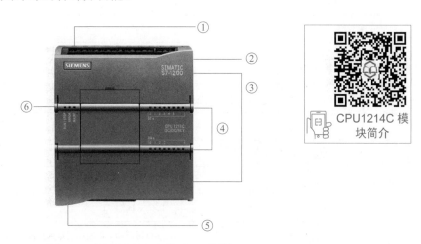

图 1-7　S7-1200 PLC 的 CPU 外形

① 电源接口。用于向 CPU 模块供电的接口，有交流和直流两种供电方式。

② 存储卡插槽。位于上部保护盖下面，用于安装 SIMATIC 存储卡。

③ 接线连接器。也称为接线端子，位于保护盖下面。接线连接器具有可拆卸的优点，便于 CPU 模块的安装和维护。

④ 板载 I/O 的状态 LED。通过板载 I/O 的状态 LED 指示灯（绿色）的点亮或熄灭，指示各输入或输出的状态。

⑤ 集成以太网口（PROFINET 连接器）。位于 CPU 的底部，用于程序下载、设备组网。这使得程序下载更加方便快捷，节省了购买专用通信电缆的费用。

⑥ 运行状态 LED。用于显示 CPU 的工作状态，如运行状态、停止状态和强制状态等。

（2）CPU 模块的常规规范

要掌握 S7-1200 PLC 的 CPU 具体的技术性能，必须要查看其常规规范，见表 1-2，这个表是 CPU 选型的主要依据。

表 1-2　S7-1200 PLC 的 CPU 常规规范

特征		CPU 1211C	CPU 1212C	CPU1214C	CPU1215C	CPU1217C
物理尺寸 /mm		90×100×75		110×100×75	130×100×75	150×100×75
用户存储器	工作 /KB	50	75	100	125	150
	负载 /MB	1		4		
	保持性 /KB	10				
本地板载 I/O	数字量	6 点输入 / 4 点输出	8 点输入 / 6 点输出	14 点输入 /10 点输出		
	模拟量	2 路输入		2 点输入 /2 点输出		
过程映像存储区大小	输入（I）	1024 个字节				
	输出（Q）	1024 个字节				
位存储器（M）		4096 个字节		8192 个字节		
信号模块（SM）扩展		无	2	8		
信号板（SB）、电池板（BB）或通信板（CB）		1				
通信模块（CM），左侧扩展		3				
高速计数器	总计	最多可组态 6 个，使用任意内置或 SB 输入的高速计数器				
	1MHz	—				Ib.2 ～ Ib.5
	100/80kHz	Ia.0 ～ Ia.5				
	30/20kHz	—	Ia.6 ～ Ia.7	Ia.6 ～ Ib.5		Ia.6 ～ Ib.1
脉冲输出	总计	最多可组态 4 个，使用任意内置或 SB 输出的脉冲输出				
	1MHz	—				Qa.0 ～ Qa.3
	100kHz	Qa.0 ～ Qa.3				Qa.4 ～ Qb.1
	20kHz	—	Qa.4 ～ Qa.5	Qa.4 ～ Qb.1		—
存储卡		SIMATIC 存储卡（选件）				
实时时钟保持时间		通常为 20 天，40℃ 时最少为 12 天（免维护超级电容）				
PROFINET 以太网通信端口		1			2	

（3）CPU 的工作模式

CPU 有以下三种工作模式：STOP 模式、STARTUP 模式和 RUN 模式。CPU 前面的状态 LED 指示当前工作模式。

① 在 STOP 模式下，CPU 不执行程序，但可以下载项目。

② 在 STARTUP 模式下，执行一次启动 OB（如果存在）。在启动模式下，CPU 不会处理中断事件。

③ 在 RUN 模式下，程序循环 OB 重复执行。可能发生中断事件，并在 RUN 模式中的任意点执行相应的中断事件 OB。可在 RUN 模式下下载项目的某些部分。

CPU 支持通过暖启动进入 RUN 模式。暖启动不包括存储器复位。执行暖启动时，CPU 会初始化所有的非保持性系统和用户数据，并保留所有保持性用户数据值。

存储器复位将清除所有工作存储器、保持性及非保持性存储区，将装载存储器复制到工作存储器并将输出设置为组态的"对 CPU STOP 的响应"（Reaction to CPU STOP）。

存储器复位不会清除诊断缓冲区，也不会清除永久保存的 IP 地址值。

> **注意** 目前 S7-1200/1500 CPU 仅有暖启动模式，而部分 S7-400 CPU 有热启动和冷启动。

（4）CPU 模块的接线

S7-1200 PLC 的 CPU 规格虽然较多，但接线方式类似，因此本书仅以 CPU1214C/1215C 为例进行介绍，其余规格产品请读者参考相关手册。

S7-1200 CPU
模块及其接线

1）CPU1214C（AC/DC/RLY）的数字量输入端子的接线　S7-1200 PLC 的 CPU 数字量输入端接线与三菱的 FX 系列 PLC 的数字量输入端接线不同，后者不必接入直流电源，其电源可以由系统内部提供，而 S7-1200 PLC 的 CPU 输入端则必须接入直流电源。

下面以 CPU1214C（AC/DC/RLY）为例介绍数字量输入端的接线。"1M"是输入端的公共端子，与 24V DC 电源相连，电源有两种连接方法，对应 PLC 的 NPN 型和 PNP 型接法。当电源的负极与公共端子相连时，为 PNP 型接法（高电平有效，电流流入 CPU 模块），如图 1-8 所示，"N"和"L1"端子为交流电的电源接入端子，输入电压范围为 120～240V AC，为 CPU 模块提供电源。"M"和"L+"端子为 24V DC 的电源输出端子，可向外围传感器提供电源（有向外的箭头）。

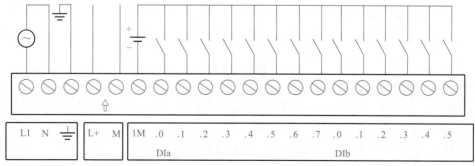

图 1-8　CPU1214C 输入端子的接线（PNP）

CPU1214C 输入端接线实操

2）CPU1214C（DC/DC/RLY）的数字量输入端子的接线　当电源的正极与公共端子 1M 相连时，为 NPN 型接法，其输入端子的接线如图 1-9 所示。

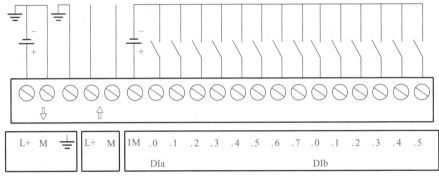

L+ M ⏚ | L+ M | 1M .0 .1 .2 .3 .4 .5 .6 .7 .0 .1 .2 .3 .4 .5

DIa　　　　　　　　　　DIb

24V DC INPUTS

图 1-9　CPU1214C 输入端子的接线（NPN）

> **注意** 在图 1-9 中，有两个"L+"和两个"M"端子，有箭头向 CPU 模块内部指向的"L+"和"M"端子是向 CPU 供电的电源接线端子，有箭头向 CPU 模块外部指向的"L+"和"M"端子是 CPU 向外部供电的接线端子（这个输出电源较少使用），切记两个"L+"不要短接，否则容易烧毁 CPU 模块内部的电源。

　　初学者往往不容易区分 PNP 型和 NPN 型的接法，经常混淆，若读者掌握以下的方法，就不会出错。把 PLC 作为负载，以输入开关（通常为接近开关）为对象，若信号从开关流出（信号从开关流出，向 PLC 流入），则 PLC 的输入为 PNP 型接法；若信号从开关流入（信号从 PLC 流出，向开关流入），则 PLC 的输入为 NPN 型接法。

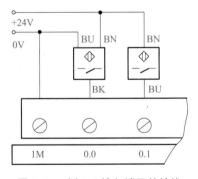

+24V
0V
　　BU BN　　BN
　　　　　　　BK　　BU
1M　　0.0　　0.1

图 1-10　例 1-1 输入端子的接线

【例 1-1】有一台 CPU1214C（AC/DC/RLY），输入端有一只三线 PNP 接近开关和一只二线 PNP 接近开关，应如何接线？

【解】对于 CPU1214C（AC/DC/RLY），公共端接电源的负极。而对于三线 PNP 接近开关，只要将其正、负极分别与电源的正、负极相连，将信号线与 PLC 的"I0.0"相连即可；而对于二线 PNP 接近开关，只要将电源的正极与其正极相连，将信号线与 PLC 的"I0.1"相连即可，如图 1-10 所示。

3）CPU1214C（DC/DC/RLY）的数字量输出端子的接线　CPU1214C 的数字量输出有两种形式，一种是 24V 直流输出（即晶体管输出），另一种是继电器输出。标注为"CPU1214C（DC/DC/DC）"的含义是：第一个 DC 表示供电电源电压为 24V DC；第二个 DC 表示输入端的电源电压为 24V DC；第三个 DC 表示输出为 24V DC，在 CPU 的输出点接线端子旁边印刷有"24V DC OUTPUTS"字样，含义是晶体管输出。标注为"CPU1214C（AC/DC/RLY）"的含义是：AC 表示供电电源电压为 120 ～ 240V AC，通常用 220V AC；DC 表示输入端的电源电压为 24V DC；"RLY"表示输出为继电器输出，在 CPU 的输出点接线端子旁边印刷有"RELAY OUTPUTS"字样，含义是继电器输出。

CPU1214C 输出端子的接线（继电器输出）如图 1-11 所示。可以看出，输出是分组安排的，每组既可以是直流电源，也可以是交流电源，而且每组电源的电压大小可以不同，接直流电源时，CPU 模块没有方向性要求。

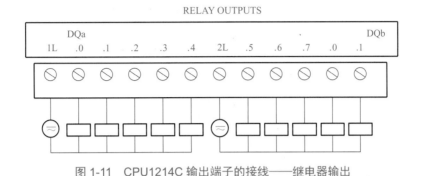

图 1-11　CPU1214C 输出端子的接线——继电器输出

在给 CPU 进行供电接线时，一定要特别小心，分清是哪一种供电方式，如果把 220V AC 接到 24V DC 供电的 CPU 上，或者不小心接到 24V DC 传感器的输出电源上，都会造成 CPU 的损坏。

CPU1214C 输出端接线实操

4）CPU1214C（DC/DC/DC）的数字量输出端子的接线　目前 24V 直流输出只有一种形式，即 PNP 型输出，也就是常说的高电平输出，这点与三菱 FX 系列 PLC 不同，三菱 FX 系列 PLC（FX3U 除外，FX3U 有 PNP 型和 NPN 型两种可选择的输出形式）为 NPN 型输出，也就是低电平输出，理解这一点十分重要，特别是利用 PLC 进行运动控制（如控制步进电动机）时，必须考虑这一点。

CPU1214C 输出端子的接线（晶体管输出）如图 1-12 所示，负载电源只能是直流电源，且输出高电平信号有效，因此是 PNP 型输出。

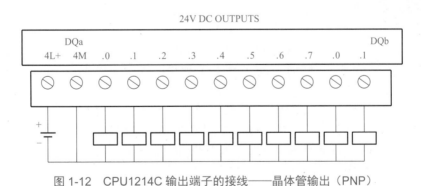

图 1-12　CPU1214C 输出端子的接线——晶体管输出（PNP）

5）CPU1215C 的模拟量输入 / 输出端子的接线　CPU1215C 模块集成了两个模拟量输入通道和两个模拟量输出通道。模拟量输入通道的量程范围是 0 ～ 10V。模拟量输出通道的量程范围是 0 ～ 20mA。

CPU1215C 的模拟量输入 / 输出端子的接线，如图 1-13 所示。左侧的方框▢代表模拟量输出的负载，常见的负载是变频器或者各种阀门。右侧的圆框⊙代表模拟量输入，一般与各类模拟量的传感器或者变送器相连接，圆框中的"+"和"−"代表传感器的正信号端子和负信号端子。

> **注意** 应将未使用的模拟量输入通道短路。

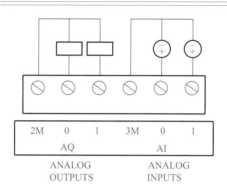

图 1-13　模拟量输入 / 输出端子的接线

1.2 S7−1200 PLC 的扩展模块及其接线

1.2.1　S7−1200 PLC 数字量扩展模块

S7-1200 PLC 的数字量扩展模块比较丰富，包括数字量输入模块（SM1221）、数字量输出模块（SM1222）、数字量输入 / 直流输出模块（SM1223）和数字量输入 / 继电器输出模块（SM1223）。它将外部的开关量信号转换成 PLC 可以识别的信号，通常与按钮和接近开关等连接。以下将介绍几个典型的扩展模块。

（1）数字量输入模块（SM1221）

1）数字量输入模块（SM1221）的技术规范　目前 S7-1200 PLC 的数字量输入模块有多个规格，主要有 8 点和 16 点直流输入模块 SM1221。

2）数字量输入模块（SM1221）的接线　数字量输入模块有专用的插针与 CPU 通信，并通过此插针由 CPU 向扩展输入模块提供 5V DC 的电源。SM1221 数字量输入模块的接线如图 1-14 所示，可以为 PNP 输入，也可以为 NPN 输入。

（2）数字量输出模块（SM1222）

1）数字量输出模块（SM1222）的技术规范　目前 S7-1200 PLC 的数字量输出模块有多个规格，把 PLC 运算的布尔结果送到外部设备，最常见的是与中间继电器的线圈和指示灯相连接。主要有 8 点和 16 点晶体管 / 继电器输出模块 SM1222，在工程中继电器输出模块更加常用。

2）数字量输出模块（SM1222）的接线　SM1222 数字量继电器输出模块的接线如图 1-15（a）所示，L+ 和 M 端子是模块的 24V DC 供电接入端，而 1L 和 2L 可以接入直流和交流电源，给负载供电，这点要特别注意。可以发现，数字量输入 / 输出扩展模块的接线与 CPU 的数字量输入 / 输出端子的接线是类似的。

SM1222 数字量晶体管输出模块的接线如图 1-15（b）所示，为 PNP 输出，不能为 NPN 输出。当然也有 NPN 输出型的数字量输出模块。

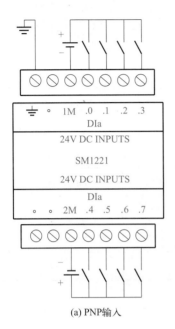

(a) PNP输入

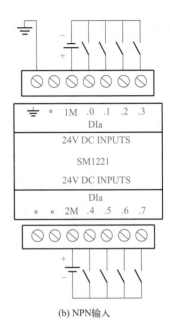

(b) NPN输入

图 1-14　数字量输入模块（SM1221）的接线

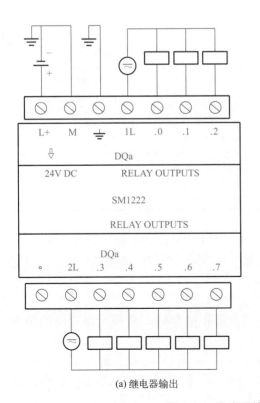

(a) 继电器输出

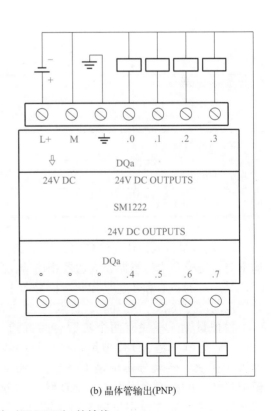

(b) 晶体管输出(PNP)

图 1-15　数字量输出模块（SM1222）的接线

1.2.2 S7-1200 PLC 模拟量模块

S7-1200 PLC
模拟量模块及
其接线

S7-1200 PLC 模拟量模块包括模拟量输入模块（SM1231）、模拟量输出模块（SM1232）、热电偶和热电阻模拟量输入模块（SM1231 RID）和模拟量输入 / 输出模块（SM1234）。S7-1200 PLC 的模拟量输入模块主要用于把外部的电流或者电压信号转换成 CPU 可以识别的数字量。

（1）模拟量输入模块（SM1231）

1）模拟量输入模块（SM1231）的技术规范　目前 S7-1200 PLC 的模拟量输入模块（SM1231）有多个规格，其典型模块的技术规范见表 1-3。

表 1-3　模拟量输入模块（SM1231）的技术规范

型号	SM1231 AI 4×13 位	SM1231 AI 8×13 位	SM1231 AI 4×16 位
订货号（MLFB）	6ES7 231-4HD32-0XB0	6ES7 231-4HF32-0XB0	6ES7 231-5ND32-0XB0
常规			
功耗 /W	2.2	2.3	2.0
电流消耗（SM 总线）/mA	80	90	80
电流消耗（24V DC）/mA	45	45	65
模拟输入			
输入路数	4	8	4
类型	电压或电流（差动）：可选择，2 个 1 为一组		电压或电流（差动）
范围	±10V、± 5V、± 2.5V 或 0 ～ 20mA		±10V、±5V、±2.5V、±1.25V、0 ～ 20mA 或 4 ～ 20mA
满量程范围（数据字）	−27648 ～ 27648		
断路（仅限电流模式）	不适用	不适用	仅限 4 ～ 20mA 范围
24V DC 低压	√	√	√

2）模拟量输入模块（SM1231）的接线　模拟量输入模块 SM1231 的接线如图 1-16 所示，通常与各类模拟量传感器和变送器相连接，通道 0 和 1 只能同时测量电流或电压信号，只能二选其一；通道 2 和 3 也是如此。信号范围：±10V、±5V、±2.5V 和 0 ～ 20mA。满量程数据范围：−27648 ～ +27648。这点与 S7-300/400 PLC 相同。

模拟量输入模块有两个参数容易混淆，即模拟量转换的分辨率和模拟量转换的精度（误差）。分辨率是 AD 模拟量转换芯片的转换精度，即用多少位的数值来表示模拟量。若模拟量模块的转换分辨率是 12 位，能够反映模拟量变化的最小单位是满量程的 1/4096。模拟量转换的精度除了取决于 AD 转换的分辨率，还受到转换芯片的外围电路的影响。在实际应用中，输入模拟量信号会有波动、噪声和其他干扰，内部模拟电路也会产生噪声、漂移，这些都会对转换的最后精度造成影响。这些因素造成的误差要大于 AD 芯片的转换误差。

当模拟量的扩展模块处于正常状态时，LED 指示灯为绿色显示，而当未供电时，则为红色闪烁。

使用模拟量模块时，要注意以下问题。

① 模拟量模块有专用的插针接头与 CPU 通信，并通过此电缆由 CPU 向模拟量模块提供 5V DC 的电源。此外，模拟量模块必须外接 24V DC 电源。

② 每个模块能同时输入 / 输出电流或者电压信号，对于模拟量输入的电压或者电流信号选择和量程的选择都是通过软件配置选择，如图 1-17 所示，模块 SM1231 的通道 0 设定为电压信号，量程为 ±2.5V。而 S7-200 PLC 的信号类型和量程是由 DIP 开关设定。

双极性就是信号在变化的过程中要经过"零"，单极性不过"零"。由于模拟量转换为数字量是有符号整数，所以双极性信号对应的数值会有负数。在 S7-1200 PLC 中，单极性模拟量输入 / 输出信号的数值范围是 0 ～ 27648；双极性模拟量信号的数值范围是 -27648 ～ 27648。

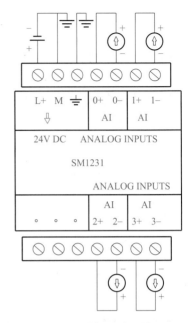

图 1-16　模拟量输入模块
（SM1231）的接线

③ 对于模拟量输入模块，传感器电缆线应尽可能短，而且应使用屏蔽双绞线，导线应避免弯成锐角。靠近信号源屏蔽线的屏蔽层应单端接地。

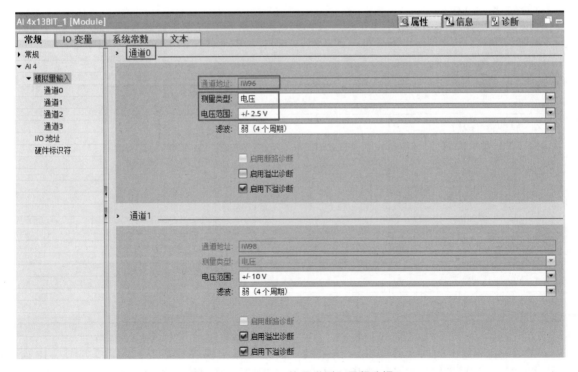

图 1-17　SM1231 信号类型和量程选择

④ 一般电压信号比电流信号容易受干扰，应优先选用电流信号。电压型的模拟量信号

由于输入端的内阻很高，极易引入干扰。一般电压信号是用在控制设备柜内电位器设置，或者距离非常近、电磁环境好的场合。电流信号不容易受到传输线沿途的电磁干扰，因而在工业现场获得广泛的应用。电流信号可以传输比电压信号远得多的距离。

⑤ 前述的 CPU 和扩展模块的数字量的输入点和输出点都有隔离保护，但模拟量的输入和输出则没有隔离。如果用户的系统中需要隔离，可另行购买信号隔离器件。

⑥ 模拟量输入模块的电源地和传感器的信号地必须连接（工作接地），否则将会产生一个很高的上下振动的共模电压，影响模拟量输入值，测量结果可能是一个变动很大的不稳定的值。

⑦ 西门子的模拟量模块的端子是上下两排分布，容易混淆。在接线时要特别注意，先接下面端子的线，再接上面端子的线，而且不要弄错端子号。

（2）模拟量输出模块（SM1232）

1）模拟量输出模块（SM1232）的技术规范　目前 S7-1200 PLC 的模拟量输出模块（SM1232）有多个规格，其典型模块的技术规范见表 1-4。模拟量输出模块主要把 CPU 的数字量转换成模拟量（电流或者电压）信号输出，一般与变频器或者比例阀相连接。

表 1-4　模拟量输出模块（SM1232）的技术规范

型号	SM 1232 AQ 2×14 位	SM 1232 AQ 4×14 位
订货号（MLFB）	6ES7 232-4HB32-0XB0	6ES7 232-4HD32-0XB0
常规		
功耗 /W	1.5	1.5
电流消耗（SM 总线）/mA	80	80
电流消耗（24V DC），无负载 /mA	45	45
模拟输出		
输出路数	2	4
类型	电压或电流	
范围	±10V 或 0 ～ 20mA	
精度	电压：14 位；电流：13 位	
满量程范围（数据字）	电压：−27648 ～ 27648；电流：0 ～ 27648	
断路（仅限电流模式）	√	√
24V DC 低压	√	√

2）模拟量输出模块（SM1232）的接线　模拟量输出模块 SM1232 的接线如图 1-18 所示，两个通道的模拟输出电流或电压信号，可以按需要选择。信号范围：±10V、0 ～ 20mA 和 4 ～ 20mA。满量程数据范围：−27648 ～ +27648。这点与 S7-300/400 PLC 相同，但不同于 S7-200 PLC。

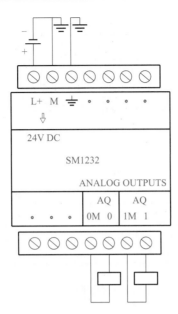

图 1-18   模拟量输出模块 SM1232 的接线

1.2.3   S7-1200 PLC 通信模块

S7-1200 PLC 通信模块安装在 CPU 模块的左侧，而一般扩展模块安装在 CPU 模块的右侧。

S7-1200 PLC 通信模块规格较为齐全，主要有串行通信模块 CM1241、紧凑型交换机模块 CSM1277、PROFIBUS-DP 主站模块 CM1243-5、PROFIBUS-DP 从站模块 CM1242-5、GPRS 模块 CP1242-7 和 I/O 主站模块 CM1278 等。S7-1200 PLC 通信模块的基本功能见表 1-5。

表 1-5   S7-1200 PLC 通信模块的基本功能

序号	名称	功能描述
1	串行通信模块 CM1241	• 用于执行强大的点对点高速串行通信，支持 RS-485/422 • 执行协议：ASCII、USS drive protocol 和 Modbus RTU • 可装载其他协议 • 通过 STEP 7 Basic 可简化参数设定
2	紧凑型交换机模块 CSM1277	• 能够以线型、树型或星型拓扑结构，将 S7-1200 PLC 连接到工业以太网 • 集成的 auto-crossover 功能，允许使用交叉连接电缆和直通电缆 • 无风扇的设计，维护方便 • 应用自检测（auto-sensing）和交叉自适应（auto-crossover）功能实现数据传输速率的自动检测 • 是一个非托管交换机，不需要进行组态配置
3	PROFIBUS-DP 主站模块 CM1243-5	通过使用 PROFIBUS-DP 主站通信模块，S7-1200 PLC 可以和下列设备通信： • 其他 CPU • 编程设备 • 人机界面 • PROFIBUS DP 从站设备（例如 ET200 和 SINAMICS）

续表

序号	名称	功能描述
4	PROFIBUS-DP 从站模块 CM1242-5	通过使用 PROFIBUS-DP 从站通信模块 CM1242-5，S7-1200 PLC 可以作为一个智能 DP 从站设备与任何 PROFIBUS-DP 主站设备通信
5	GPRS 模块 CP1242-7	通过使用 GPRS 通信处理器 CP1242-7，S7-1200 可以与下列设备远程通信： ● 中央控制站 ● 其他的远程站 ● 移动设备（SMS 短消息） ● 编程设备（远程服务） ● 使用开放用户通信（UDP）的其他通信设备
6	I/O 主站模块 CM1278	可作为 PROFINET IO 设备的主站
7	通信处理器 CP1243-1	作为附加以太网接口连接 S7-1200 PLC，以及通过远程控制协议（DNP3、IEC 60870、TeleControl Basic）、安全方式（防火墙、VPN、SINEMA 远程连接）连接控制中心

说明：本节讲解的通信模块不包含上节的通信板。

1.3 S7-1500 PLC 常用模块及其接线

S7-1500 PLC 的硬件系统主要包括电源模块、CPU 模块、信号模块、通信模块、工艺模块和分布式模块（如 ET200SP 和 ET200MP）。S7-1500 PLC 的中央机架上最多可以安装 32 个模块，而 S7-300 PLC 最多只能安装 11 个。

认识 S7-1500 PLC 模块

1.3.1 电源模块

S7-1500 PLC 电源模块是 S7-1500 PLC 系统中的一员。S7-1500 PLC 有 2 类电源：系统电源（PS）和负载电源（PM）。

（1）系统电源（PS）

系统电源（PS）通过 U 形连接器连接到背板总线，并专门为背板总线提供内部所需的系统电源，这种系统电源可为模块电子元件和 LED 指示灯供电。当 CPU 模块、PROFIBUS 通信模块、Ethernet 通信模块、接口模块等模块，没有连接到 DC 24V 电源上，系统电源可为这些模块供电。

当扩展模块数量较多时，通常需要增加系统电源模块。

（2）负载电源（PM）

负载电源（PM）与背板总线没有连接，负载电源为 CPU 模块、IM 模块、I/O 模块、PS 电源等提供高效、稳定、可靠的 24V DC 供电，其输入电源是 120 ～ 230V AC，不需要调节，可以自适应世界各地供电网络。

此电源可以由普通开关电源替代。

1.3.2 S7-1500 PLC 模块及其附件

S7-1500 PLC 有 20 多个型号，分为标准 CPU（如 CPU1511-1PN）、紧凑型 CPU（如 CPU1512C-

1PN)、分布式模块 CPU（如 CPU 1510SP-1PN）、工艺型 CPU（如 CPU1511T-1PN）、故障安全 CPU 模块（如 CPU1511F-1PN）和开放式控制器（如 CPU1515SP PC）等。

（1）S7-1500 PLC 的外观及显示面板

S7-1500 PLC 的外观如图 1-19 所示。S7-1500 PLC 的 CPU 都配有显示面板，可以拆卸，CPU1516-3PN/DP 配置的显示面板如图 1-20 所示。三盏 LED 灯，分别是运行状态指示灯、错误指示灯和维修指示灯。显示屏显示 CPU 的信息。操作按钮与显示屏配合使用，可以查看 CPU 内部的故障、设置 IP 地址等。

图 1-19　S7-1500 PLC 的外观

图 1-20　S7-1500 PLC 的显示面板

1—LED 指示灯；2—显示屏；3—操作员操作按钮

将显示面板拆下，其 CPU 模块的前视图如图 1-21 所示，后视图如图 1-22 所示。

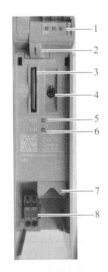

图 1-21　CPU 模块的前视图

1—LED 指示灯；2—USB 接口；3—SD 卡；4—模式转换开关；
5—X1P1 的 LED 指示灯；6—X1P2 的 LED 指示灯；
7—PROFINET 接口 X1；8—+24V 电源接头

图 1-22　CPU 模块的后视图

1—屏蔽端子表面；2—电源直插式连接；
3—背板总线的直插式连接；4—紧固螺钉

（2）S7-1500 PLC 的指示灯

图 1-23 所示为 S7-1500 PLC 的指示灯，上面的分别是运行状态指示灯（RUN/STOP LED）、错误指示灯（ERROR LED）和维修指示灯（MAINT LED），中间的是网络端口指示灯（P1 端口和 P2 端口指示灯）。

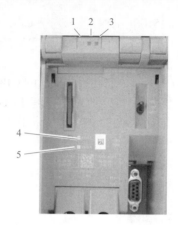

图 1-23 指示灯

1—RUN/STOP LED；2—ERROR LED；3—MAINT LED；4,5—P1 端口和 P2 端口指示灯

S7-1500 PLC 的操作模式和诊断状态 LED 指示灯的含义见表 1-6。

表 1-6 S7-1500 PLC 的操作模式和诊断状态 LED 指示灯的含义

RUN/STOP LED	ERROR LED	MAINT LED	含 义
指示灯熄灭	指示灯熄灭	指示灯熄灭	CPU 电源缺失或不足
指示灯熄灭	红色指示灯闪烁	指示灯熄灭	发生错误
绿色指示灯点亮	指示灯熄灭	指示灯熄灭	CPU 处于 RUN 模式
绿色指示灯点亮	红色指示灯闪烁	指示灯熄灭	诊断事件未决
绿色指示灯点亮	指示灯熄灭	黄色指示灯点亮	设备要求维护。必须在短时间内更换受影响的硬件
绿色指示灯点亮	指示灯熄灭	黄色指示灯闪烁	设备需要维护。必须在合理的时间内更换受影响的硬件
			固件更新已成功完成
黄色指示灯点亮	指示灯熄灭	指示灯熄灭	CPU 处于 STOP 模式
黄色指示灯点亮	红色指示灯闪烁	黄色指示灯闪烁	SIMATIC 存储卡上的程序出错
			CPU 故障
黄色指示灯闪烁	指示灯熄灭	指示灯熄灭	CPU 处于 STOP 状态时，将执行内部活动，如 STOP 之后启动
			装载用户程序
黄色 / 绿色指示灯闪烁	指示灯熄灭	指示灯熄灭	启动（从 RUN 转为 STOP）
黄色 / 绿色指示灯闪烁	红色指示灯闪烁	黄色指示灯闪烁	启动（CPU 正在启动）
			启动、插入模块时测试 指示灯
			指示灯闪烁测试

S7-1500 PLC 的每个端口都有 LINK RX/TX-LED，其 LED 指示灯的含义见表 1-7。

表 1-7 S7-1500 PLC 的 LINK RX/TX-LED 指示灯的含义

LINK RX/TX-LED	含义
指示灯熄灭	PROFINET 设备的 PROFINET 接口与通信伙伴之间没有以太网连接 当前未通过 PROFINET 接口收发任何数据 没有 LINK 连接
绿色指示灯闪烁	已执行 "LED 指示灯闪烁测试"
绿色指示灯点亮	PROFINET 设备的 PROFINET 接口与通信伙伴之间没有以太网连接
黄色指示灯闪烁	当前正在通过 PROFINET 设备的 PROFINET 接口从以太网上的通信伙伴接收数据

（3）S7-1500 PLC 的技术参数

目前 S7-1500 PLC 已经推出的有 20 多个型号，部分 S7-1500 PLC 的技术参数见表 1-8。

表 1-8 S7-1500 PLC 的技术参数

标准型 CPU	CPU1511-1PN	CPU1513-1PN	CPU1515-2PN	CPU1518-4PN/DP
编程语言	LAD，FBD，STL，SCL，GRAPH			
工作温度	0 ～ 60℃（水平安装）；0 ～ 40℃（垂直安装）			
典型功耗	5.7W		6.3W	24W
中央机架最大模块数量	32 个			
分布式 I/O 模块	通过 PROFINET（CPU 上集成的 PN 口或 CM）连接，或 PROFIBUS（通过 CM/CP）连接			
装载存储器插槽式 （SIMATIC 存储卡）	最大 32GB			
块总计	2000	2000	6000	10000
DB 最大容量	1MB	1.5MB	3MB	10MB
FB 最大容量	150KB	300KB	500KB	512KB
FC 最大容量	150KB	300KB	500KB	512KB
OB 最大容量	150KB	300KB	500KB	512KB
最大模块 / 子模块数量	1024	2048	8192	16384
I/O 地址区域：输入 / 输出	输入输出各 32KB；所有输入 / 输出均在过程映像中			
转速轴数量 / 定位轴数量	6/6	6/6	30/30	128/128
同步轴数量 / 外部编码器数量	3/6	3/6	15/30	64/128
通信				
扩展通信模块 CM/CP 数量 （DP、PN、以太网）	最多 4 个	最多 6 个	最多 8 个	
S7 路由连接资源数	16	16	16	64
集成的以太网接口数量	1×PROFINET（2 端口交换机）		1×PROFINET （2 端口交换机） 1×ETHERNET	1×PROFINET （2 端口交换机） 2×ETHERNET

续表

X1/X2 支持的 SIMATIC 通信	S7 通信，服务器 / 客户端	
X1/X2 支持的开放式 IE 通信	TCP/IP, ISO-on-TCP（RFC1006），UDP, DHCP, SNMP, DCP, LLDP	
X1/X2 支持的 Web 服务器	HTTP, HTTPS	
X1/X2 支持的其他协议	MODBUS TCP	
DP 口	无	PROFIBUS-DP 主站，SIMATIC 通信

（4）S7-1500 PLC 的分类

1）标准型 CPU　标准型 CPU 最为常用，目前已经推出产品分别是：CPU1511-1PN、CPU1513-1PN、CPU1515-2PN、CPU1516-3PN/DP、CPU1517-3PN/DP 、CPU1518-4PN/DP 和 CPU1518-4PN/DP ODK。

CPU1511-1PN、CPU1513-1PN 和 CPU1515-2PN 只集成了 PROFINET 或以太网通信口，没有集成 PROFIBUS-DP 通信口，但可以扩展 PROFIBUS-DP 通信模块。

CPU1516-3PN/DP、CPU1517-3PN/DP 、CPU1518-4PN/DP 和 CPU1518-4PN/DP ODK 除了集成了 PROFINET 或以太网通信口外，还集成了 PROFIBUS-DP 通信口。CPU1516-3PN/DP 的外观如图 1-24 所示。

图 1-24　CPU1516-3PN/DP 的外观

标准型 CPU 的性能特性见表 1-9。

表 1-9　标准型 CPU 的性能特性

CPU	应用范围	工作存储器	位运算的处理时间
CPU1511-1PN	适用于中小型应用	1.23MB	60ns
CPU1513-1PN	适用于中等应用	1.95MB	40ns
CPU1515-2PN	适用于大中型应用	3.75MB	30ns
CPU1516-3PN/DP	适用于高要求应用和通信任务	6.5MB	10ns
CPU1517-3PN/DP	适用于高要求应用和通信任务	11MB	2ns
CPU1518-4PN/DP CPU1518-4PN/DPODK	适用于高性能应用、高要求通信任务和超短响应时间	26MB	1ns

2）紧凑型 CPU　目前紧凑型 CPU 只有 2 个型号，分别是 CPU1511C-1PN 和 CPU1512C-1PN。

紧凑型 CPU 基于标准型控制器，集成了离散量、模拟量输入输出和高达 400kHz（4 倍频）的高速计数功能。还可以如标准型控制器一样扩展 25mm 和 35mm 的 I/O 模块。

3）分布式模块 CPU　分布式模块 CPU 是一款兼备 S7-1500 PLC 的突出性能与 ET200SP I/O 的简单易用、身形小巧特点于一身的控制器。为对机柜空间大小有要求的机器制造商或者分布式控制应用提供了完美解决方案。

分布式模块 CPU 分为 CPU1510SP-1 PN 和 CPU1512SP-1 PN。

4）开放式控制器（CPU1515SP PC） 开放式控制器（CPU1515SP PC）是将 PC-based 平台与 ET200SP 控制器功能相结合的可靠、紧凑的控制系统。可以用于特定的 OEM 设备以及工厂的分布式控制。控制器右侧可直接扩展 ET200SP I/O 模块。

CPU1515SP PC 开放式控制器使用双核 1GHz AMD G Series APU T40E 处理器，2G/4G 内存，使用 8G/16G Cfast 卡作为硬盘，Windows 7 嵌入版 32 位或 64 位操作系统。

目前 CPU1515SP PC 开放式控制器有多个订货号供选择。

5）S7-1500 PLC 软控制器 S7-1500 PLC 软控制器采用 Hypervisor（虚拟机监视器）技术，在安装到 SIEMENS 工控机后，将工控机的硬件资源虚拟成两套硬件，其中一套运行 Windows 系统，另一套运行 S7-1500 PLC 实时系统，两套系统并行运行，通过 SIMATIC 通信的方式交换数据。软 PLC 与 S7-1500 PLC 硬 PLC 代码 100% 兼容，其运行独立于 Windows 系统，可以在软 PLC 运行时重启 Windows。

目前 S7-1500 PLC 软控制器只有 2 个型号，分别是 CPU1505S 和 CPU1507S。

6）S7-1500 PLC 故障安全 CPU 故障安全自动化系统（F 系统）用于具有较高安全要求的系统。F 系统用于控制过程，确保中断后这些过程可立即处于安全状态。也就是说，F 系统用于控制过程，在这些过程中发生即时中断不会危害人身或环境。

故障安全 CPU 除了拥有 S7-1500 PLC 所有特点外，还集成了安全功能，支持到 SIL3 安全完整性等级，其将安全技术轻松地和标准自动化无缝集成在一起。

故障安全 CPU 目前已经推出 2 大类，分别如下所述。

① S7-1500 F CPU（故障安全 CPU 模块），目前推出产品规格，分别是：CPU1511F-1PN、CPU1513F-1PN、CPU1515-2PN、CPU1516F-3PN/DP、CPU1517F-3PN/DP、CPU1517TF-3PN/DP、CPU1518F-4PN/DP 和 CPU1518F-4PN/DP ODK。

② ET 200 SP F CPU（故障安全 CPU 模块），目前推出产品规格，分别是：CPU 1510SP F-1 PN 和 CPU 1512SP F-1 PN。

7）S7-1500 PLC 工艺型 CPU S7-1500 PLC T CPU 均可通过工艺对象控制速度轴、定位轴、同步轴、外部编码器、凸轮、凸轮轨迹和测量输入，支持标准 Motion Control 功能。

目前推出的工艺型 CPU 有 CPU1511T-1 PN、CPU1515T-2 PN、CPU1517T-3 PN/DP 和 CPU1517TF-3 PN/DP 等型号。S7-1500 PLC T CPU 的外观如图 1-25 所示。

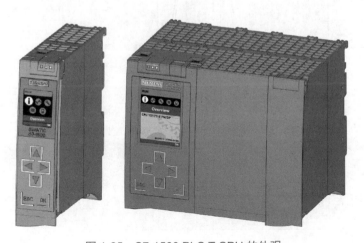

图 1-25　S7-1500 PLC T CPU 的外观

（5）S7-1500 PLC 的接线

1）S7-1500 PLC 的电源接线　标准的 S7-1500 PLC 模块只有电源接线端子，S7-1500 PLC 模块接线如图 1-26 所示，1L+ 和 2L+ 端子与电源 24 V DC 相连接，1M 和 2M 与电源 0V 相连接，同时 0V 与接地相连接。

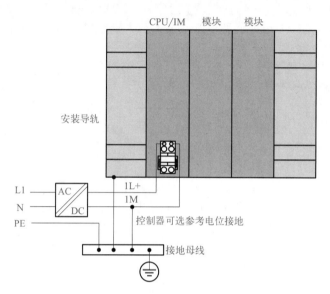

图 1-26　S7-1500 PLC 电源接线端子的接线

2）紧凑型 S7-1500 PLC 的数字量端子的接线　CPU1511C 自带 16 点数字量输入，16 点数字量输出，接线如图 1-27 所示。左侧是输入端子，高电平有效，为 PNP 输入。右侧是输出端子，输出的高电平信号，为 PNP 输出。

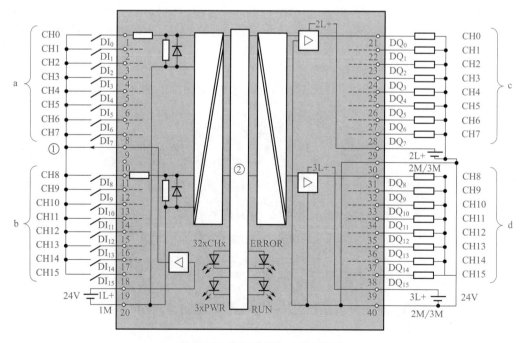

图 1-27　数字量输入 / 输出接线

【例 1-2】某设备的控制器为 CPU1511C-1PN，控制三相交流电动机的启停，并有一只接近开关限位，请设计接线图。

【解】根据题意，只需要 3 个输入点和 1 个输出点，因此使用 CPU1511C-1PN 上集成的 I/O 即可，输入端和输出端都是 PNP 型，因此接近开关只能用 PNP 型的接近开关（不用转换电路时），接线图如图 1-28 所示。交流电动机的启停一般要用交流接触器，交流回路由读者自行设计，在此不再赘述。

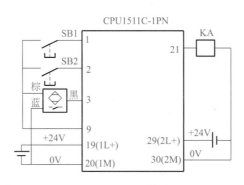

图 1-28　例 1-2 接线图

1.3.3　S7-1500 PLC 信号模块及其接线

信号模块通常是控制器和过程之间的接口。S7-1500 PLC 标准型 CPU 连接的信号模块和 ET200MP 的信号模块是相同的，且在工程中最为常见，以下将作为重点介绍。

S7-1500 PLC
数字量模块
及其接线

（1）信号模块的分类

信号模块分为数字量模块和模拟量模块。数字量模块分为：数字量输入模块（DI）、数字量输出模块（DQ）和数字量输入 / 输出混合模块（DI/DQ）。模拟量模块分为：模拟量输入模块（AI）、模拟量输出模块（AQ）和模拟量输入 / 输出混合模块（AI/AQ）。

同时，其模块还有 35mm 和 25mm 宽之分。25mm 宽模块自带前连接器，而 35mm 宽模块不带前连接器，需要购置。

（2）数字量输入模块

数字量输入模块将现场的数字量信号转换成 S7-1500 PLC 可以接收的信号，S7-1500 PLC 的 DI 有直流 16 点和 32 点、交流 16 点。直流输入模块（6ES7 521-1BH00-0AB0）的外形如图 1-29 所示。

数字量输入模块有高性能型（模块上有 HF 标记）和基本型（模块上有 BA 标记）。高性能型模块有通道诊断功能和高速计数功能。

① 典型的直流输入模块（6ES7 521-1BH00-0AB0）的接线如图 1-30 所示，PNP 型输入模块，即输入为高电平有效，

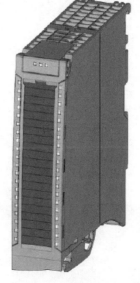

图 1-29　直流输入模块（6ES7 521-1BH00-0AB0）的外形

较为常见，也有 NPN 型输入模块。

② 交流模块一般用于强干扰场合。典型的交流输入模块（6ES7 521-1FH00-0AA0）的接线如图 1-31 所示。注意：交流模块的电源电压是 120/230V AC，其公共端子 8、18、28、38 与交流电源的零线 N 相连接。

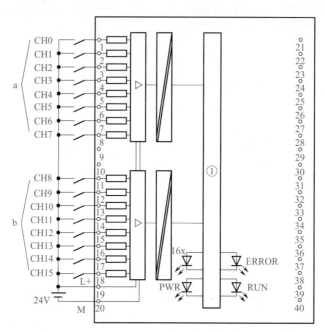

图 1-30　直流输入模块（6ES7 521-1BH00-0AB0）的接线图（PNP）

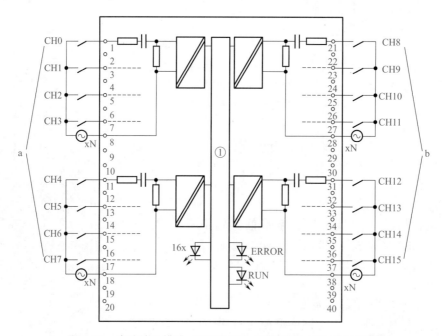

图 1-31　交流输入模块（6ES7 521-1FH00-0AA0）的接线图

此外，还有交直流模块，使用并不常见。

（3）数字量输出模块

数字量输出模块 S7-1500 PLC 内部的信号转换成过程需要的电平信号输出。

数字量输出模块有高性能型（模块上有 HF 标记）和标准型（模块上有 ST 标记）。高性能型模块有通道诊断功能。

数字量输出模块可以驱动继电器、电磁阀和信号灯等负载，主要有三类。

① 晶体管输出，只能接直流负载，响应速度最快。晶体管输出的数字量模块（6ES7 522-1BH01-0AB0）的接线如图 1-32 所示，有 16 个点输出，8 个点为一组，输出信号为高电平有效，即 PNP 输出。负载电源只能是直流电。

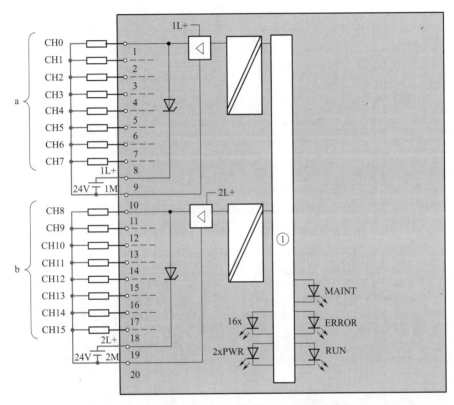

图 1-32　晶体管输出的数字量模块（6ES7 522-1BH01-0AB0）的接线图

② 晶闸管（可控硅）输出，接交流负载，响应速度较快，应用较少。晶闸管输出的数字量模块（6ES7 522-1FF00-0AB0）的接线如图 1-33 所示，有 8 个点输出，每个点为单独一组，输出信号为交流信号，即负载电源只能是交流电。

③ 继电器输出，接交流和直流负载，响应速度最慢，但应用最广泛。继电器输出的数字量模块（6ES7 522-5HH00-0AB0）的接线如图 1-34 所示，有 16 个点输出，每 2 个点为单独一组，输出信号为继电器的开关触点，所以其负载电源可以是直流电或交流电。通常交流电压不大于 230V。

注意　此模块的供电电源是直流 24V。

此外，数字量输出模块还有交直流型模块。

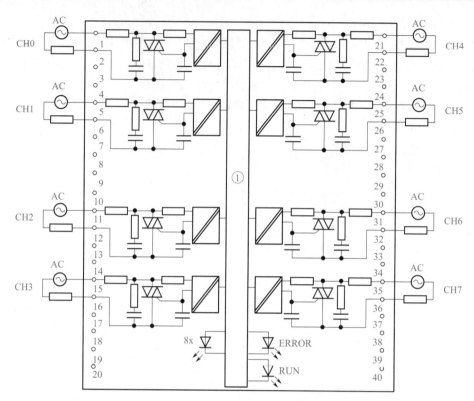

图 1-33 晶闸管输出的数字量模块（6ES7 522-1FF00-0AB0）的接线图

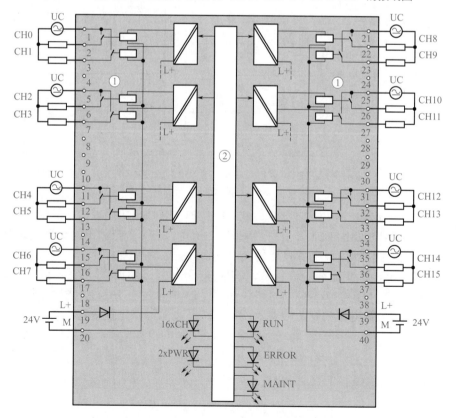

图 1-34 继电器输出的数字量模块（6ES7 522-5HH00-0AB0）的接线图

（4）数字量输入 / 输出混合模块

数字量输入 / 输出混合模块就是一个模块上既有数字量输入点也有数字量输出点。典型的数字量输入 / 输出混合模块（6ES7 523-1BL00-0AA0）的 16 点的数字量输入为直流输入，高电平信号有效，即 PNP 型输入；16 点的数字量输出为直流输出，高电平信号有效，即 PNP 型输出。

S7-1500 PLC
模拟量模块
及其接线

（5）模拟量输入模块

S7-1500 PLC 的模拟量输入模块是将采集模拟量（如电压、电流、温度等）转换成 CPU 可以识别的数字量的模块，一般与传感器或变送器相连接。部分 S7-1500 PLC 的模拟量输入模块技术参数见表 1-10。

表 1-10　S7-1500 PLC 的模拟量输入模块技术参数

模拟量输入模块	4AI, U/I/RTD/TC 标准型	8AI, U/I/RTD/TC 标准型	8AI,U/I 高速型
订货号	6ES7 531-7QD00-0AB0	6ES7 531-7KF00-0AB0	6ES7 531-7NF10-0AB0
输入通道数	4（用作热敏电阻、热电阻测量时 2 通道）	8	8
输入信号类型	电流，电压，热电阻，热电偶，热敏电阻	电流，电压，热电阻，热电偶，热敏电阻	电流，电压
分辨率（最高）	16 位	16 位	16 位
是否包含前连接器	是	否	否
限制中断 诊断中断 诊断功能	√ √ √；通道级	√ √ √；通道级	√ √ √；通道级
模块宽度 /mm	25	35	35

以下仅以模拟量输入模块（6ES7 531-7KF00-0AB0）为例介绍模拟量输入模块的接线。此模块功能比较强大，可以测量电流、电压，还可以通过热敏电阻、热电阻和热电偶测量温度。其测量电压信号的接线如图 1-35 所示，图中连接电源电压的端子是 41(L+) 和 44(M)，然后通过端子 42（L+）和 43(M) 为下一个模块供电。

注意　图 1-35 中的虚线是等电位连接电缆，当信号有干扰时，可采用。

测量电流信号的四线式接线图如图 1-36 所示，二线式如图 1-37 所示。标记⑤表示等电位接线。

测量温度的二线式、三线式和四线式热电阻接线图如图 1-38 所示。注意：此模块用来

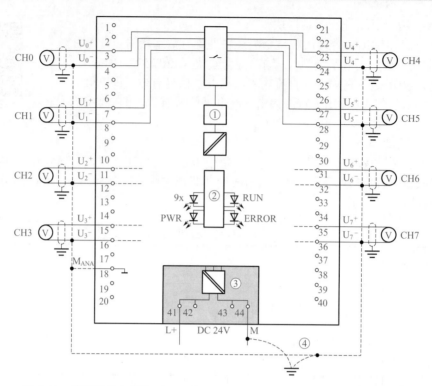

图 1-35　模拟量输入模块（6ES7 531-7KF00-0AB0）的接线图（测量电压）

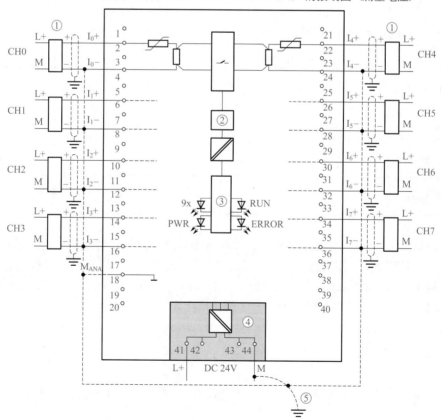

图 1-36　模拟量输入模块（6ES7 531-7KF00-0AB0）的接线图（四线式测量电流）

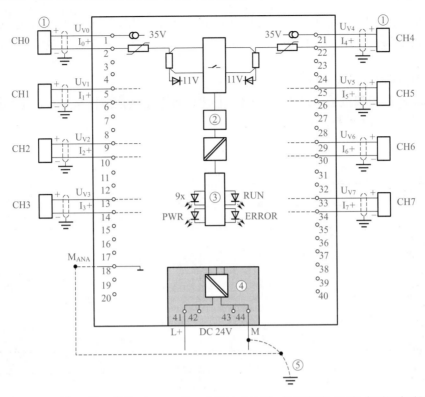

图 1-37　模拟量输入模块（6ES7 531-7KF00-0AB0）的接线图（二线式测量电流）

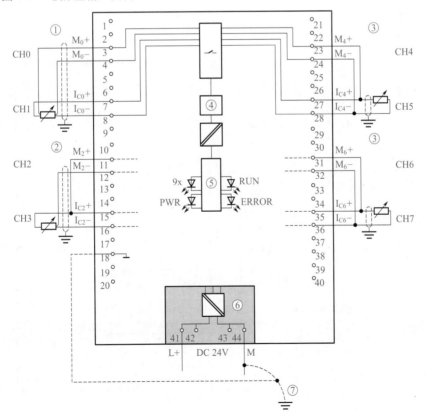

图 1-38　模拟量输入模块（6ES7 531-7KF00-0AB0）的接线图（热电阻）

测量电压和电流信号是 8 通道，但用热电阻测量温度只有 4 通道。标记①是四线式热电阻接法，标记②是三线式热电阻接法，标记③是二线式热电阻接法。标记⑦表示等电位接线。

（6）模拟量输出模块

S7-1500 PLC 模拟量输出模块是将 CPU 传来的数字量转换成模拟量 (电流和电压信号)，一般用于控制阀门的开度或者变频器的频率给定等。S7-1500 PLC 常用的模拟量输出模块的技术参数见表 1-11。

表 1-11　S7-1500 PLC 的模拟量输出模块技术参数

模拟量输出模块	2AQ，U/I 标准型	4AQ，U/I 标准型	8AQ，U/I 高速型
订货号	6ES7 532-5NB00-0AB0	6ES7 532-5HD00-0AB0	6ES7 532-5HF00-0AB0
输出通道数 输出信号类型 分辨率，最高 转换时间（每通道）	2 电流，电压 16 位 0.5 ms	4 电流，电压 16 位 0.5 ms	8 电流，电压 16 位 所有通道 50 μs
硬件中断 诊断中断 诊断功能	— √ √；通道级	— √ √；通道级	— √ √；通道级
模块宽度 /mm	25	35	35

模拟量输出模块（6ES7 532-5HD00-0AB0）电压输出的接线如图 1-39 所示。标记①是电压输出二线式接法，无电阻补偿，精度相对低些；标记②是电压输出四线式接法，有电阻补偿，精度比二线式接法高。

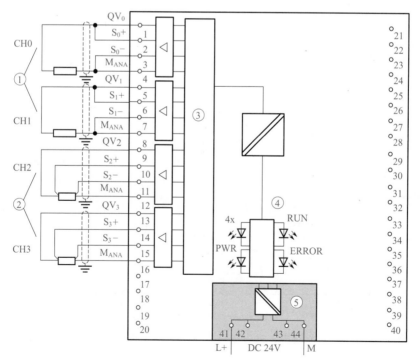

图 1-39　模拟量输出模块（6ES7 532-5HD00-0AB0）电压输出的接线

模拟量输出模块（6ES7 532-5HD00-0AB0）电流输出的接线如图 1-40 所示。

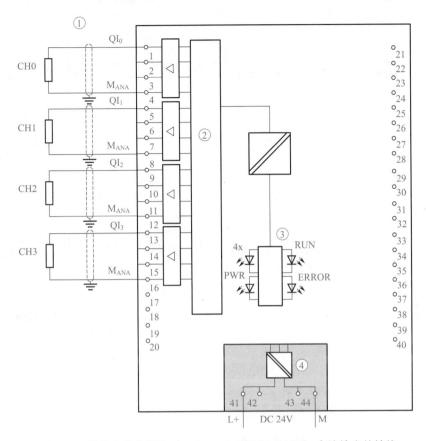

图 1-40　模拟量输出模块（6ES7 532-5HD00-0AB0）电流输出的接线

（7）模拟量输入 / 输出混合模块

S7-1500 PLC 模拟量输入 / 输出混合模块就是一个模块上既有模拟量输入通道又有模拟量输出通道。用法和模拟量输入模块、模拟量输出模块类似，在工程上也比较常用，在此不再赘述。

1.3.4　S7-1500 PLC 通信模块

通信模块集成有各种接口，可与不同接口类型设备进行通信，而具有安全功能的工业以太网模块，可以极大提高连接的安全性。

（1）通信模块的分类

S7-1500 PLC 的通信模块包括 CM 通信模块和 CP 通信处理器模块。CM 通信模块主要用于小数据量通信场合，而 CP 通信处理器模块主要用于大数据量的通信场合。

通信模块按照通信协议分，主要有 PROFIBUS 模块（如 CM1542-5）、点对点连接串行通信模块（如 CM PtP RS232 BA）、以太网通信模块（如 CP1543-1）和 PROFINET 通信模块（如 CM1542-1）等。

（2）通信模块的技术参数

常见的 S7-1500 PLC 的通信模块的技术参数见表 1-12。

表 1-12　S7-1500 PLC 通信模块的技术参数

通信模块	S7-1500-PROFIBUS CM1542-5	S7-1500- PROFIBUS CP1542-5	S7-1500-Ethernet CP1543-1	S7-1500-PROFINET CM1542-1
订货号	6GK7 542-5DX00-0XE0	6GK7 542-5FX00-0XE0	6GK7 543-1AX00-0XE0	6GK7 542-1AX00-0XE0
连接接口	RS485(母头)	RS485(母头)	RJ45	RJ45
通信接口数量	1 个 PROFIBUS		1 个以太网	2 个 PROFINET
通信协议	DPV1 主 / 从 S7 通信 PG/OP 通信		开放式通信 — ISO 传输 — TCP、ISO-on-TCP、UDP — 基于 UDP 连接组播 S7 通信 IT 功能 — FTP — SMTP — Webserver — NTP — SNMP	PROFINET IO — RT — IRT — MRP — 设备更换无需可交换存储介质 — IO 控制器 — 等时实时 开放式通信 — ISO 传输 — TCP、ISO-on-TCP、UDP — 基于 UDP 连接组播 S7 通信 其他如 NTP，SNMP 代理，WebServer（详情参考手册）
通信速率	9.6kbps ~ 12Mbps		10/100/1000 Mbps	10/100 Mbps
最多连接从站数量	125	32	—	128
VPN	否	否	是	否
防火墙功能	否		否	是
模块宽度 /mm	35			

1.3.5　S7-1500 PLC 分布式模块

S7-1500 PLC 支持的分布式模块，常见的有 ET200MP 和 ET 200SP。ET200MP 是一个可扩展且高度灵活的分布式 I/O 系统，用于通过现场总线（PROFINET 或 PROFIBUS）将过程信号连接到中央控制器。相较于 S7-300/400 PLC 的分布式模块 ET200M 和 ET200S，ET200MP 和 ET200SP 的功能更加强大。

ET200MP 和 ET200SP 主要是为 S7-1500 PLC 设计的模块，在工程实践中，S7-1200 PLC 和其他带 PROFINET 或 PROFIBUS 的 PLC 也常与此分布式模块配合使用。

（1）ET200MP 模块

ET200MP 模块包含 IM 接口模块和 I/O 模块。ET200MP 的 IM 接口模块将 ET200MP 连接到 PROFINET 或 PROFIBUS 总线，与 S7-1500 PLC 通信，实现 S7-1500 PLC 的扩展。ET200MP 模块的 I/O 模块与 S7-1500 PLC 本机上的 I/O 模块通用，前面已经介绍，在此不再重复介绍。

（2）ET200SP 模块

ET200SP 是新一代分布式 I/O 系统，具有体积小、使用灵活、性能突出的特点，具体介绍如下：

- 防护等级 IP20，支持 PROFINET 和 PROFIBUS。
- 更加紧凑的设计，单个模块最多支持 16 通道。
- 直插式端子，无需工具，单手可以完成接线。
- 模块化，基座的组装更方便。
- 各种模块任意组合。
- 各个负载电势组的形成无需 PM-E 电源模块。
- 运行中可以更换模块（热插拔）。

ET200SP 安装于标准 DIN 导轨，一个站点基本配置包括支持 PROFINET 或 PROFIBUS 的 IM 通信接口模块、各种 I/O 模块，功能模块以及所对应的基座单元和最右侧用于完成配置的服务模块（无需单独订购，随接口模块附带）。

每个 ET200SP 接口通信模块最多可以扩展 32 个或者 64 个模块。

ET200SP 的 I/O 模块非常丰富，包括数字量输入模块、数字量输出模块、模拟量输入模块、模拟量输出模块、工艺模块和通信模块等。

（3）其他分布式模块

S7-300/400 PLC 的分布式模块 ET200M 和 ET200S、第三方设备厂家生产的支持 PROFINET 和 PROFIBUS 总线的分布式模块都可以与 S7-1200/1500 PLC 配合使用。

第 2 章
TIA Portal（博途）
软件使用入门

本章介绍 TIA Portal（博途）软件的使用方法，并用两种方法介绍使用 TIA Portal 软件编译一个简单程序完整过程的例子，这是学习本书后续内容必要的准备。

2.1 TIA Portal（博途）软件简介

2.1.1 初识 TIA Portal（博途）软件

TIA Portal（博途）软件是西门子推出的，面向工业自动化领域的新一代工程软件平台，主要包括五个部分：SIMATIC STEP 7、SIMATIC WinCC、SINAMICS StartDrive、SIMOTION Scout TIA 和 SIRIUS SIMOCODE ES。TIA Portal 软件的体系结构如图 2-1 所示。

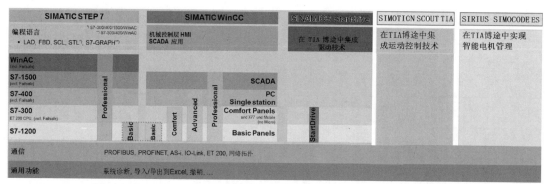

图 2-1　TIA Portal 软件的体系结构

（1）SIMATIC STEP 7（TIA Portal）

STEP 7（TIA Portal）是用于组态 SIMATIC S7-1200、S7-1500、S7-300/400 和 WinAC 控制器系列的工程组态软件。STEP 7（TIA Portal）有两个版本，具体使用取决于可组态的控制器系列，分别介绍如下。

① STEP 7 Basic 主要用于组态 S7-1200，并且自带 WinCC Basic，用于 Basic 面板的组态。

② STEP 7 Professional 用于组态 S7-1200、S7-1500、S7-300/400 和 WinAC，且自带 WinCC Basic，用于 Basic 面板的组态。

（2）SIMATIC WinCC（TIA Portal）

WinCC（TIA Portal）是使用 WinCC Runtime Advanced 或 SCADA 系统 WinCC Runtime Professional 可视化软件组态 SIMATIC 面板、SIMATIC 工业 PC 以及标准 PC 的工程组态软件。

WinCC（TIA Portal）有四个版本，具体使用取决于可组态的操作员控制系统，分别介绍如下。

① WinCC Basic 用于组态精简系列面板，WinCC Basic 包含在每款 STEP 7 Basic 和 STEP 7 Professional 产品中。

② WinCC Comfort 用于组态所有面板（包括精智面板和移动面板）。

③ WinCC Advanced 用于通过 WinCC Runtime Advanced 可视化软件，组态所有面板和 PC。WinCC Runtime Advanced 是基于 PC 单站系统的可视化软件。WinCC Runtime Advanced 外部变量许可根据个数购买，有 128、512、2k、4k 以及 8k 个外部变量许可出售。

④ WinCC Professional 用于使用 WinCC Runtime Advanced 或 SCADA 系统 WinCC Runtime Professional 组态面板和 PC。WinCC Professional 有以下版本：带有 512 和 4096 个外部变量的 WinCC Professional 以及 "WinCC Professional（最大外部变量数）"。

WinCC Runtime Professional 是一种用于构建组态范围从单站系统到多站系统（包括标准客户端或 Web 客户端）的 SCADA 系统。可以购买带有 128、512、2k、4k、8k 和 64k 个外部变量许可的 WinCC Runtime Professional。

（3）SINAMICS StartDrive（TIA Portal）

SINAMICS StartDrive 软件能够将 SINAMICS 变频器集成到自动化环境中，并使用 TIA Portal 对 SINAMICS 变频器（如 G120、S120 等）进行参数设置、工艺对象配置、调试和诊断等操作。

（4）SIMOTION Scout TIA

在 TIA Portal 统一的工程平台上实现 SIMOTION 运动控制器的工艺对象配置、用户编程、调试和诊断。

（5）SIRIUS SIMOCODE ES

SIRIUS SIMOCODE ES 是智能电机管理系统，量身打造电机保护、监控、诊断及可编程控制功能；支持 Profinet、Profibus、ModbusRTU 等通信协议。

2.1.2　安装 TIA Portal 软件的软硬件条件

（1）硬件要求

TIA Portal 软件对计算机系统硬件的要求比较高，计算机最好配置固态硬盘（SSD）。

安装 "SIMATIC STEP 7 Professional" 软件包对硬件的最低要求和推荐要求见表 2-1。

表 2-1　安装 "SIMATIC STEP 7 Professional" 对硬件的要求

项目	最低配置要求	推荐配置
RAM	8GB	16GB 或更大
硬盘	20GB	固态硬盘（大于 50GB）

续表

项目	最低配置要求	推荐配置
CPU	Intel® Core ™ i3-6100U，2.30GHz	Intel® Core ™ i5-6440EQ（最高 3.4GHz）
屏幕分辨率	1024×768	15.6" 宽屏显示器（1920×1080）

注：1" 即 1 英寸，约 2.54cm，15.6" ≈ 39.6cm。

（2）操作系统要求

西门子 TIA Portal V17 软件（专业版）对计算机系统的操作系统的要求比较高。专业版、企业版或者旗舰版的操作系统是必备的条件，不兼容家庭版操作系统，Windows 7（64 位）的专业版、企业版或者旗舰版都可以安装 TIA Portal 软件，不再支持 32 位的操作系统。安装"SIMATIC STEP 7 Professional"软件包对操作系统的最低要求和推荐要求见表 2-2。

表 2-2　安装"SIMATIC STEP 7 Professional"对操作系统的要求

序号	操作系统
1	Windows 7（64 位） • Windows 7 Professional SP1 • Windows 7 Enterprise SP1 • Windows 7 Ultimatc SP1
2	Windows 10（64 位） • Windows 10 Professional Version 1809 • Windows 10 Professional Version 1903 • Windows 10 Enterprise Version 1809 • Windows 10 Enterprise Version 1903 • Windows 10 IoT Enterprise 2015 LTSB • Windows 10 IoT Enterprise 2016 LTSB • Windows 10 IoT Enterprise 2019 LTSC
3	Windows Server（64 位） • Windows Server 2012 R2 StdE（完全安装） • Windows Server 2016 Standard（完全安装） • Windows Server 2019 Standard（完全安装）

可在虚拟机上安装"SIMATIC STEP 7 Professional"软件包。推荐选择使用下面指定版本或较新版本的虚拟平台：

- VMware vSphere Hypervisor（ESXi）6.5 或更高版本；
- VMware Workstation 15.0.2 或更高版本；
- VMware Player 15.0.2 或更高版本；
- Microsoft Hyper-V Server 2016 或更高版本。

（3）支持的防病毒软件

- Symantec Endpoint Protection 14；
- Trend Micro Office Scan 12.0；
- McAfee Endpoint Security（ENS）10.5；
- Kaspersky Endpoint Security 11.1；
- Windows Defender；

● Qihoo 360 "Safe Guard 11.5" + "Virus Scanner"。

2.1.3 安装 TIA Portal 软件的注意事项

① Window 7、Windows Server 和 Window 10/11 操作系统的家庭（HOME）版和教育版都与 TIA Portal 软件（专业版）不兼容。32 位操作系统的专业版与 TIA Portal V14 及以后的软件不兼容，TIA Portal V13 及之前的版本与 32 位操作系统兼容。

② 安装 TIA Portal 软件时，最好关闭监控和杀毒软件。

③ 安装软件时，软件的存放目录中不能有汉字，否则会弹出错误信息，表明目录中有不能识别的字符。例如将软件存放在 "C:/ 软件 /STEP 7" 目录中就不能安装。建议放在根目录下安装。这一点初学者最易忽略。

④ 在安装 TIA Portal 软件的过程中会出现提示 "You must restart your computer before you can run setup.Do you want reboot your computer now?" 的字样。重启电脑有时是可行的方案，但有时计算机会重复提示重启电脑，在这种情况下解决方案如下：

在 Windows 的菜单命令下，单击 "Windows 系统" → "运行"，在运行对话框中输入 "regedit"，打开注册表编辑器。选中注册表中的 "HKEY_LOCAL_MACHINE\SYSTEM\CurrentControlSet\Control" 中 的 "Session Manager"，删除右侧窗口的 "PendingFileRenameOperations" 选项。重新安装，就不会出现重启计算机的提示了。

这个解决方案也适合安装其他的软件。

⑤ 允许在同一台计算机的同一个操作系统中安装 STEP7 V5.7、STEP7 V15、STEP7 V16 和 STEP7 V17，经典版的 STEP7 V5.6 和 STEP7 V5.7 不能安装在同一个操作系统中。

⑥ 应安装新版本的 IE 浏览器。安装老版本的 IE 浏览器，会造成帮助文档中的文字乱码。

> **注意** ① Window 7 和 Window 10/11 家庭版与 TIA Portal（专业版）不兼容，可以理解为这个操作系统不能安装 TIA Portal。有时即使能安装，但部分功能可能不能使用。
> ② 目前推荐安装 TIA Portal V17 的操作系统是专业版、旗舰版或企业版的 Window 10/11。

2.2 TIA Portal 视图与项目视图

2.2.1 TIA Portal 视图结构

TIA Portal 视图的结构如图 2-2 所示，以下分别对各个主要部分进行说明。

（1）登录选项

如图 2-2 所示的序号①，登录选项为各个任务区提供了基本功能。在 Portal 视图中提供的登录选项取决于所安装的产品。

（2）所选登录选项对应的操作

如图 2-2 所示的序号②，此处提供了在所选登录选项中可使用的操作。可在每个登录选项中调用上下文相关的帮助功能。

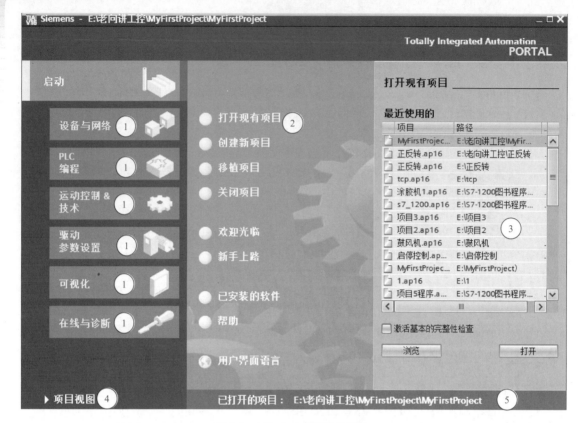

图 2-2　TIA Portal 视图的结构

（3）所选操作的选择面板

如图 2-2 所示的序号③，所有登录选项中都提供了选择面板。该面板的内容取决于操作者的当前选择。

（4）切换到项目视图

如图 2-2 所示的序号④，可以使用"项目视图"链接切换到项目视图。

（5）当前打开的项目的显示区域

如图 2-2 所示的序号⑤，在此处可了解当前打开的是哪个项目。

2.2.2　项目视图

项目视图是项目所有组件的结构化视图，如图 2-3 所示，项目视图是项目组态和编程的界面。

单击如图 2-2 所示的 Portal 视图界面的"项目视图"按钮，可以打开项目视图界面，界面中包含如下区域。

（1）标题栏

项目名称显示在标题栏中，如图 2-3 的①处所示的项目"MyFirstProject"。

（2）菜单栏

菜单栏如图 2-3 的②处所示，包含工作所需的全部命令。

（3）工具栏

工具栏如图 2-3 的③处所示，工具栏提供了常用命令的按钮，可以更快地访问"复制""粘贴""上传"和"下载"等命令。

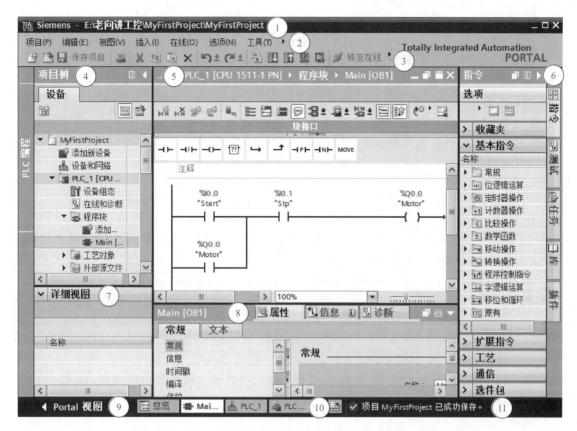

图 2-3　项目视图的组件

（4）项目树

项目树如图 2-3 的④处所示，使用项目树功能，可以访问所有组件和项目数据。可在项目树中执行以下任务：

① 添加新组件。

② 编辑现有组件。

③ 扫描和修改现有组件的属性。

（5）工作区

工作区如图 2-3 的⑤处所示，在工作区内显示打开的对象。例如，这些对象包括：编辑器、视图和表格。

在工作区可以打开若干个对象。但通常每次在工作区中只能看到其中一个对象。在编辑器栏中，所有其他对象均显示为选项卡。如果在执行某些任务时要同时查看两个对象，则可以水平或垂直方式平铺工作区，或浮动停靠工作区的元素。如果没有打开任何对象，则工作区是空的。

（6）任务卡

任务卡如图 2-3 的⑥处所示，根据所编辑对象或所选对象，提供了用于执行附加操作的任务卡。这些操作包括：

① 从库中或者从硬件目录中选择对象。

② 在项目中搜索和替换对象。

③ 将预定义的对象拖拽到工作区。

在屏幕右侧的条形栏中可以找到可用的任务卡。可以随时折叠和重新打开这些任务卡。哪些任务卡可用取决于所安装的产品。比较复杂的任务卡会划分为多个窗格，这些窗格也可以折叠和重新打开。

（7）详细视图

详细视图如图 2-3 的⑦处所示，详细视图中显示总览窗口或项目树中所选对象的特定内容。其中可以包含文本列表或变量。但不显示文件夹的内容。要显示文件夹的内容，可使用项目树或巡视窗口。

（8）巡视窗口

巡视窗口如图 2-3 的⑧处所示，对象或所执行操作的附加信息均显示在巡视窗口中。巡视窗口有三个选项卡：属性、信息和诊断。

① "属性"选项卡　此选项卡显示所选对象的属性。可以在此处更改可编辑的属性。属性的内容非常丰富，读者应重点掌握。

② "信息"选项卡　此选项卡显示有关所选对象的附加信息以及执行操作（例如编译）时发出的报警。

③ "诊断"选项卡　此选项卡中将提供有关系统诊断事件、已组态消息事件以及连接诊断的信息。

（9）切换到 Portal 视图

点击如图 2-3 的⑨处所示的"Portal 视图"按钮，可从项目视图切换到 Portal 视图。

（10）编辑器栏

编辑器栏如图 2-3 的 ⑩ 处所示，编辑器栏显示打开的编辑器。如果已打开多个编辑器，它们将组合在一起显示。可以使用编辑器栏在打开的元素之间进行快速切换。

（11）带有进度显示的状态栏

状态栏如图 2-3 的 ⑪ 处所示，在状态栏中，显示当前正在后台运行的过程的进度条。其中还包括一个以图形方式显示的进度条。将鼠标指针放置在进度条上，系统将显示一个工具提示，描述正在后台运行的过程的其他信息。单击进度条边上的按钮，可以取消后台正在运行的过程。

如果当前没有任何过程在后台运行，则状态栏中显示最新生成的报警。

2.2.3　项目树

在项目视图左侧项目树界面中主要包括的区域如图 2-4 所示。

（1）标题栏

项目树的标题栏有两个按钮，可以自动▥和手动◀折叠项目树。手动折叠项目树时，此按钮将"缩小"到左边界。它此时会从指向左侧的箭头变为指向右侧的箭头，并可用于重新打开项目树。在不需要时，可以使用自动折叠▥按钮自动折叠到项目树。

（2）工具栏

可以在项目树的工具栏中执行以下任务。

① 用▦按钮创建新的用户文件夹。

② 用◀按钮向前浏览到链接的源，用▶按钮往回浏览到链接本身。项目树中有两个用

于链接的按钮。 可使用这两个按钮从链接浏览到源，然后再往回浏览。

③ 用![]按钮在工作区中显示所选对象的总览。显示总览时，将隐藏项目树中元素的更低级别的对象和操作。

（3）项目

在"项目"文件夹中，可以找到与项目相关的所有对象和操作，例如：

① 设备。

② 语言和资源。

③ 在线访问。

（4）设备

项目中的每个设备都有一个单独的文件夹，该文件夹具有内部的项目名称。属于该设备的对象和操作都排列在此文件夹中。

（5）公共数据

此文件夹包含可跨多个设备使用的数据，例如公用消息类、日志、脚本和文本列表。

图 2-4　项目树

（6）文档设置

在此文件夹中，可以指定要在以后打印的项目文档的布局。

（7）语言和资源

可在此文件夹中确定项目语言和文本。

（8）在线访问

该文件夹包含了 PG/PC 的所有接口，即使未用于与模块通信的接口也包括在其中。这个条目极为常用。

（9）读卡器 /USB 存储器

该文件夹用于管理连接到 PG/PC 的所有读卡器和其他 USB 存储介质。

2.3　用离线硬件组态法创建一个完整的 TIA Portal 项目

2.3.1　在博途视图中新建项目

用离线硬件组态法创建一个完整的 TIA Portal 项目

新建博途项目的方法有以下几种。

① 方法 1：打开 TIA Portal 软件，如图 2-5 所示，选中"启动"→"创建新项目"，在"项目名称"中输入新建的项目名称（本例为：MyFirstProject），单击"创建"按钮，完成新建项目。

② 方法 2：如果 TIA Portal 软件处于打开状态，在项目视图中，选中菜单栏中"项目"，单击"新建"命令，如图 2-6 所示，弹出如图 2-7 所示的界面，在"项目名称"中输入新建的项目名称（本例为：MyFirstProject），单击"创建"按钮，完成新建项目。

③ 方法 3：如果 TIA Portal 软件处于打开状态，那么在项目视图中，单击工具栏中"新建"按钮![]，弹出如图 2-7 所示的界面，在"项目名称"中输入新建的项目名称（本例为：MyFirstProject），单击"创建"按钮，完成新建项目。

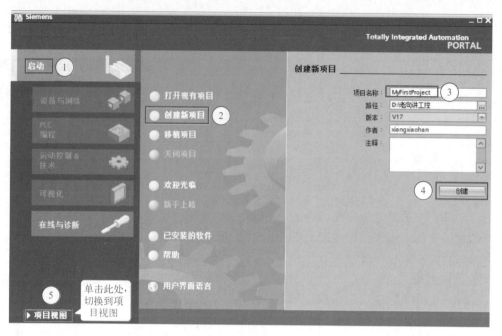

图 2-5　新建项目（1）

图 2-6　新建项目（2）

图 2-7　新建项目（3）

2.3.2　添加设备

（1）添加 CPU 模块

项目视图是 TIA Portal 软件的硬件组态和编程的主窗口，在项目树的设备栏中，双击"添加新设备"选项，然后弹出"添加新设备"对话框，如图 2-8 所示。可以修改设备名称，也可保持系统默认名称。选择需要的设备（本例为：6ES7 511-1AK02-0AB0），勾选"打开设备视图"，单击"确定"按钮，完成新设备添加，并打开设备视图，如图 2-9 所示。

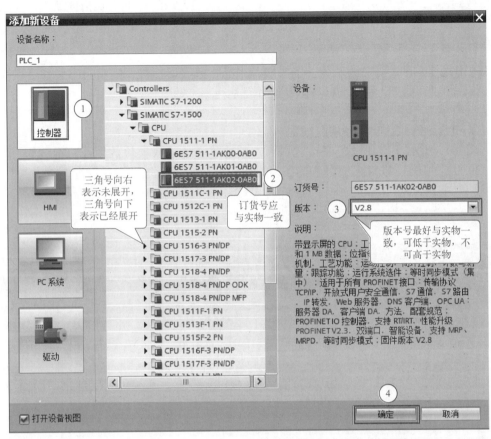

图 2-8　添加新设备（1）

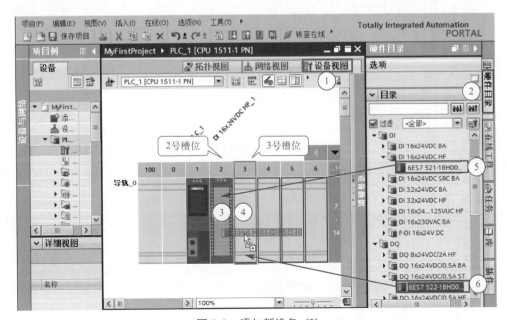

图 2-9　添加新设备（2）

（2）添加数字量模块

如图 2-9 所示，在"设备视图"选项卡中，展开硬件目录，将 DI 16×24VDC HF 中的模块拖拽到标记③处的 2 号槽位，将 DQ 16×24VDC/0.5A ST 中的模块拖拽到标记④处的 3 号槽位。

> **注意** 不管是 CPU 模块还是数字量模块，组态所选择订货号和版本号，最好与实物模块一致，否则有可能导致 CPU 模块不能正常运行。

（3）查看和修改数字量模块的地址

如图 2-10 所示，打开设备概览选项卡，查看数字量输入模块的地址，本例为 IB0（即 I0.0 ～ I0.7）和 IB1（即 I1.0 ～ I1.7），编写程序时，应与这个地址对应；查看数字量输出模块的地址，本例为 QB0（即 Q0.0 ～ Q0.7）和 QB1（即 Q1.0 ～ Q1.7），编写程序时，应与这个地址对应。数字量模块的地址可以修改。

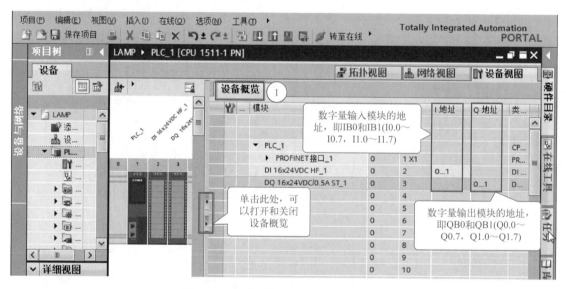

图 2-10　查看和修改数字量模块的地址

2.3.3　CPU 参数配置

单击机架中的 CPU，可以看到 TIA Portal 软件底部 CPU 的属性视图，在此可以配置 CPU 的各种参数，如 CPU 的启动特性、组织块（OB）以及存储区的设置等。以下主要以 CPU1511-1PN 为例介绍 CPU 的参数设置。本例的 CPU 参数全部可以采用默认值，不用设置，初学者可以跳过。

（1）常规

单击属性视图中的"常规"选项卡，在属性视图的右侧的常规界面中可见 CPU 的项目信息、目录信息和标识与维护。用户可以浏览 CPU 的简单特性描述，也可以在"名称""注释"等空白处做提示性的标注。对于设备名称和位置标识符，用户可以用于识别设备和设备所处的位置，如图 2-11 所示。

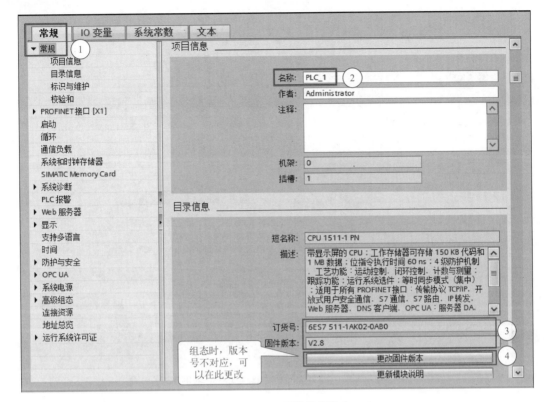

图 2-11　CPU 属性常规信息

（2）PROFINET 接口

PROFINET 接口中包含常规、以太网地址、时间同步、操作模式、高级选项、Web 服务器访问和硬件标识，以下介绍部分常用功能。

1）常规　在 PROFINET 接口选项卡中，单击"常规"选项，如图 2-12 所示，在属性视图的右侧的常规界面中可见 PROFINET 接口的常规信息和目录信息。用户可在"名称""作者"和"注释"中做一些提示性的标注。

图 2-12　PROFINET 接口常规信息

2）以太网地址　选中"以太网地址"选项卡，可以创建新网络、设置 IP 地址等，如图 2-13 所示。以下将说明"以太网地址"选项卡主要参数和功能。

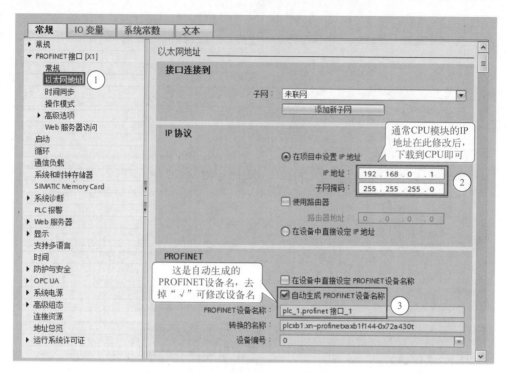

图 2-13　PROFINET 接口以太网地址信息

① 接口连接到。单击"添加新子网"按钮，可为该接口添加新的以太网网络，新添加的以太网的子网名称默认为 PN/IE_1。

② IP 协议。可根据实际情况设置 IP 地址和子网掩码，如图 2-13 中，默认 IP 地址为"192.168.0.1"，默认子网掩码为"255.255.255.0"。如果该设备需要和非同一网段的设备通信，那么还需要激活"使用路由器"选项，并输入路由器的 IP 地址。

③ PROFINET。PROFINET 的设备名称：表示对于 PROFINET 接口的模块，每个接口都有各自的设备名称，且此名称可以在项目树中修改。

转换的名称：表示此 PROFINET 设备名称转换成符合 DNS 习惯的名称。

设备编号：表示 PROFINET IO 设备的编号。IO 控制器的编号是无法修改的，为默认值"0"。

3）操作模式　PROFINET 的操作模式参数设置界面如图 2-14 所示。其主要参数及选项功能介绍如下。

PROFINET 的操作模式表示 PLC 可以通过该接口作为 PROFINET IO 的控制器或者 IO 设备。

默认时，"IO 控制器"选项是使能的，如果组态了 PROFINET IO 设备，那么会出现 PROFINET 系统名称。如果该 PLC 作为智能设备，则需要激活"IO 设备"选项，并选择"已分配的 IO 控制器"。如果需要"已分配的 IO 控制器"给智能设备分配参数时，选择"此 IO 控制器对 PROFINET 接口的参数化"。

4）Web 服务器访问　CPU 的存储区中存储了一些含有 CPU 信息和诊断功能的 HTML 页面。Web 服务器功能使得用户可通过 Web 浏览器执行访问此功能。

激活"启用通过该接口的 IP 地址访问 Web 服务器"，则意味着可以通过 Web 浏览器访问该 CPU，如图 2-15 所示。本节内容前述部分已经设定 CPU 的 IP 地址为 192.168.0.1。如打开 Web 浏览器（例如 Internet Explorer），并输入"http://192.168.0.1"（CPU 的 IP 地址），刷新 Web 浏览器，即可浏览访问该 CPU 了。

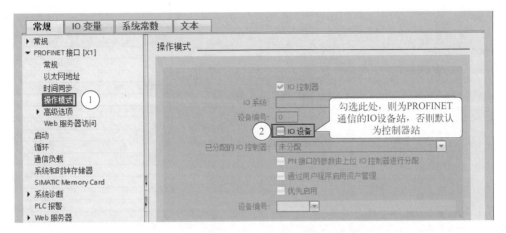

图 2-14　PROFINET 接口操作模式信息

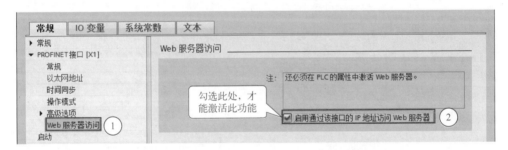

图 2-15　启用通过该接口的 IP 地址访问 Web 服务器

（3）启动
单击"启动"选项，弹出"启动"参数设置界面，如图 2-16 所示。

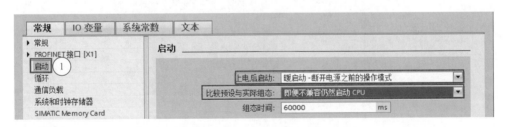

图 2-16　启动

CPU 的"上电后启动"有三个选项：未启动（仍处于 STOP 模式）、暖启动 - 断开电源之前的操作模式和暖启动 -RUN。

"比较预设与实际组态"有两个选项：即便不兼容仍然启动 CPU 和仅兼容时启动 CPU。如选择第一个选项表示不管组态预设和实际组态是否一致 CPU 均启动，如选择第二项则组态预设和实际组态一致 CPU 才启动。

（4）循环
"循环"标签页如图 2-17 所示，其中有两个参数：最大循环时间和最小循环时间。如果

CPU 的循环时间超出最大循环时间，CPU 将转入 STOP 模式。如果循环时间小于最小循环时间，CPU 将处于等待状态，直到 CPU 的循环时间达到（或超过）最小循环时间，然后再重新循环扫描。

图 2-17　循环

（5）系统和时钟存储器

点击"系统和时钟存储器"标签，弹出如图 2-18 所示的界面。有两项参数，具体介绍如下。

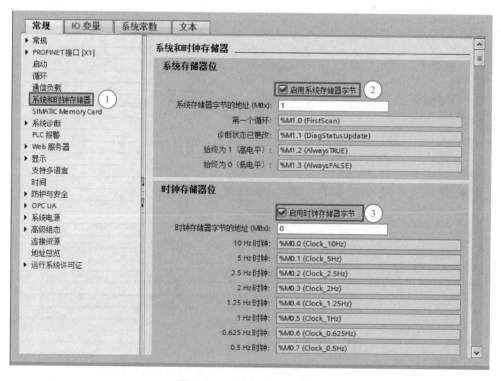

图 2-18　系统和时钟存储器

1）系统存储器位　激活"系统存储器字节"，系统默认为"1"，代表的字节为"MB1"，用户也可以指定其他的存储字节。目前只用到了该字节的前 4 位，以 MB1 为例，其各位的含义介绍如下。

① M1.0（FirstScan）：首次扫描为 1，之后为 0。

② M1.1（DiagStatus Update）：诊断状态已更改。

③ M1.2（Always TRUE）：CPU 运行时，始终为 1。

④ M1.3（Always FALSE）：CPU 运行时，始终为 0。

⑤ M1.4 ～ M1.7 未定义，且数值为 0。

> **注意** S7-300/400 没有此功能。

2）时钟存储器位　时钟存储器是 CPU 内部集成的时钟存储器。激活"时钟存储器字节"，系统默认为"0"，代表的字节为"MB0"，用户也可以指定其他的存储字节，其各位的含义见表 2-3。

表 2-3　时钟存储器

时钟存储器的位	7	6	5	4	3	2	1	0
频率 /Hz	0.5	0.625	1	1.25	2	2.5	5	10
周期 /s	2	1.6	1	0.8	0.5	0.4	0.2	0.1

> **注意** 以上功能是非常常用的，如果激活了以上功能，仍然不起作用，先检查是否有变量冲突，如无变量冲突，将硬件"完全重建"后再下载，一般可以解决。

2.3.4　S7-1500 的 I/O 参数配置

S7-1500 模块的一些重要的参数是可以修改的，如数字量 I/O 模块和模拟量 I/O 模块的地址的修改、诊断功能的激活和取消激活等。本例可以不做修改 I/O 参数的配置。

（1）数字量输入模块参数的配置

数字量输入模块的参数有 3 个选项卡：常规、模块参数和输入。常规选项卡中的选项与 CPU 的常规中选项类似以后将不做介绍。

1）常规　常规中常常用的是目录信息，当硬件组态时，弄错固件版本号，单击"更改固件版本"进行修改，如图 2-19 所示。

2）模块参数　模块参数选项卡中包含常规、通道模板和 DI 组态三个选项。

①"常规"选项中有"启动"选项，表示当组态硬件和实际硬件不一致时，硬件是否启动。

②"输入"选项中，如激活了"无电源电压 L+"和"短路"选项，则模块短路或者电源断电时，会激活故障诊断中断。

在"输入参数"选项中，可选择"输入延时时间"，默认是 3.2ms。

3）更改模块的逻辑地址　在机架上插入数字量 I/O 模块时，系统自动为每个模块分配逻辑地址，删除和添加模块不会造成逻辑地址冲突。在工程实践中，修改模块地址是比较常见的现象，如编写程序时，程序的地址和模块地址不匹配，既可修改程序地址，也可以修改模块地址。修改数字量输入模块地址的方法为：先选中要修改的数字量输入模块，再选中"输入 0-15"选项卡，如图 2-20 所示，在起始地址中输入希望修改的地址（如输入 10），单击键盘"回车"键即可。结束地址（11）是系统自动计算生成的。

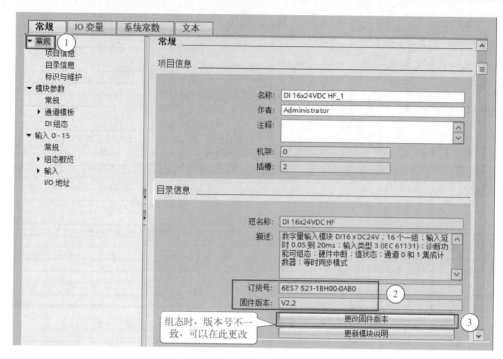

图 2-19　数字量输入模块参数

如果输入的起始地址和系统有冲突，系统会弹出提示信息。

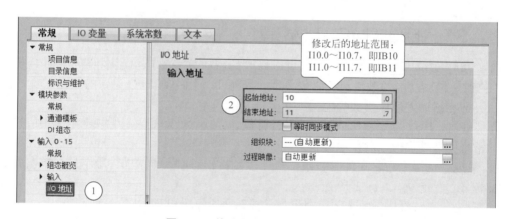

图 2-20　修改数字量输入模块地址

（2）数字量输出模块参数的配置

数字量输出模块的参数有 3 个选项卡：常规、模块参数和输出。

1）模块参数　模块参数选项卡中包含常规、通道模板和 DQ 组态三个选项。

①"常规"选项中有"启动"选项，表示当组态硬件和实际硬件不一致时，硬件是否启动。如图 2-21 所示，选项为"来自 CPU"。

②"输出"选项中，如激活了"无电源电压 L+"和"短路"选项，则模块短路或者电源断电时，会激活故障诊断中断。

在"输出参数"选项中，可选择"对 CPU STOP 模式的响应"为"关断"，含义是当 CPU 处于 STOP 模式时，这个模块输出点关断；"保持上一个值"的含义是 CPU 处于 STOP

模式时，这个模块输出点输出不变，保持以前的状态；"输出替换为1"含义是CPU处于STOP模式时，这个模块输出点状态为"1"。

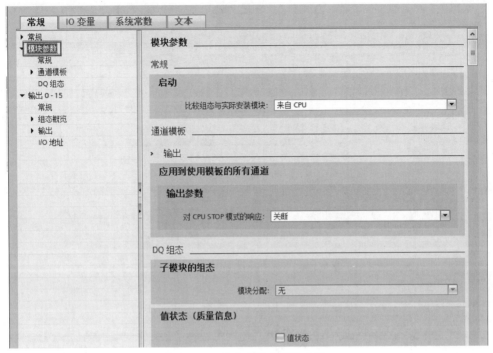

图 2-21　数字量输出模块参数

2）更改模块的逻辑地址　修改数字量输出模块地址的方法为：先选中要修改的数字量输出模块，再选中"输出0-15"选项卡，如图2-22所示，在起始地址中输入希望修改的地址（如输入10），单击键盘"回车"键即可。结束地址（11）是系统自动计算生成的。

如果输入的起始地址和系统有冲突，系统会弹出提示信息。

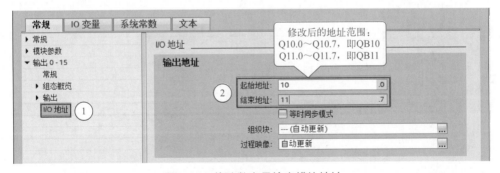

图 2-22　修改数字量输出模块地址

2.3.5　程序的输入

（1）将符号名称与地址变量关联

在项目视图中，选定项目树中的"显示所有变量"，如图2-23所示，在项目视图的右上方有一个表格，单击"添加"按钮，先在表格的"名称"栏中输入"Start"，在"地址"

栏中输入"I0.0"，这样符号"Start"在寻址时，就代表"I0.0"。用同样的方法将"Stp"和"I0.1"关联，将"Motor"和"Q0.0"关联。

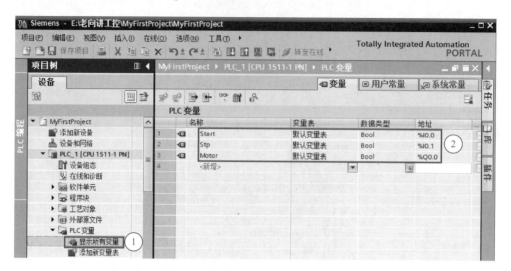

图 2-23　将符号名称与地址变量关联

（2）打开主程序

双击项目树中"Main[OB1]"，打开主程序，如图 2-24 所示。

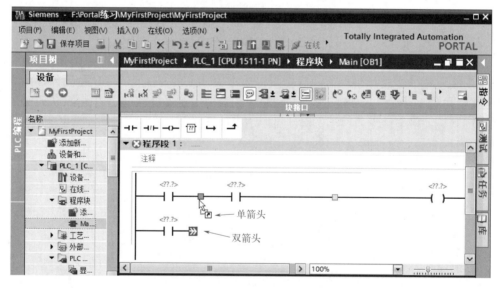

图 2-24　输入梯形图（1）

（3）输入触点和线圈

先把常用"工具栏"中的常开触点和线圈拖放到如图2-24所示的位置。用鼠标选中"双箭头"，按住鼠标左键不放，向上拖动鼠标，直到出现单箭头为止，松开鼠标。

（4）输入地址

在如图2-24所示图中的问号处，输入对应的地址，梯形图的第一行分别输入 I0.0、I0.1 和 Q0.0，梯形图的第二行输入 Q0.0，输入完成后，如图 2-25 所示。

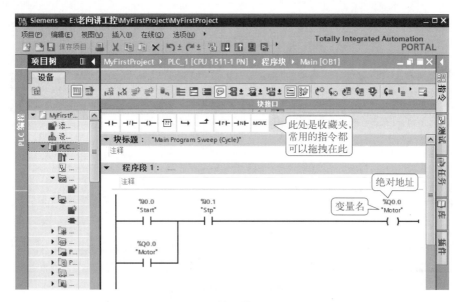

图 2-25 输入梯形图（2）

（5）编译项目

在项目视图中，单击"编译"按钮![icon]，编译整个项目。

（6）保存项目

在项目视图中，单击"保存项目"按钮，保存整个项目。

2.3.6 程序下载到仿真软件 S7-PLCSIM

在项目视图中，单击"启动仿真"按钮![icon]，弹出如图 2-26 所示的界面，单击"开始搜索"按钮，选择"CPU common"选项（即仿真器的 CPU），单击"下载"按钮。

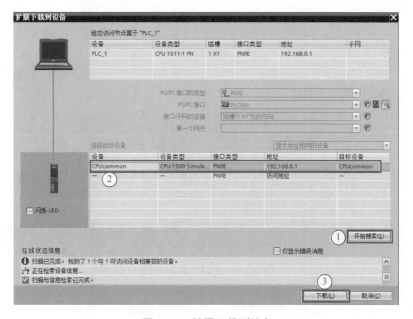

图 2-26 扩展下载到设备

如图 2-27 所示，单击"装载"按钮，弹出图 2-28 所示的界面，选择"启动模块"选项，单击"完成"按钮即可。至此，程序已经下载到仿真器。

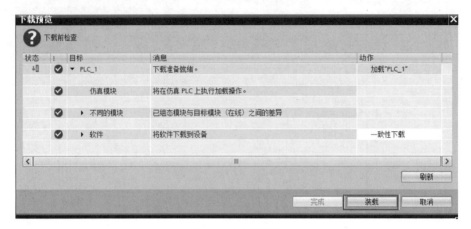

图 2-27　下载预览

图 2-28　下载结果

如要使用输入映像寄存器 I 的仿真功能，需要打开仿真器的项目视图。单击仿真器上的"切换到项目视图"按钮，仿真器切换到项目视图，单击"新建项目"按钮，新建一个仿真器项目，如图 2-29 所示，单击"创建"按钮即可，之前下载到仿真器的程序，也会自动下载到项目视图的仿真器中。

图 2-29　新建仿真器项目

如图 2-30 所示，双击打开"SIM 表 ..."，按图输入地址，名称自动生成，反之亦然。先勾选"I0.1:P"，模拟 SB2 是常闭触点，这点要注意。再选中"I0.0:P"（即 Start，标号③处），再单击"Start"按钮（标号④处），可以看到 Q0.0 线圈得电（图中为 TRUE）。

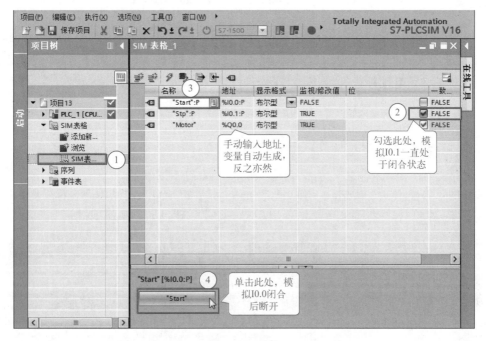

图 2-30　仿真

2.3.7　程序的监视

程序的监视功能在程序的调试和故障诊断过程中很常用。要使用程序的监视功能，必须将程序下载到仿真器或者 PLC 中。如图 2-31 所示，先单击项目视图的工具栏中的"转至在线"按钮 ![icon] 转至在线，再单击程序编辑器工具栏中的"启用 / 停止监视"按钮 ![icon]，使得程序处于在线状态。图中虚线表示断开，而实线表示导通。

图 2-31　程序的监视

2.4 用在线检测法创建一个完整的 TIA Portal 项目

在线检测法创建 TIA Portal 项目，在工程中很常用，其好处是硬件组态快捷，效率高，而且不必预先知道所有模块的订货号和版本号，但前提是必须有硬件，并处于在线状态。建议初学者尽量采用这种方法。

2.4.1 在项目视图中新建项目

首先打开 TIA Portal 软件，切换到项目视图，如图 2-32 所示，单击工具栏的"新建项目"按钮，弹出如图 2-33 所示的界面，在"项目名称"中输入新建的项目名称（本例为：MyFirstProject），单击"创建"按钮，完成新建项目。

图 2-32　新建项目（1）

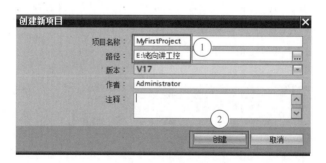

图 2-33　新建项目（2）

2.4.2 在线检测设备

（1）更新可访问的设备

将计算机的网口与 CPU 模块的网口用网线连接，之后保持 CPU 模块处于通电状态。如图 2-34 所示，单击"在线访问"，选择 PC 的有线网卡（不同的计算机可能不同），双击"更新可访问的设备"选项，之后显示所有能访问到设备的设备名和 IP 地址，本例为 plc_1[192.168.0.1]，这个地址是很重要的，可根据这个 IP 地址修改计算机的 IP 地址，使计算机的 IP 地址与之在同一网段（即 IP 地址的前 3 个字节相同）。

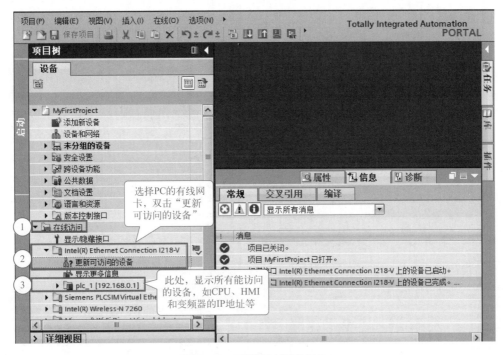

图 2-34　更新可访问的设备

（2）修改计算机的 IP 地址

在计算机的"网络连接"中，如图 2-35 所示，选择有线网卡，单击鼠标右键，弹出快捷菜单，单击"属性"选项，弹出图 2-36 所示的界面，按照图进行设置，最后单击"确定"即可。

注意　要确保计算机的 IP 地址与搜索的设备的 IP 地址在同一网段，且网络中任何设备的 IP 地址都是唯一的。

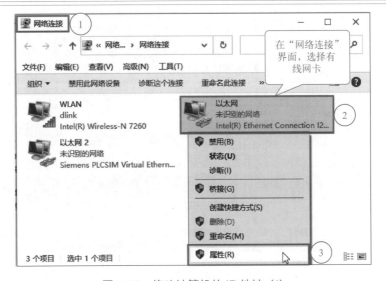

图 2-35　修改计算机的 IP 地址（1）

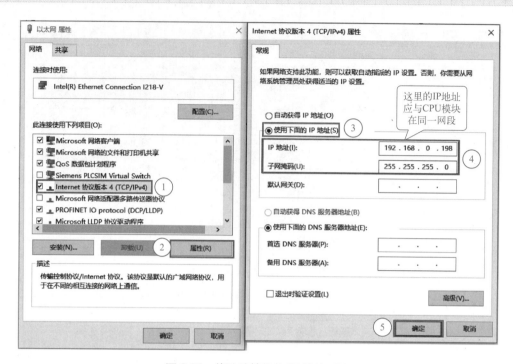

图 2-36　修改计算机的 IP 地址（2）

（3）添加设备

如图 2-34 所示，双击项目树中的"添加新设备"命令，弹出如图 2-37 所示的界面，选中"控制器"→"CPU"→"非指定的 CPU 1500"→"6ES7-5XX-XXXXX-XXXX"，单击"确定"按钮，弹出如图 2-38 所示的界面，单击"获取"按钮。

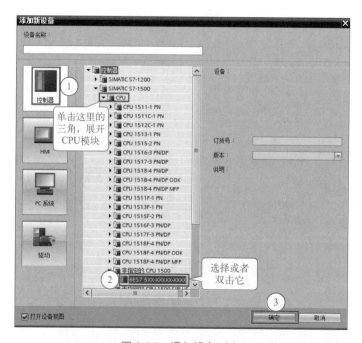

图 2-37　添加设备（1）

图 2-38　添加设备（2）

如图 2-39 所示，先选择以太网接口和有线网卡，单击"开始搜索"按钮，弹出如图 2-40 所示界面，选择搜索到的设备"plc_1"，单击"检测"按钮，硬件检测完成后弹出如图 2-41 所示的界面。可以看到，一次把 3 个设备都添加完成，而且硬件的订货号和版本号都是匹配的。

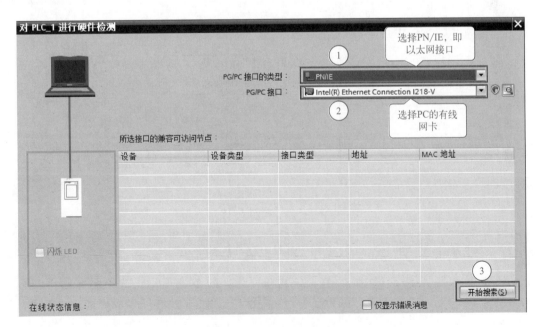

图 2-39　硬件检测（1）

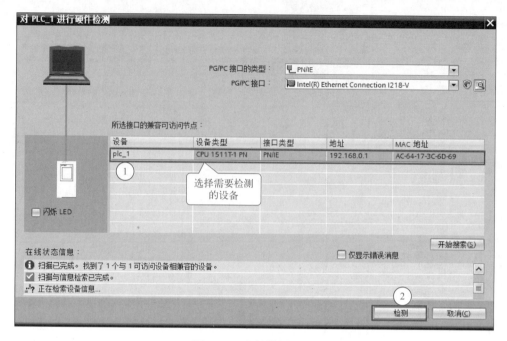

图 2-40　硬件检测（2）

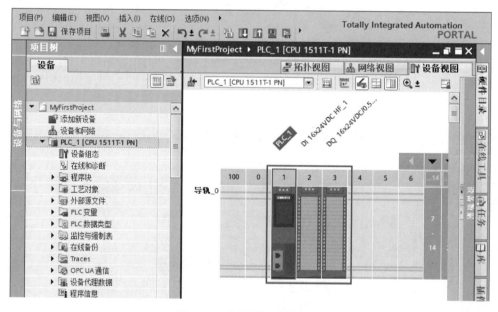

图 2-41　在线添加硬件完成

2.4.3　程序下载到 S7-1500 CPU 模块

程序的输入与第 2.3.5 节相同，在此不再重复，如图 2-42 所示，选中要下载的 CPU 模块（本例为 PLC_1），单击"下载到设备"按钮，弹出如图 2-43 所示的界面，单击"开始搜索"按钮，选中搜索到的设备"PLC_1"，单击"下载"按钮。有的资料称下载为下装、下传或写入。

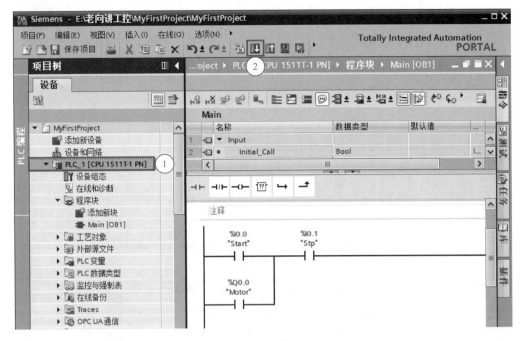

图 2-42　下载（1）

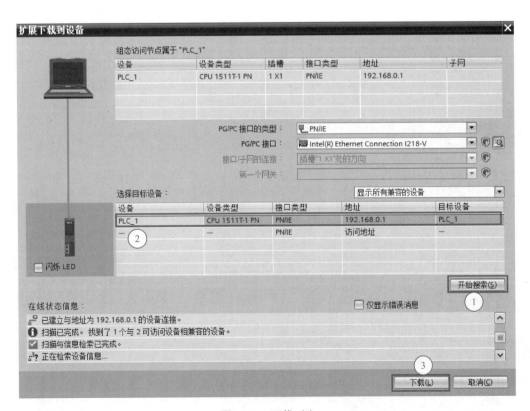

图 2-43　下载（2）

如图2-44所示，单击"在不同步的情况下继续"按钮，弹出如图2-45所示的界面，单击"装载"按钮，当装载完成后弹出如图2-46所示的界面。显示"错误：0"，表示项目下载成功。

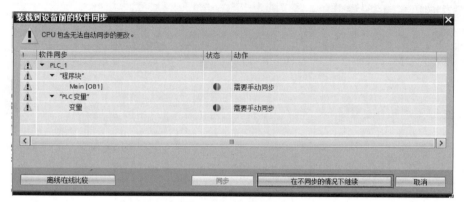

图2-44 下载（3）

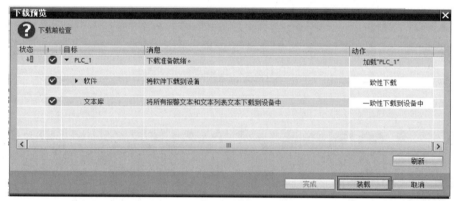

图2-45 下载（4）

图2-46 下载完成

程序的监视与第 2.3.7 节相同，在此不再重复。

2.5 程序上载

S7-1200 PLC
程序上载（上传）

程序的上载与硬件的检测是有区别的，硬件的检测可以理解为硬件的上载，且不需要密码，而程序的上载需要密码（如程序已经加密），可以上载硬件和软件。有的资料称上载为上传、上装或读出。

新建一个空项目，如图 2-47 所示，选中项目名"Upload"，再单击菜单栏中的"在线"→"将设备作为新站上传（硬件和软件）"命令，弹出如图 2-48 所示的界面。选择计算机的以太网接口"PN/IE"，单击"开始搜索"按钮，选中搜索到的设备"plc_1"，单击"从设备上传"按钮，设备中的"硬件和软件"上传到计算机中。

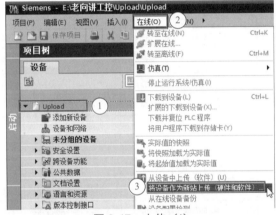

图 2-47　上传（1）

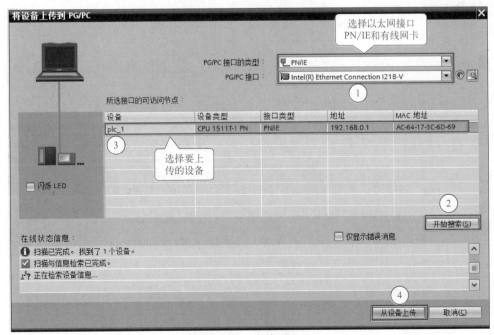

图 2-48　上传（2）

2.6 使用快捷键

在程序的输入和编辑过程中，使用快捷键能极大地提高项目编辑效率，使用快捷键是良好的工程习惯。常用的快捷键与功能的对照见表2-4。

表2-4 常用的快捷键与功能的对照

序号	功能	快捷键	序号	功能	快捷键
1	插入常开触点 ┤├	Shift+F2	16	打开"信息"选项卡	Alt+7
2	插入常闭触点 ┤/├	Shift+F3	17	打开"诊断"选项卡	Alt+8
3	插入线圈 ─( )─	Shift+F7	18	编译对象	Ctrl+B
4	插入空功能框 ???	Shift+F5	19	在线设备编辑	Ctrl+D
5	打开分支 ↳	Shift+F8	20	在线设备	Ctrl+K
6	关闭分支 ↱	Shift+F9	21	离线设备	Ctrl+M
7	插入程序段	Ctrl+R	22	下载设备	Ctrl+L
8	展开所有程序段	Alt+F11	23	修改变量为1	Ctrl+F2
9	折叠所有程序段	Alt+F12	24	修改变量为0	Ctrl+F3
10	打开/关闭项目树	Alt+1	25	编程时定义变量	Ctrl+Shift+I
11	打开/关闭总览	Alt+2	26	停止CPU	Ctrl+Shift+Q
12	打开/关闭任务卡	Alt+3	27	启动CPU	Ctrl+Shift+E
13	打开/关闭详细视图	Alt+4	28	修改变量变量数值	Ctrl+Shift+2
14	打开/关闭巡视窗口	Alt+5	29	竖直排列窗口	F12
15	打开"属性"选项卡	Alt+6			

> **注意** 有的计算机在使用快捷键时，还需要在表2-4列出的快捷键前面加Fn键。

以下用一个简单的例子介绍快捷键的使用。

在TIA Portal软件的项目视图中，打开块OB1，选中"程序段1"，依次按快捷键"Shift+F2""Shift+F3"和"Shift+F7"，则依次插入常开触点、常闭触点和线圈，如图2-49所示。

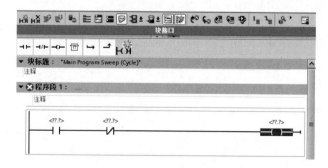

图2-49 用快捷键输入程序

第 3 章
西门子 S7-1200/1500
PLC 的编程

本章介绍 S7-1200/1500 PLC 的编程基础知识（数据类型和数据存储区）、指令系统及其应用。本章内容多，是 PLC 入门的关键，掌握本章内容标志着 S7-1200/1500 PLC 初步入门。

3.1 S7-1200/1500 PLC 的编程基础

3.1.1 数据类型

数据是程序处理和控制的对象，在程序运行过程中，数据是通过变量来存储和传递的。变量有两个要素：名称和数据类型。对程序块或者数据块的变量声明时，都要包括这两个要素。

S7-1200/1500 PLC 的数据类型

数据的类型决定了数据的属性，例如数据长度和取值范围等。TIA Portal 软件中的数据类型分为 3 大类：基本数据类型、复合数据类型和其他数据类型。

（1）基本数据类型

基本数据类型是根据 IEC 61131-3（国际电工委员会指定的 PLC 编程语言标准）来定义的，每个基本数据类型具有固定的长度且不超过 64 位。

基本数据类型最为常用，细分为位数据类型、整数和浮点数数据类型、字符数据类型、定时器数据类型及日期和时间数据类型。每一种数据类型都具备关键字、数据长度、取值范围和常数表等格式属性，以下分别介绍。

1）位数据类型 位数据类型包括布尔型（Bool）、字节型（Byte）、字型（Word）、双字型（DWord）和长字型（LWord）。对于 S7-300/400 PLC 仅支持前 4 种数据类型。TIA Portal 软件的位数据类型见表 3-1。

表 3-1 位数据类型

关键字	长度 / 位	取值范围 / 格式示例	说明
Bool	1	True 或 False（1 或 0）	布尔变量
Byte	8	B#16#0 ～ B#16#FF	字节
Word	16	十六进制：W#16#0 ～ W#16#FFFF	字（双字节）

续表

关键字	长度 / 位	取值范围 / 格式示例	说明
DWord	32	十六进制：DW#16#0 ～ DW#16#FFFF_FFFF	双字（四字节）
LWord	64	十六进制：LW#16#0 ～ LW#16#FFFF_FFFF_FFFF_FFFF	长字（八字节）

注：在 TIA 博途软件中，关键字不区分大小写，如 Bool 和 BOOL 都是合法的，不必严格区分。

2）整数和浮点数数据类型　整数数据类型包括有符号整数和无符号整数。有符号整数包括：短整数型（SInt）、整数型（Int）、双整数型（DInt）和长整数型（LInt）。无符号整数包括：无符号短整数型（USInt）、无符号整数型（UInt）、无符号双整数型（UDInt）和无符号长整数型（ULInt）。整数没有小数点。对于 S7-300/400 PLC 仅支持整数型（Int）和双整数型（DInt）。

实数数据类型包括实数（Real）和长实数（LReal），实数也称为浮点数。对于 S7-300/400 PLC 仅支持实数（Real）。浮点数有正负且带小数点。TIA Portal 软件的整数和浮点数数据类型见表 3-2。

表 3-2　整数和浮点数数据类型

关键字	长度 / 位	取值范围 / 格式示例	说明
SInt	8	−128 ～ 127	8 位有符号整数
Int	16	−32768 ～ 32767	16 位有符号整数
DInt	32	−L#2147483648 ～ L#2147483647	32 位有符号整数
LInt	64	−9223372036854775808 ～ +9223372036854775807	64 位有符号整数
USInt	8	0 ～ 255	8 位无符号整数
UInt	16	0 ～ 65535	16 位无符号整数
UDInt	32	0 ～ 4294967295	32 位无符号整数
ULInt	64	0 ～ 18446744073709551615	64 位无符号整数
Real	32	-3.402823×10^{38} ～ $-1.175495 \times 10^{-38}$ $+1.175495 \times 10^{-38}$ ～ $+3.402823 \times 10^{38}$	32 位 IEEE754 标准浮点数
LReal	64	$-1.7976931348623158 \times 10^{308}$ ～ $-2.2250738585072014 \times 10^{-308}$ $+2.2250738585072014 \times 10^{-308}$ ～ $+1.7976931348623158 \times 10^{308}$	64 位 IEEE754 标准浮点数

3）字符数据类型　字符数据类型有 Char 和 WChar，数据类型 Char 的操作数长度为 8 位，在存储器中占用 1 个字节。Char 数据类型以 ASCII 格式存储单个字符。

数据类型 WChar（宽字符）的操作数长度为 16 位，在存储器中占用 2 个字节。WChar 数据类型存储以 Unicode 格式存储的扩展字符集中的单个字符。但只涉及整个 Unicode 范围的一部分。控制字符在输入时，以美元符号表示。TIA Portal 软件的字符数据类型见表 3-3。

表 3-3　字符数据类型

关键字	长度 / 位	取值范围 / 格式示例	说明
Char	8	ASCII 字符集	字符
WChar	16	Unicode 字符集，$0000 ～ $D7FF	宽字符

4）定时器数据类型　定时器数据类型主要包括时间（Time）、S5 时间（S5Time）和长时间（LTime）数据类型。对于 S7-300/400 PLC 仅支持前 2 种数据类型。

S5 时间数据类型（S5Time）以 BCD 格式保存持续时间，用于数据长度为 16 位的 S5 定时器。持续时间由 0 ～ 999（2H_46M_30S）范围内的时间值和时间基线决定。时间基线指示定时器时间值按步长 1 减少直至为"0"的时间间隔。时间的分辨率可以通过时间基线来控制。

时间数据类型（Time）的操作数内容以毫秒表示，用于数据长度为 32 位的 IEC 定时器。表示信息包括天（d）、小时（h）、分钟（m）、秒（s）和毫秒（ms）。

长时间数据类型（LTime）的操作数内容以纳秒表示，用于数据长度为 64 位的 IEC 定时器。表示信息包括天（d）、小时（h）、分钟（m）、秒（s）、毫秒（ms）、微秒（μs）和纳秒（ns）。TIA Portal 软件的定时器数据类型见表 3-4。

表 3-4　定时器数据类型

关键字	长度 / 位	取值范围 / 格式示例	说明
S5Time	16	S5T#0MS ～ S5T#2H_46M_30S_0MS	S5 时间
Time	32	T#-24d20h31m23s648ms ～ T#+24d20h31m23s647ms	时间
LTime	64	LT#-106751d23h47m16s854ms775us808ns ～ LT#+106751d23h47m16s854ms775us807ns	长时间

5）日期和时间数据类型　日期和时间数据类型包括：日期（Date）、日时间（TOD）、长日时间（LTOD）、日期时间（Date_And_Time）、日期长时间（Date_And_LTime）和长日期时间（DTL）。分别介绍如下。

① 日期（Date）。Date 数据类型将日期作为无符号整数保存。表示法中包括年、月和日。数据类型 Date 的操作数为十六进制形式，对应于自 1990 年 1 月 1 日以后的日期值。

② 日时间（TOD）。TOD（Time_Of_Day）数据类型占用一个双字，存储从当天 0:00 开始的毫秒时间，为无符号整数。

③ 日期时间（Date_And_Time）。数据类型 DT（Date_And_Time）存储日期和时间信息，格式为 BCD。TIA Portal 软件的日期和时间数据类型见表 3-5。

表 3-5　日期和时间数据类型

关键字	长度 / 字节	取值范围 / 格式示例	说明
Date	2	D#1990-01-01 ～ D#2168-12-31	日期
Time_Of_Day	4	TOD#00:00:00.000 ～ TOD#23:59:59.999	日时间
LTime_Of_Day	8	LTOD#00:00:00.000000000 ～ LTOD#23:59:59.999999999	长日时间
Date_And_Time	8	最小值：DT#1990-01-01-00:00:00.000 最大值：DT#2089-12-31-23:59:59.999	日期时间
Date_And_LTime	8	最小值：LDT#1970-01-01-00:00:00.000000000 最大值：LDT#2200-12-31-23:59:59.999999999	日期长时间
DTL	12	最小值：DTL#1970-01-01-00:00:00.000000000 最大值：DTL#2200-12-31-23:59:59.999999999	长日期时间

（2）复合数据类型

复合数据类型是一种由其他数据类型组合而成的，或者长度超过 32 位的数据类型。TIA Portal 软件中的复合数据类型包含：String（字符串）、WString（宽字符串）、Array（数组类型）、Struct（结构类型）和 UDT（PLC 数据类型）。复合数据类型相对较难理解和掌握，以下分别介绍。

1）字符串和宽字符串

① String（字符串）。其长度最多有 254 个字符的组（数据类型 Char）。为字符串保留的标准区域是 256 个字节长。这是保存 254 个字符和 2 个字节的标题所需要的空间。可以通过定义即将存储在字符串中的字符数目来减少字符串所需要的存储空间（例如：String[10]'Siemens'）。

② WString（宽字符串）。数据类型为 WString（宽字符串）的操作数存储一个字符串中多个数据类型为 WChar 的 Unicode 字符。如果不指定长度，则字符串的长度为预置的254个字符。在字符串中，可使用所有 Unicode 格式的字符。这意味着也可在字符串中使用中文字符。

2）Array（数组类型）　Array（数组类型）表示一个由固定数目的同一种数据类型元素组成的数据结构。允许使用除了 Array 之外的所有数据类型。

数组元素通过下标进行寻址。在数组声明中，下标限值定义在 Array 关键字之后的方括号中。下限值必须小于或等于上限值。一个数组最多可以包含 6 维，并使用逗号隔开维度限值。

例如：数组 Array[1..20] of Real 的含义是包括 20 个元素的一维数组，元素数据类型为 Real；数组 Array[1..2, 3..4] of Char 的含义是包括 4 个元素的二维数组，元素数据类型为 Char。

创建数组的方法。在项目视图的项目树中，双击"添加新块"选项，弹出新建块界面，新建"数据块 _1"，在"名称"栏中输入"A1"，在"数据类型"栏中输入"Array[1..20] of Real"，如图 3-1 所示，数组创建完成。单击 A1 前面的三角符号 ▶，可以查看到数组的所有元素，还可以修改每个元素的"启动值"（初始值），如图 3-2 所示。

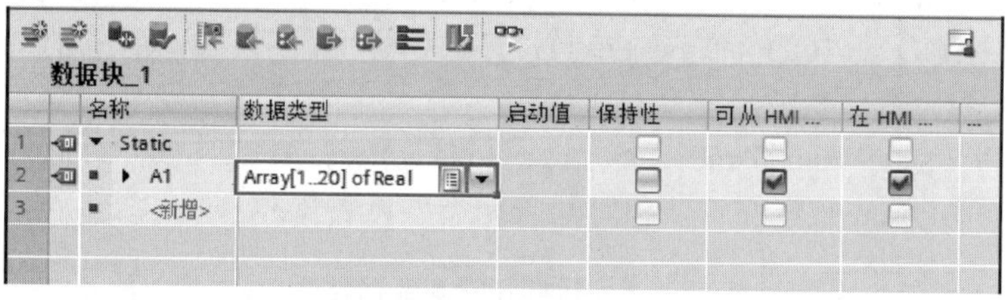

图 3-1　创建数组

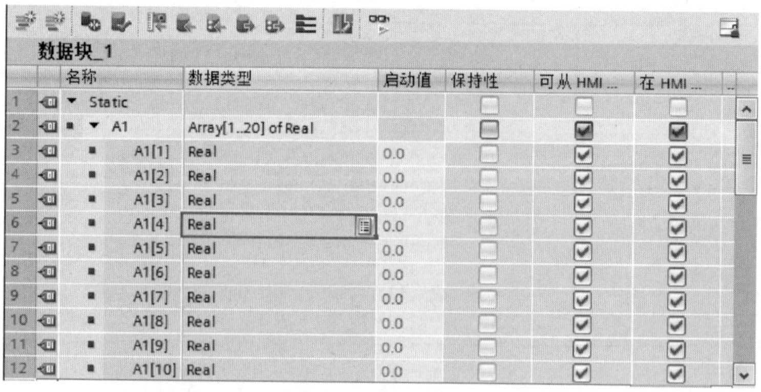

图 3-2　查看数组元素

3）Struct（结构类型） 该类型是由不同数据类型组成的复合型数据，通常用来定义一组相关数据。例如电动机的一组数据可以按照如图 3-3 所示的方式定义，在“数据块 _1”的“名称”栏中输入“Motor”，在“数据类型”栏中输入“Struct”（也可以点击下拉三角选取），之后可创建结构的其他元素，如本例的“Speed”。

数据块_1

	名称	数据类型	启动值	保持性	可从 HMI ...	在 HMI ...
1	Static					
2	A1	Array[1..20] of Real				
3	Motor	Struct				
4	Speed	Real	30.0			
5	Fren	Real	5.0			
6	Start	Bool	false			
7	Stop1	Bool	false			
8	<新增>					

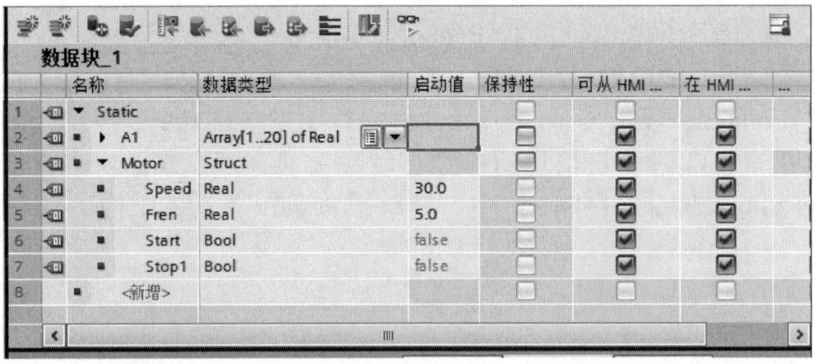

图 3-3 创建结构

4）UDT（PLC 数据类型） UDT 是由不同数据类型组成的复合型数据，与 Struct 不同的是，UDT 是一个模板，可以用来定义其他的变量，UDT 在经典 STEP 7 中称为自定义数据类型。PLC 数据类型的创建方法如下所述。

① 在项目视图的项目树中，双击“添加新数据类型”选项，弹出如图 3-4 所示界面，创建一个名称为“MotorA”的结构，并将新建的 PLC 数据类型名称重命名为“MotorA”。

MotorA

	名称	数据类型	默认值	可从 HMI ...	在 H...
1	MotorA	Struct			
2	Speed	Real	0.0		
3	Start	Bool	false		
4	Stop1	Bool	false		
5	<新增>				
6	<新增>				

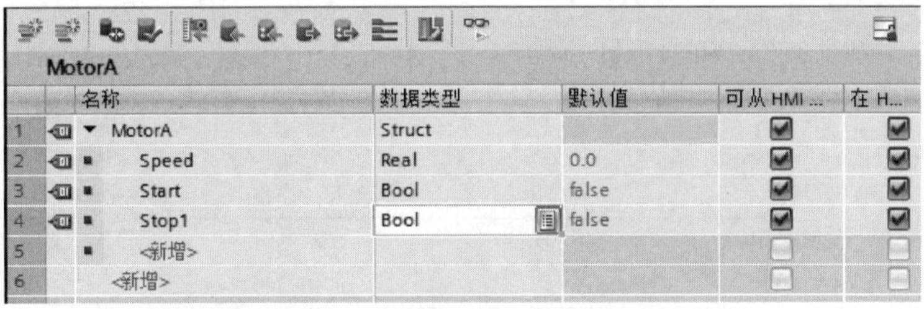

图 3-4 创建 PLC 数据类型（1）

② 在“数据块 _1”的“名称”栏中输入“MotorA1”和“MotorA2”，在“数据类型”栏中输入“MotorA”，这样操作后，“MotorA1”和“MotorA2”的数据类型变成了“MotorA”，如图 3-5 所示。

数据块_1

	名称	数据类型	启动值	保持性	可从 HMI ...	在 H...
1	Static					
2	A1	Array[1..20] of Real				
3	Motor	Struct				
4	MotorA1	"MotorA"				
5	MotorA2	"MotorA"				

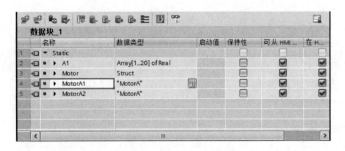

图 3-5 创建 PLC 数据类型（2）

使用 PLC 数据类型给编程带来较大的便利性，较为重要，相关内容在后续章节还要介绍。

（3）其他数据类型

对于 S7-1500 PLC，除了基本数据类型和复合数据类型外，还有指针类型、参数类型、系统数据类型和硬件数据类型等，以下分别介绍。

1）指针类型 S7-1500 PLC 支持 Pointer、Any 和 Variant 三种类型指针，S7-300/400 PLC 只支持前两种，S7-1200 PLC 只支持 Variant 类型。

① Pointer Pointer 类型的参数是一个可指向特定变量的指针。它在存储器中占用 6 个字节（48 位），可能包含的变量信息有：数据块编号或 0（若数据块中没有存储数据）和 CPU 中的存储区和变量地址。在图 3-6 中，显示了 Pointer 指针的结构。

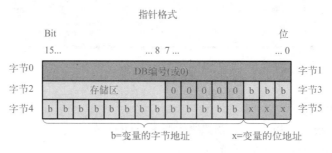

图 3-6 Pointer 指针的结构

② Any Any 类型的参数指向数据区的起始位置，并指定其长度。Any 指针使用存储器中的 10 个字节，可能包含的信息有：数据类型、重复系数、DB 编号、存储区、数据的起始地址（格式为"字节.位"）和零指针。在图 3-7 中，显示了 Any 指针的结构。

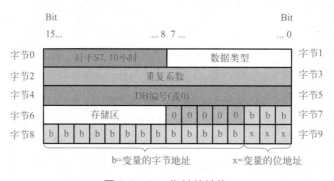

图 3-7 Any 指针的结构

③ Variant Variant 类型的参数是一个可以指向不同数据类型变量（而不是实例）的指针。Variant 指针可以是一个元素数据类型的对象，例如 INT 或 Real。也可以是一个 String、DTL、Struct 数组、UDT 或 UDT 数组。Variant 指针可以识别结构，并指向各个结构元素。Variant 数据类型的操作数在背景 DB 或 L 堆栈中不占用任何空间，但是，会占用 CPU 上的存储空间。

Variant 类型的变量不是一个对象，而是对另一个对象的引用。Variant 类型的各元素只能在函数的块接口中声明，不能在数据块或函数块的块接口静态部分中声明。例如，因为各元素的大小未知，所引用对象的大小可以更改，Variant 数据类型只能在块接口的形参中定义。

2）参数类型　参数类型是传递给被调用块的形参的数据类型。参数类型还可以是 PLC 数据类型。参数类型及其用途见表 3-6。

表 3-6　参数类型及其用途

参数类型	长度 / 位	用途说明
Timer	16	可用于指定在被调用代码块中所使用的定时器。如果使用 TIMER 参数类型的形参，则相关的实参必须是定时器 示例：T1
Counter	16	可用于指定在被调用代码块中使用的计数器。如果使用 Counter 参数类型的形参，则相关的实参必须是计数器 示例：C10

3）系统数据类型　系统数据类型 (SDT) 由系统提供并具有预定义的结构。系统数据类型的结构由固定数目的可具有各种数据类型的元素构成。不能更改系统数据类型的结构。系统数据类型只能用于特定指令。系统数据类型及其用途见表 3-7。

表 3-7　系统数据类型及其用途

系统数据类型	长度 / 字节	用途说明
IEC_Timer	16	定时值为 Time 数据类型的定时器结构。例如，此数据类型可用于 "TP" "TOF" "TON" "TONR" "RT" 和 "PT" 指令
IEC_LTIMER	32	定时值为 LTime 数据类型的定时器结构。例如，此数据类型可用于 "TP" "TOF" "TON" "TONR" "RT" 和 "PT" 指令
IEC_Counter	6	计数值为 Int 数据类型的计数器结构。例如，此数据类型用于 "CTU" "CTD" 和 "CTUD" 指令
SSL_HEADER	4	指定在读取系统状态列表期间保存有关数据记录信息的数据结构。例如，此数据类型用于 "RDSYSST" 指令
TADDR_Param	8	指定用来存储那些通过 UDP 实现开放用户通信的连接说明的数据块结构。例如，此数据类型用于 "TUSEND" 和 "TURSV" 指令
TCON_Param	64	指定用来存储那些通过工业以太网（PROFINET）实现开放用户通信的连接说明的数据块结构。例如，此数据类型用于 "TSEND" 和 "TRSV" 指令

4）硬件数据类型　硬件数据类型由 CPU 提供。可用硬件数据类型的数目取决于 CPU。根据硬件配置中设置的模块存储特定硬件数据类型的常量。在用户程序中插入用于控制或激活已组态模块的指令时，可将这些可用常量用作参数。部分硬件数据类型及其用途见表 3-8。

表 3-8　部分硬件数据类型及其用途

硬件数据类型	基本数据类型	用途说明
REMOTE	ANY	用于指定远程 CPU 的地址。例如，此数据类型用于 "PUT" 和 "GET" 指令

续表

硬件数据类型	基本数据类型	用途说明
GEOADDR	HW_IOSYSTEM	实际地址信息
HW_ANY	WORD	任何硬件组件（如模块）的标识
HW_DEVICE	HW_ANY	DP 从站 /PROFINET IO 设备的标识
HW_DPMASTER	HW_INTERFACE	DP 主站的标识

【例 3-1】请指出以下数据的含义，DINT#58、S5T#58s、58、C#58、T#58s、P#M0.0 Byte 10。

【解】① DINT#58：表示双整数 58。

② S5T#58s：表示 S5 和 S7 定时器中的定时时间 58s。

③ 58：表示整数 58。

④ C#58：表示计数器中的预置值 58。

⑤ T#58s：表示 IEC 定时器中定时时间 58s。

⑥ P#M0.0 Byte 10：表示从 MB0 开始的 10 个字节。

关键点

理解例 3-1 中的数据表示方法至关重要，无论对于编写程序还是阅读程序都是必须要掌握的。

3.1.2 S7-1200/1500 PLC 的存储区

S7-1200/1500 PLC 的存储区由装载存储器、工作存储器和系统存储器组成。工作存储器类似于计算机的内存条，装载存储器类似于计算机的硬盘。以下分别介绍三种存储器。

S7-1200/1500
PLC 的数据
存储区

（1）装载存储器

装载存储器用于保存逻辑块、数据块和系统数据。下载程序时，用户程序下载到装载存储器。在 PLC 上电时，CPU 把装载存储器中的可执行的部分复制到工作存储器。而 PLC 断电时，需要保存的数据自动保存在装载存储器中。

对于 S7-300/400 PLC，符号表、注释和 UDT 不能下载，只保存在编程设备中。而对于 S7-1200 PLC，变量表、注释和 UDT 均可以下载到装载存储器。

（2）工作存储器

工作存储器集成在 CPU 中的高速存取的 RAM 存储器中，用于存储 CPU 运行时的用户程序和数据，如组织块、功能块等。用模式选择开关复位 CPU 的存储器时，RAM 中程序被清除，但装载存储器中的程序不会被清除。

（3）系统存储器

系统存储器是 CPU 为用户提供的存储组件，用于存储用户程序的操作数据，例如过程映像输入、过程映像输出、位存储、定时器、计数器、块堆栈和诊断缓冲区等。

注意 ① S7-1200/1500 PLC 没有内置装载存储器，必须使用 SD 卡。SD 卡的外形如图 3-8 所示，此卡为黑色，不能用 S7-300/400 PLC 用的绿色卡替代。此卡不可带电插拔（热插拔）。

图 3-8　S7-1200/1500 PLC 用 SD 卡

② S7-1200/1500 PLC 的 RAM 不可扩展。RAM 不够用的明显标志是 PLC 频繁死机，解决办法是更换 RAM 更加大的 PLC（通常是更加高端的 PLC）。

1）过程映像输入区（I）　过程映像输入区与输入端相连，它是专门用来接收 PLC 外部开关信号的元件。在每次扫描周期的开始，CPU 对物理输入点进行采样，并将采样值写入过程映像输入区中。可以按位、字节、字或双字来存取过程映像输入区中的数据，输入寄存器等效电路如图 3-9 所示，真实的回路中当按钮闭合，线圈 I0.0 得电，经过 PLC 内部电路的转化，使得梯形图中，常开触点 I0.0 闭合，常闭触点 I0.0 断开，理解这一点很重要。

位格式：I[字节地址].[位地址]，如 I0.0。

字节、字和双字格式：I[长度][起始字节地址]，如 IB0、IW0 和 ID0。

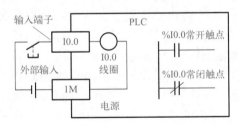

图 3-9　过程映像输入区 I0.0 的等效电路

PLC 的工作原理

若要存取存储区的某一位，则必须指定地址，包括存储器标识符、字节地址和位号。图 3-10 是一个位表示法的例子。其中，存储器区、字节地址（I 代表输入，2 代表字节 2）和位地址之间用点号（.）隔开。

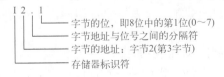

图 3-10　位表示方法

2）过程映像输出区（Q）　过程映像输出区是用来将 PLC 内部信号输出传送给外部负载（用户输出设备）的元件。过程映像输出区线圈是由 PLC 内部程序的指令驱动，其线圈状态传送给输出单元，再由输出单元对应的硬触点来驱动外部负载。

输入和输出寄存器等效电路如图 3-11 所示。当输入端的 SB1 按钮闭合（输入端硬件线路组成回路）→经过 PLC 内部电路的转化，I0.0 线圈得电→梯形图中的 I0.0 常开触点闭合→梯形图的 Q0.0 得电自锁→经过 PLC 内部电路的转化，使得真实回路中的常开触点 Q0.0 闭合→从而使得外部设备线圈得电（输出端硬件线路组成回路）。当输入端的 SB2 按钮闭合（输入端硬件线路组成回路）→经过 PLC 内部电路的转化，I0.1 线圈得电→梯形图中的 I0.1 常闭触点断开→梯形图的 Q0.0 断电→经过 PLC 内部电路的转化，使得真实回路中的常开触点 Q0.0 断开→从而使得外部设备线圈断电，理解这一点很重要。

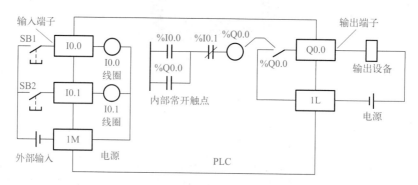

图 3-11　过程映像输入和输出区的等效电路

在每次扫描周期的结尾，CPU 将过程映像输出区中的数值复制到物理输出点上。可以按位、字节、字或双字来存取过程映像输出区。

位格式：Q［字节地址］.［位地址］，如 Q1.1。

字节、字和双字格式：Q［长度］［起始字节地址］，如 QB8、QW8 和 QD8。

3）标识位存储区（M）　标识位存储区是 PLC 中数量较多的一种存储区，一般的标识位存储区与继电器控制系统中的中间继电器相似。标识位存储区不能直接驱动外部负载，这点请初学者注意，负载只能由过程映像输出区的外部触点驱动。标识位存储区的常开与常闭触点在 PLC 内部编程时，可无限次使用。M 的数量根据不同型号的 PLC 而不同。可以用位存储区来存储中间操作状态和控制信息，并且可以按位、字节、字或双字来存取位存储区。

位格式：M［字节地址］.［位地址］，如 M2.7。

字节、字和双字格式：M［长度］［起始字节地址］，如 MB10、MW10 和 MD10。

4）数据块存储区（DB）　数据块可以存储在装载存储器、工作存储器以及系统存储器（块堆栈）中，共享数据块的标识符为"DB"。数据块的大小与 CPU 的型号相关。数据块默认为掉电保持，不需要额外设置。

5）本地数据区（L）　本地数据区位于 CPU 的系统存储器中，其地址标识符为"L"。包括函数、函数块的临时变量，组织块中的开始信息、参数传递信息，以及梯形图的内部结果。在程序中访问本地数据区的表示法与输入相同。本地数据区的数量与 CPU 的型号有关。

本地数据区和标识位存储区 M 很相似，但有一个区别：标识位存储区 M 是全局有效的，而本地数据区只在局部有效。全局是指同一个存储区可以被任何程序（包括主程序、子程序和中断服务程序）存取，局部是指存储器区和特定的程序相关联。

位格式：L［字节地址］.［位地址］，如 L0.0。

字节、字和双字格式：L［长度］［起始字节地址］，如 LB0。

6）物理输入区 物理输入区位于 CPU 的系统存储器中，其地址标识符为"：P"，加在过程映像地址的后面。与过程映像区功能相反，不经过过程映像区的扫描，程序访问物理区时，直接将输入模块的信息读入，并作为逻辑运算的条件。

位格式：I［字节地址］.［位地址］:P，如 I2.7:P。

字或双字格式：I［长度］［起始字节地址］:P，如 IW8:P。

7）物理输出区 物理输出区位于 CPU 的系统存储器中，其地址标识符为"：P"，加在过程映像区地址的后面。与过程映像区功能相反，不经过过程映像区的扫描，程序访问物理区时，直接将逻辑运算的结果（写出信息）写出到输出模块。

位格式：Q［字节地址］.［位地址］:P，如 Q2.7:P。

字和双字格式：Q［长度］［起始字节地址］:P，如 QW8:P 和 QD8:P。

以上各存储器的存储区及功能见表 3-9。

表 3-9 存储区及功能

地址存储区	范围	S7 符号	举例	功能描述
过程映像输入区	输入（位）	I	I0.0	扫描周期期间，CPU 从模块读取输入，并记录该区域中的值
	输入（字节）	IB	IB0	
	输入（字）	IW	IW0	
	输入（双字）	ID	ID0	
过程映像输出区	输出（位）	Q	Q0.0	扫描周期期间，程序计算输出值并将它放入此区域，扫描结束时，CPU 发送计算输出值到输出模块
	输出（字节）	QB	QB0	
	输出（字）	QW	QW0	
	输出（双字）	QD	QD0	
标识位存储区	标识位存储区（位）	M	M0.0	用于存储程序的中间计算结果
	标识位存储区（字节）	MB	MB0	
	标识位存储区（字）	MW	MW0	
	标识位存储区（双字）	MD	MD0	
数据块	数据（位）	DBX	DBX 0.0	可以被所有的逻辑块使用
	数据（字节）	DBB	DBB0	
	数据（字）	DBW	DBW0	
	数据（双字）	DBD	DBD0	
本地数据区	本地数据（位）	L	L0.0	当块被执行时，此区域包含块的临时数据
	本地数据（字节）	LB	LB0	
	本地数据（字）	LW	LW0	
	本地数据（双字）	LD	LD0	

续表

地址存储区	范围	S7符号	举例	功能描述
物理输入区	物理输入位	I:P	I0.0:P	外围设备输入区允许直接访问中央和分布式的输入模块，不受扫描周期限制
	物理输入字节	IB:P	IB0:P	
	物理输入字	IW:P	IW0:P	
	物理输入双字	ID:P	ID0:P	
物理输出区	物理输出位	Q:P	Q0.0:P	外围设备输出区允许直接访问中央和分布式的输出模块，不受扫描周期限制
	物理输出字节	QB:P	QB0:P	
	物理输出字	QW:P	QW0:P	
	物理输出双字	QD:P	QD0:P	

【例 3-2】如果 MD0=16#1F，那么 MB0、MB1、MB2、MB3、M0.0 和 M3.0 的数值是多少？

【解】MD0=16#1F=16#0000001F=2#0000_0000_0000_0000_0000_0000_0001_1111，根据图 3-12，MB0=0；MB1=0；MB2=0；MB3=16#1F=2#0001_1111。由于 MB0=0，所以 M0.7 ～ M0.0=0；又由于 MB3=16#1F=2#0001_1111，将之与 M3.7 ～ M3.0 对应，所以 M3.0=1。

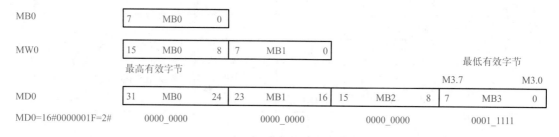

图 3-12 字节、字和双字的起始地址

这点不同于三菱 PLC，读者要注意区分。如不理解此知识点，在编写通信程序时，如 DCS 与 S7-1200 PLC 交换数据，容易出错。

> **注意** 在 MD0 中，由 MB0、MB1、MB2 和 MB3 四个字节组成，MB0 是高字节，而 MB3 是低字节。字节、字和双字的起始地址如图 3-12 所示。

3.1.3 全局变量与区域变量

（1）全局变量

全局变量可以在 CPU 的整个范围内被所有的程序块调用，例如在 OB（组织块）、FC（函数）和 FB（函数块）中使用，在某一个程序块中赋值后，在其他的程序块中可以读出，没有使用限制。全局变量包括 I、Q、M、T、C、DB、I:P 和 Q:P 等数据区。

例如"Start"的地址是 I0.0，在同一台 S7-1500 PLC 的组织块 OB1、函数 FC1 等中，"Start"都代表同一地址 I0.0。全局变量用双引号引用。

（2）区域变量

区域变量也称为局部变量。区域变量只能在所属块（OB、FC 和 FB）范围内调用，在程序块调用时有效，程序块调用完成后被释放，所以不能被其他程序块调用。本地数据区（L）中的变量为区域变量，每个程序块中的临时变量都属于区域变量。这个概念和计算机高级语言 VB、C 语言中的局部变量概念相同。

例如 #Start 的地址是 L10.0，#Start 在同一台 S7-1500 的组织块 OB1 和函数 FC1 中不是同一地址。区域变量前面加 # 号。

3.1.4 编程语言

（1）PLC 编程语言的国际标准

IEC 61131 是 PLC 的国际标准，1992—1995 年发布了 IEC 61131 标准中的 1 ～ 4 部分，我国在 1995 年发布了 GB/T 15969.1/2/3/4（等同于 IEC 61131-1/2/3/4）。

IEC 61131-3 广泛地应用于 PLC、DCS 和工控机、"软件 PLC"、数控系统、RTU 等产品。其定义了 5 种编程语言，分别是指令表（Instruction List，IL）、结构文本（Structured Text，ST）、梯形图（Ladder Diagram，LD）、功能块图（Function Block Diagram，FBD）和顺序功能图（Sequential Function Chart，SFC）。

（2）TIA Portal 软件中的编程语言

TIA Portal 软件中有梯形图、语句表、功能块图、SCL 和 Graph，共 5 种基本编程语言。以下简要介绍。

① S7-Graph。TIA Portal 软件中的 S7-Graph 实际就是顺序功能图（SFC），S7-Graph 是针对顺序控制系统进行编程的图形编程语言，特别适合顺序控制程序编写。它是常用的编程语言，S7-1200 PLC 不支持，S7-1500 PLC 支持。

② 梯形图（LAD）。梯形图直观易懂，适合数字量逻辑控制。梯形图适合熟悉继电器电路的人员使用。设计复杂的触点电路时适合用梯形图，其应用非常广泛。

③ 语句表（STL）。语句表的功能比梯形图或功能块图的功能强。语句表可供擅长用汇编语言编程的用户使用。语句表输入快，可以在每条语句后面加上注释。语句表有被淘汰的趋势，S7-1200 PLC 不支持，S7-1500 PLC 支持。

④ 功能块图（FBD）。"LOGO！"系列微型 PLC 使用功能块图编程。功能块图适合于熟悉数字电路的人员使用。

⑤ 结构化控制语言（SCL）。TIA Portal 软件中的 SCL（结构化控制语言）实际就是 ST（结构文本），它符合 IEC61131-3 标准。SCL 适用于复杂的公式计算、复杂的计算任务和最优化算法或管理大量的数据等。S7-SCL 编程语言适合熟悉高级编程语言（例如 PASCAL 或 C 语言）的人员使用。SCL 编程语言的使用将越来越广泛。

此外，还有因果矩阵（CEM）编程语言。

在 TIA Portal 软件中，如果程序块没有错误，并且被正确地划分为网络，在梯形图和功能块图之间可以相互转换，但梯形图和指令表不可相互转换。注意：在经典 STEP 7 中梯形图、功能块图、语句表之间可以相互转换。

3.1.5 变量表

（1）变量表简介

TIA Portal 软件中可定义两类符号：全局符号和局部符号。全局符号利用变量表（Tag Table）来定义，可以在用户项目的所有程序块中使用。局部符号是在程序块的变量声明表中定义的，只能在该程序块中使用。

PLC 的变量表包含整个 CPU 范围有效的变量和符号常量的定义。系统会为项目中使用的每个 CPU 创建一个变量表，用户也可以创建其他的变量表用于常量和变量进行归类和分组。

在 TIA Portal 软件中添加了 CPU 设备后，在项目树中 CPU 设备下会出现一个"PLC 变量"文件夹，在此文件夹中有三个选项：显示所有变量、添加新变量表和默认变量表，如图 3-13 所示。

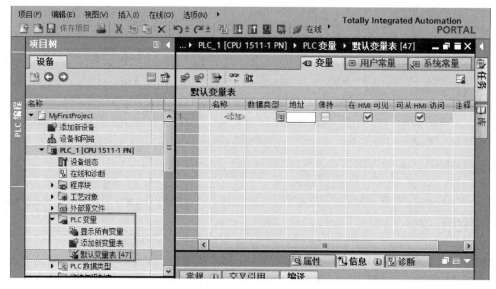

图 3-13　变量表

"显示所有变量"含有全部的 PLC 变量、用户常量和 CPU 系统常量。该表不能删除或移动。

"默认变量表"是系统创建的，项目的每个 CPU 均有一个标准变量表。该表不能删除、重命名或移动。默认变量表包含 PLC 变量、用户常量和系统常量。可以在默认变量表中声明所有的 PLC 变量，或根据需要创建其他的用户定义变量表。

双击"添加新变量表"，可以创建用户定义变量表，可以根据要求为每个 CPU 创建多个针对组变量的用户定义变量表。可以对用户定义的变量表重命名、整理合并为组或删除。用户定义变量表包含 PLC 变量和用户常量。

① 变量表的工具栏　变量表的工具栏如图 3-14 所示，从左到右含义分别为：插入行、添加行、导出、全部监视和保持性。

图 3-14　变量表的工具栏

② 变量的结构　每个 PLC 变量表包含变量选项卡和用户常量选项卡。默认变量表和所有变量表还均包括系统常量选项卡。表 3-10 列出了常量选项卡的各列的含义，所显示的列编号可能有所不同，可以根据需要显示或隐藏列。

表 3-10　变量表中常量选项卡的各列含义

序号	列	说明
1	◀▌DI	通过单击符号并将变量拖动到程序中作为操作数
2	名称	常量在 CPU 范围内的唯一名称
3	数据类型	变量的数据类型
4	地址	变量地址
5	保持性	将变量标记为具有保持性。保持性变量的值将保留，即使在电源关闭后也保留
6	可从 HMI 访问	显示运行期间 HMI 是否可访问此变量
7	HMI 中可见	显示默认情况下，在选择 HMI 的操作数时变量是否显示
8	监视值	CPU 中的当前数据值。只有建立了在线连接并选择全部监视按钮时，才会显示该列
9	变量表	显示包含有变量声明的变量表。该列仅存在于所有变量表中
10	注释	用于说明变量的注释信息

（2）定义全局符号

在 TIA Portal 软件项目视图的项目树中，双击"添加新变量表"，即可生成新的变量表"变量表 _1[0]"，选中新生成的变量表，单击鼠标的右键弹出快捷菜单，选中"重命名"命令，将此变量表重命名为"MyTable[0]"。单击变量表中的"添加行"按钮▤ 2 次，添加 2 行，如图 3-15 所示。

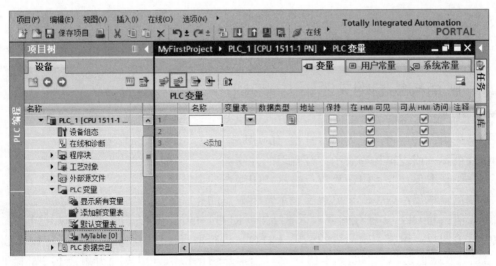

图 3-15　添加新变量表

在变量表的"名称"栏中，分别输入"Start""Stop1""Motor"。在"地址"栏中输入

"M0.0""M0.1""Q0.0"。三个符号的数据类型均选为"Bool"，如图 3-16 所示。至此，全局符号定义完成，因为这些符号关联的变量是全局变量，所以这些符号在所有的程序中均可使用。

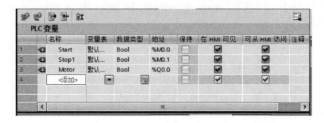

图 3-16　在变量表中，定义全局符号

打开程序块 OB1，可以看到梯形图中的符号和地址关联在一起，且一一对应，如图 3-17 所示。

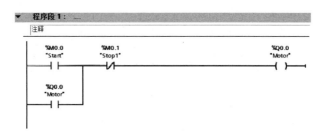

图 3-17　梯形图中关联的符号和地址

3.2　位逻辑运算指令

位逻辑指令用于二进制数的逻辑运算。位逻辑运算的结果简称为 RLO。

位逻辑指令是最常用的指令之一，主要有置位运算指令、复位运算指令和线圈指令等。

3.2.1　触点与线圈相关逻辑

（1）触点与线圈相关逻辑说明

① 与逻辑：与逻辑运算表示常开触点的串联。

② 或逻辑：或逻辑运算表示常开触点的并联。

③ 与逻辑取反：与逻辑运算取反表示常闭触点的串联。

④ 或逻辑取反：或逻辑运算取反表示常闭触点的并联。

⑤ 赋值：将 CPU 中保存的逻辑运算结果（RLO）的信号状态分配给指定操作数。

⑥ 赋值取反：可将逻辑运算的结果（RLO）进行取反，然后将其赋值给指定操作数。

与运算及赋值逻辑示例如图 3-18 所示。当常开触点 I0.0、I0.1 和常开触点 I0.2 都接通时，输出线圈 Q0.0 得电（Q0.0=1），Q0.0=1 实际上就是运算结果 RLO 的数值，I0.0、I0.1 和 I0.2 是串联关系。当 I0.1 和 I0.2 中，1 个或 2 个断开时，线圈 Q0.0 断开。这是典型的实现多地停止功能的梯形图。

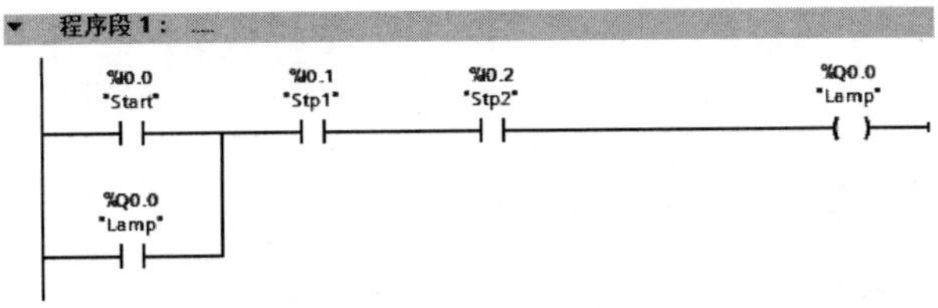

图 3-18　与运算及赋值逻辑示例

或运算及赋值逻辑示例如图 3-19 所示，当常开触点 I0.0、常开触点 I0.1 和常开触点
Q0.0 有一个或多个接通时，若常开触点 I0.2 闭合则输出线圈 Q0.0 得电（Q0.0=1），I0.0、
I0.1 和 Q0.0 触点是并联关系。这是典型的实现多地启动功能的梯形图。

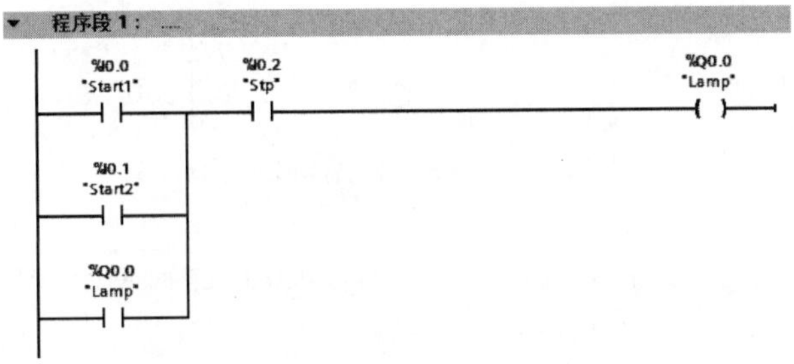

图 3-19　或运算及赋值指令示例

触点和赋值逻辑的 LAD 指令对应关系见表 3-11。

表 3-11　触点和赋值指令的 LAD 和 SCL 指令对应关系

LAD	SCL 指令	功能说明	说明

"IN"
┤ ├
	IF IN THEN
	　Statement;
	ELSE
	　Statement;
	END_IF;
		常开触点	可将触点相互连接并创建用户自己的组合逻辑

"IN" ┤/├	IF NOT（IN）THEN 　Statement; ELSE 　Statement; END_IF;	常闭触点	
"OUT" ┤ ├	OUT := < 布尔表达式 >;	赋值	将 CPU 中保存的逻辑运算结果的信号状态，分配给指定操作数
"OUT" ┤/├	OUT := NOT < 布尔表达式 >;	赋值取反	将 CPU 中保存的逻辑运算结果的信号状态取反后，分配给指定操作数

【例 3-3】CPU 上电运行后，对 MB0 ～ MB3 清零复位，设计此程序。

【解】S7-1200 PLC 虽然可以设置上电闭合一个扫描周期的特殊寄存器（FirstScan），但可以用如图 3-20 所示程序取代此特殊寄存器。另一种解法要用到启动组织块 OB100，将在后续章节讲解。

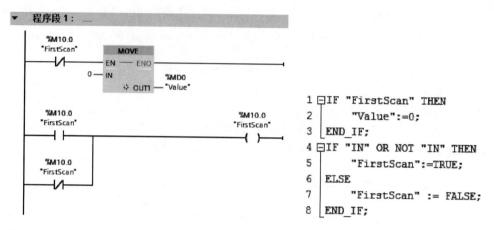

图 3-20　例 3-3 梯形图和 SCL 程序

① 第一个扫描周期时，M10.0 的常闭触点闭合，0 传送到 MD0 中，实际就是对 MB0 ～ MB3 清零复位。之后 M10.0 线圈得电自锁。

② 第二个及之后的扫描周期，M10.0 常闭触点一直断开，所以 M10.0 的常闭只接通了一个扫描周期。

【例 3-4】CPU 上电运行后，对 M10.2 置位，并一直保持为 1，设计梯形图程序。

【解】S7-1200 PLC 虽然可以设置上电运行后一直闭合的特殊寄存器位（AlwaysTRUE），但设计如图 3-21 和图 3-22 所示的程序，可替代此特殊寄存器位。

如图 3-21 所示，第一个扫描周期，M10.0 的常闭触点闭合，M10.0 线圈得电自锁，M10.0 常开触点闭合，之后 M10.0 常开触点一直闭合，所以 M10.2 线圈一直得电。

如图 3-22 所示，M10.0 常开触点和 M10.0 的常闭触点串联，所以 M10.0 线圈不会得电，M10.0 常闭触点一直处于闭合状态，所以 M10.2 线圈一直得电。

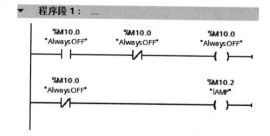

图 3-21　例 3-4 方法 1 梯形图和 SCL 程序　　　图 3-22　例 3-4 方法 2 梯形图程序

（2）取反 RLO 指令

这类指令可直接对逻辑操作结果 RLO 进行操作，改变状态字中 RLO 的状态。取反 RLO 指令见表 3-12。

表 3-12   取反 RLO 指令

梯形图指令	功能说明	说明
─│NOT│─	取反 RLO	在逻辑串中，对当前 RLO 取反

取反 RLO 指令示例如图 3-23 所示，当 I0.0 为 1 时 Q0.0 为 0，反之当 I0.0 为 0 时 Q0.0 为 1。

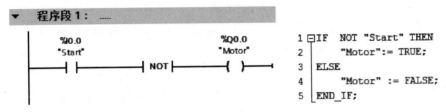

图 3-23   取反 RLO 指令示例

【例 3-5】用 S7-1200/1500 PLC 控制一台三相异步电动机，实现用一个按钮对电动机进行启停控制，即单键启停控制（也称乒乓控制）。

【解】（1）设计电气原理图

设计电气原理图如图 3-24 所示，KA1 是中间继电器，起隔离和信号放大作用，KM1 是接触器，KA1 触点的通断控制 KM1 线圈的得电和断电，从而驱动电动机的启停。

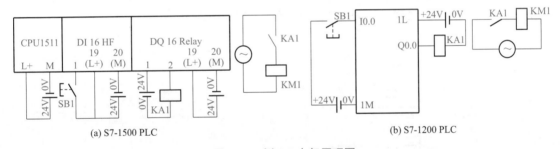

(a) S7-1500 PLC   (b) S7-1200 PLC

图 3-24   例 3-5 电气原理图

（2）编写控制程序

三相异步电动机单键启停控制的程序设计有很多方法，以下介绍两种常用的方法。

1）方法 1   梯形图程序如图 3-25 所示。这个梯形图没用到上升沿指令。

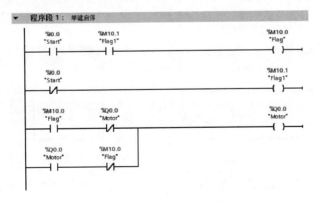

图 3-25   例 3-5 方法 1 梯形图程序

① 当按钮 SB1 不压下时，I0.0 的常闭触点闭合，M10.1 线圈得电，M10.1 常开触点闭合。

② 当按钮 SB1 第一次压下时，第一次扫描周期里，I0.0 的常开触点闭合，M10.0 线圈得电，M10.0 常开触点闭合，Q0.0 线圈得电，电动机启动。第二次扫描周期之后，M10.1 线圈断电，M10.1 常开触点断开，M10.0 线圈断电，M10.0 常闭触点闭合，Q0.0 线圈自锁，电动机持续运行。

按钮弹起后，SB1 的常开触点断开，I0.0 的常闭触点闭合，M10.1 线圈得电，M10.1 常开触点闭合。

③ 当按钮 SB1 第二次压下时，I0.0 的常开触点闭合，M10.0 线圈得电，M10.0 常闭触点断开，Q0.0 线圈断电，电动机停机。

> **注意** 在经典 STEP7 中，图 3-25 所示的梯形图需要编写在三个程序段中。

2）方法 2　梯形图如图 3-26 所示。

① 当按钮 SB1 第一次压下时，M10.0 接通一个扫描周期，使得 Q0.0 线圈得电一个扫描周期，电动机启动运行。当下一次扫描周期到达时，M10.0 常闭触点闭合，Q0.0 常开触点闭合自锁，Q0.0 线圈得电，电动机持续运行。

② 当按钮 SB1 第二次压下时，M10.0 线圈得电一个扫描周期，使得 M10.0 常闭触点断开，Q0.0 线圈断电，电动机停机。

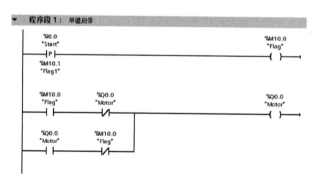

图 3-26　例 3-5 方法 2 梯形图

> **注意** 梯形图中，双线圈输出是不允许的，所谓双线圈输出就是同一线圈在梯形图中出现大于等于 2 处。如图 3-27 所示，Q0.0 出现了 2 次，是错误的，修改成图 3-28 才正确。

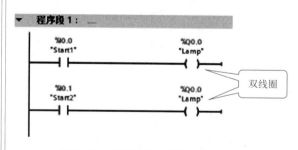

图 3-27　双线圈输出的梯形图 - 错误

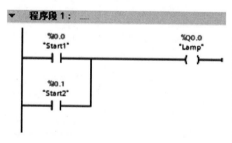

图 3-28　修改后的梯形图 - 正确

3.2.2 复位、置位、复位域和置位域指令

复位、置位、复位域和置位域指令及其应用

（1）复位与置位指令

① S：置位指令，将指定的地址位置位，即变为 1，并保持。

② R：复位指令，将指定的地址位复位，即变为 0，并保持。

如图 3-29 所示为置位 / 复位指令应用实例，当 I0.0 接通，Q0.0 置位，之后，即使 I0.0 断开，Q0.0 保持为 1，直到 I0.1 接通时，Q0.0 复位。这两条指令非常有用。

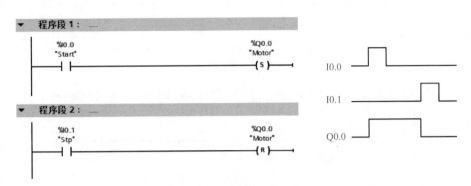

图 3-29 置位 / 复位指令示例

> **注意** 置位 / 复位指令不一定要成对使用。

（2）SET_BF 位域 /RESET_BF 位域

① SET_BF："置位位域"指令，对从某个特定地址开始的多个位进行置位。

② RESET_BF："复位位域"指令，可对从某个特定地址开始的多个位进行复位。

置位位域和复位位域应用如图 3-30 所示，当常开触点 I0.0 接通时，从 Q0.0 开始的 3 个位（即 Q0.0 ～ Q0.2）置位，而当常开触点 I0.1 接通时，从 Q0.0 开始的 3 个位（即 Q0.0 ～ Q0.2）复位。这两条指令很有用。

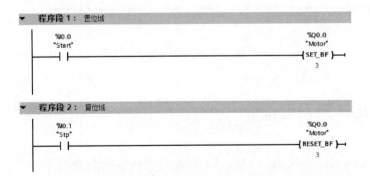

图 3-30 置位位域和复位位域应用

【例 3-6】用置位 / 复位指令编写"正转 - 停 - 反转"的梯形图，其中 I0.0 与正转按钮关联，I0.1 与反转按钮关联，I0.2 与停止按钮（硬件接线接常闭触点）关联，Q0.0 是正转输出，Q0.1 是反转输出。

【解】梯形图如图 3-31 所示，可见使用置位 / 复位指令后，不需要用自锁，程序变得更加简洁。

程序段 1：正转

%I0.0	%Q0.1	%Q0.0
"Stf"	"CCW"	"CW"
——| |——	——|/|——	——(S)——

程序段 2：反转

%I0.1	%Q0.0	%Q0.1
"Str"	"CW"	"CCW"
——| |——	——|/|——	——(S)——

程序段 3：停止

%I0.2	%Q0.0
"Stp"	"CW"
——|/|——	——(RESET_BF)——
	2

图 3-31 "正转 - 停 - 反转"梯形图

注意 如图 3-32 所示，使用置位和复位指令时 Q0.0 的线圈允许出现了 2 次或多次，不是双线圈输出。

程序段 1： ....

%I0.0	%Q0.0
"Start1"	"Lamp"
——| |——	——(S)——
%I0.1	%Q0.0
"Start2"	"Lamp"
——| |——	——(S)——

> 使用置位和复位指令线圈，允许线圈出现多次

图 3-32 允许线圈多次出现梯形图

3.2.3 RS/SR 触发器指令

（1）RS 复位 / 置位触发器

如果 R 输入端的信号状态为 "1"，S1 输入端的信号状态为 "0"，则复位。如果 R 输入端的信号状态为 "0"，S1 输入端的信号状态为 "1"，则置位触发器。如果两个输入端的状态均为 "1"，则置位触发器。如果两个输入端的状态均为 "0"，保持触发器以前的状态。RS /SR 双稳态触发器示例如图 3-33 所示，用一个表格表示这个例子的输入与输出的对应关系，见表 3-13。

RS/SR 触发器
指令及其应用

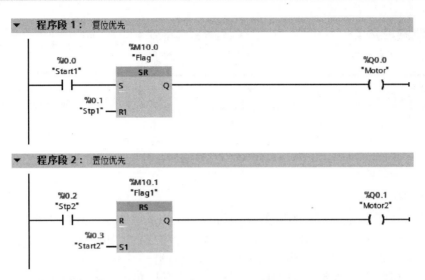

图 3-33　RS/SR 触发器示例

表 3-13　RS /SR 触发器输入与输出的对应关系

复位 / 置位触发器 RS（置位优先）				置位 / 复位触发器 SR（复位优先）			
输入状态		输出状态	说明	输入状态		输出状态	说明
S1 (I0.3)	R (I0.2)	Q (Q0.1)		R1 (I0.1)	S (I0.0)	Q (Q0.0)	
1	0	1	当各个状态断开后，输出状态保持	1	0	0	当各个状态断开后，输出状态保持
0	1	0		0	1	1	
1	1	1		1	1	0	

（2）SR 置位 / 复位触发器

如果 S 输入端的信号状态为 "1"，R1 输入端的信号状态为 "0"，则置位。如果 S 输入端的信号状态为 "0"，R1 输入端的信号状态为 "1"，则复位触发器。如果两个输入端的状态均为 "1"，则复位触发器。如果两个输入端的状态均为 "0"，保持触发器以前的状态。

3.2.4　上升沿和下降沿指令

上升沿和下降沿指令有扫描操作数的信号上升沿和下降沿的作用。

上升沿和下降沿
指令及其应用

（1）下降沿指令

操作数 1 的信号状态如从 "1" 变为 "0"，则 RLO=1 保持一个扫描周期。该指令比较操作数 1 的当前信号状态与上一次扫描的信号状态（操作数 2），如果该指令检测到逻辑运算结果（RLO）从 "1" 变为 "0"，则说明出现了一个下降沿。

下降沿示例的梯形图和时序图如图 3-34 所示，当与 I0.0 关联的按钮按下后弹起时，产生一个下降沿，输出 Q0.0 得电一个扫描周期，这个时间是很短的。在后面的章节中多处用到时序图，读者务必要掌握这种表达方式。

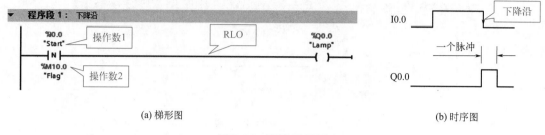

(a) 梯形图   (b) 时序图

图 3-34　下降沿示例

（2）上升沿指令

操作数 1 的信号状态如从"0"变为"1"，则 RLO=1 保持一个扫描周期。该指令比较操作数 1 的当前信号状态与上一次扫描的信号状态（操作数 2），如果该指令检测到逻辑运算结果（RLO）从"0"变为"1"，则说明出现了一个上升沿。

上升沿示例的梯形图和时序图如图 3-35 所示，当与 I0.0 关联的按钮压下时，产生一个上升沿，输出 Q0.0 得电一个扫描周期，无论按钮闭合多长的时间，输出 Q0.0 只得电一个扫描周期。

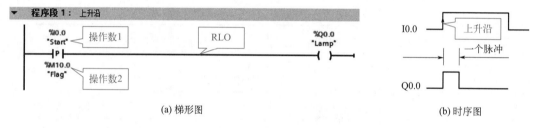

(a) 梯形图   (b) 时序图

图 3-35　上升沿示例

【例 3-7】梯形图如图 3-36 所示，如果与 I0.0 关联的按钮，闭合 1s 后弹起，请分析程序运行结果。

【解】时序图如图 3-37 所示，当与 I0.0 关联的按钮压下时，产生上升沿，触点产生一个扫描周期的时钟脉冲，驱动输出线圈 Q0.1 通电一个扫描周期，Q0.0 也通电，使输出线圈 Q0.0 置位，并保持。

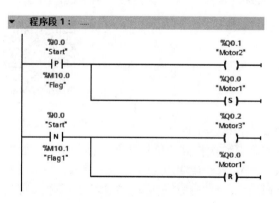

图 3-36　边沿检测指令示例梯形图

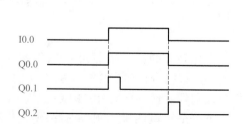

图 3-37　边沿检测指令示例时序图

当与 I0.0 关联的按钮弹起时，产生下降沿，触点产生一个扫描周期的时钟脉冲，驱动输出线圈 Q0.2 通电一个扫描周期，使输出线圈 Q0.0 复位，并保持，Q0.0 得电共 1s。

> **注意** 上升沿和下降沿指令的第二操作数，在程序中不可重复使用，否则会出错。如图 3-38 中，上升沿的第二操作数 M10.0 在标记①、标记②和标记③处，使用了三次，虽无语法错误，但程序是错误的。
>
>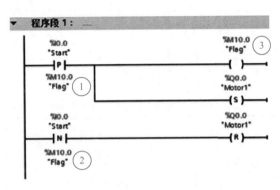
>
> 图 3-38　第二操作数重复使用

【例 3-8】用 S7-1200/1500 PLC 控制一台三相异步电动机，实现用一个按钮（SB1，与 I0.0 关联）对电动机进行启停控制，即单键启停控制（也称乒乓控制）。（使用 SR 触发器指令示例）

【解】梯形图如图 3-39 所示，可见使用 SR 触发器指令后，不需要用自锁功能，程序变得十分简洁。

① 当未压下按钮 SB1 时，Q0.0 常开触点断开；当第一次压下按钮 SB1 时，S 端子高电平，R1 端子低电平，Q0.0 线圈得电，电动机启动运行，Q0.0 常开触点闭合。

② 当第二次压下按钮 SB1 时，S 和 R1 端子同时高电平，由于复位优先，所以 Q0.0 线圈断电，电动机停机。

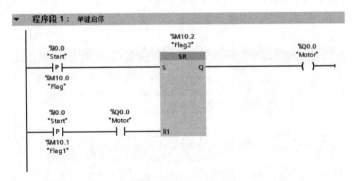

图 3-39　例 3-8 梯形图

3.3 定时器指令

定时器主要起延时作用，S7-1500 PLC 支持 S7 定时器和 IEC 定时器。IEC 定时器集成在 CPU 的操作系统中，S7-1500 PLC 有以下定时器：脉冲定时器（TP）、通电延时定时器（TON）、通电延时保持型定时器（TONR）和断电延时定时器（TOF）。

3.3.1 通电延时定时器（TON）

定时器及其
应用 1

当输入端 IN 接通时，指令启动定时开始，连续接通时间超出预置时间 PT 之后，即定时时间到，输出 Q 的信号状态将变为"1"，任何时候 IN 断开，输出 Q 的信号状态将变为"0"。通电延时定时器（TON）有线框指令和线圈指令，以下分别讲解。

（1）通电延时定时器（TON）线框指令

通电延时定时器（TON）的参数见表 3-14。

表 3-14　通电延时定时器指令和参数

LAD	SCL	参数	数据类型	说明
TON Time — IN　　　Q — — PT　　　ET —	"IEC_Timer_0_DB".TON（IN:=_bool in , PT:= time in , Q=> bool out_, ET=>_time_out_）;	IN	BOOL	启动定时器
		Q	BOOL	超过时间 PT 后要置位的输出
		PT	Time	定时时间
		ET	Time/LTime	当前时间值

以下用 2 个例子介绍通电延时定时器的应用。

【例 3-9】当 I0.0 闭合，3s 后电动机启动，请设计控制程序。

【解】先插入 IEC 定时器 TON，弹出如图 3-40 所示界面，单击"确定"按钮，分配数据块，这是自动生成数据块的方法，相对比较简单。再编写程序如图 3-41 所示。当 I0.0 闭合时，启动定时器，T#3s 是定时时间，3s 后 Q0.0 为 1，MD10 中是定时器定时的当前时间。

图 3-40　插入数据块

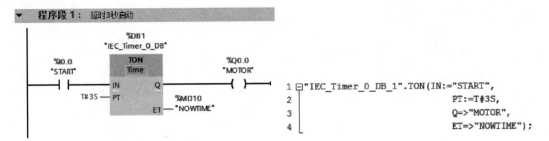

图 3-41　例 3-9 梯形图及 SCL 程序

【例 3-10】 用 S7-1200/1500 PLC 控制"气炮"。"气炮"是一种形象叫法，在工程中，混合粉末状物料（例如水泥厂的生料、熟料和水泥等），通常使用压缩空气循环和间歇供气，将粉状物料混合均匀。也可用"气炮"冲击力清理人不容易到达的罐体的内壁。要求设计"气炮"，实现通气 3s，停 2s，如此循环。

【解】 ① 设计电气原理图　PLC 采用 CPU1511-1PN 或 CPU1211C，原理图如图 3-42 所示。

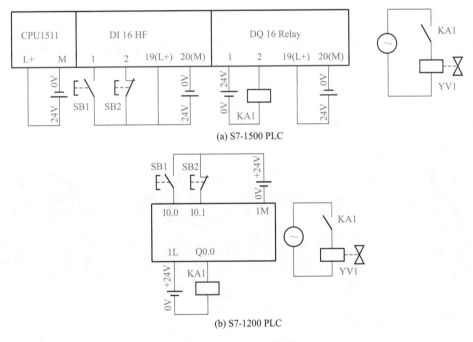

图 3-42　例 3-10 原理图

② 编写控制程序　梯形图如图 3-43 所示。控制过程是：当 SB1 合上时，M10.0 线圈得电自锁，定时器 T0 低电平输出，经过"NOT"取反，Q0.0 线圈得电，阀门打开供气。定时器 T0 定时 3s 后高电平输出，经过"NOT"取反，Q0.0 断电，控制的阀门关闭供气，与此同时定时器 T1 启动定时，2s 后，"DB_Timer".T1.Q 的常闭触点断开，造成 T0 和 T1 的线圈断电，逻辑取反后，Q0.0 阀门打开供气；下一个扫描周期"DB_Timer".T1.Q 的常闭触点又闭合，T0 又开始定时，如此周而复始，Q0.0 控制阀门开 / 关，产生"气炮"功能。

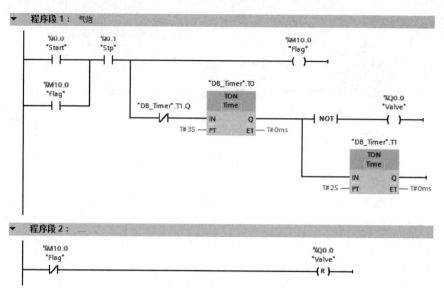

图 3-43 例 3-10 梯形图

(2) 通电延时定时器（TON）线圈指令

通电延时定时器（TON）线圈指令与线框指令类似，但没有 SCL 指令，以下仅用【例 3-9】介绍其用法。

【解】① 首先创建数据块 DB_Timer，即定时器的背景数据块，如图 3-44 所示，然后在此数据块中，创建变量 T0，特别要注意变量的数据类型为“IEC_TIMER”，最后要编译数据块，否则容易出错。这是创建定时器数据块的第二种办法，在项目中有多个定时器时，这种方法更加实用。

	名称	数据类型	起始值	保持	从 HMI/OPC...	从 H...	在 HMI ...	设定值
1	▼ Static			☐	☐	☐	☐	☐
2	▶ T0	IEC_TIMER		☐	☑	☑	☑	☐
3	<新增>			☐	☐	☐	☐	☐

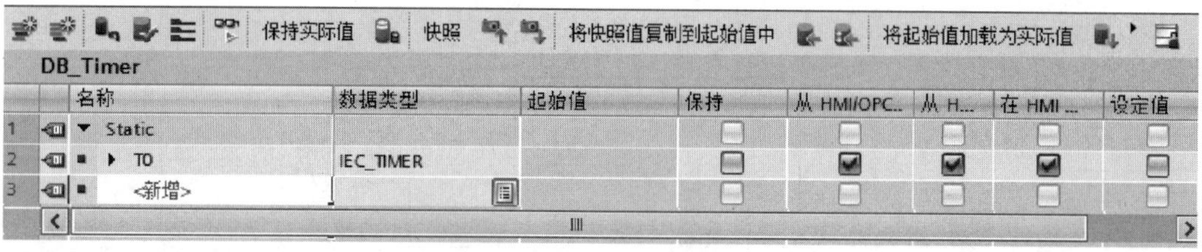

图 3-44 创建数据块

② 编写程序，如图 3-45 所示。

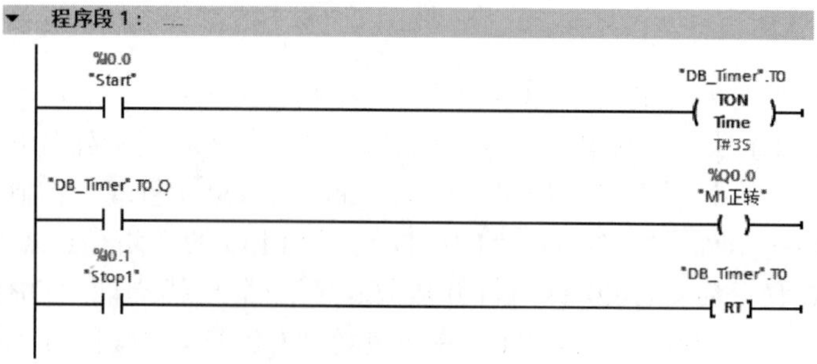

图 3-45 例 3-9 梯形图

3.3.2　断电延时定时器（TOF）

定时器及
其应用 2

（1）断电延时定时器（TOF）线框指令

当输入端 IN 接通，输出 Q 的信号状态立即变为"1"，之后当输入端 IN 断开指令启动，定时开始，超出预置时间 PT 之后，即定时时间到，输出 Q 的信号状态立即变为"0"。断电延时定时器（TOF）的参数见表 3-15。

表 3-15　断电延时定时器指令和参数

LAD	SCL	参数	数据类型	说明
TOF Time IN　　Q PT　　ET	"IEC_Timer_0_DB". TOF（IN:=_bool_in_, PT:=_time_in_, Q=>_bool_out_, ET=>_time_out_）;	IN	BOOL	启动定时器
		Q	BOOL	定时器 PT 计时结束后要复位的输出
		PT	Time	关断延时的持续时间
		ET	Time/LTime	当前时间值

以下用一个例子介绍断电延时定时器（TOF）的应用。

【例 3-11】断开按钮 I0.0，延时 3s 后电动机停止转动，设计控制程序。

【解】先插入 IEC 定时器 TOF，弹出如图 3-40 所示界面，分配数据块，再编写程序如图 3-46 所示，压下与 I0.0 关联的按钮时，Q0.0 得电，电动机启动。T#3s 是定时时间，断开与 I0.0 关联的按钮时，启动定时器，3s 后 Q0.0 为 0，电动机停转，MD10 中是定时器定时的当前时间。

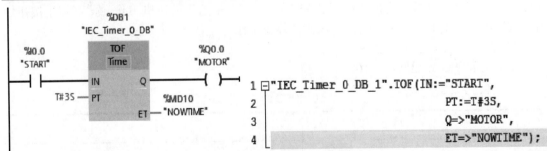

图 3-46　例 3-11 梯形图及 SCL 程序

（2）断电延时定时器（TOF）线圈指令

断电延时定时器线圈指令与线框指令类似，但没有 SCL 指令，以下仅用一个例子介绍其用法。

【例 3-12】某车库中有一盏灯，当人离开车库后，按下停止按钮，5s 后灯熄灭，原理图如图 3-47 所示，要求编写程序。

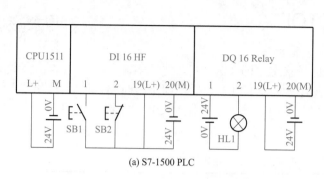 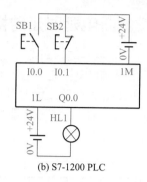

|(a) S7-1500 PLC|(b) S7-1200 PLC|

图 3-47　例 3-12 原理图

【解】先插入 IEC 定时器 TOF，分配数据块，弹出如图 3-40 所示界面，再编写程序如图 3-48 所示。当接通 SB1 按钮时，灯 HL1 亮；按下 SB2 按钮 5s 后，灯 HL1 灭。

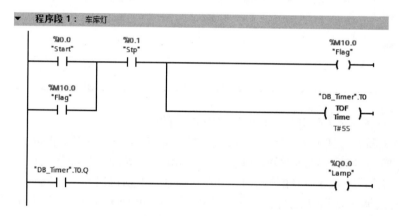

图 3-48　例 3-12 梯形图

【例 3-13】用 S7-1200/1500 PLC 控制一台鼓风机，鼓风机系统一般由引风机和鼓风机两级构成。当按下启动按钮之后，引风机先工作，工作 5s 后，鼓风机工作。按下停止按钮之后，鼓风机先停止工作，5s 之后，引风机才停止工作。

【解】（1）设计电气原理图

① PLC 的 I/O 分配见表 3-16。

表 3-16　PLC 的 I/O 分配表

输入			输出		
名　称	符　号	输入点	名　称	符　号	输出点
开始按钮	SB1	I0.0	鼓风机	KA1	Q0.0
停止按钮	SB2	I0.1	引风机	KA2	Q0.1

② 设计控制系统的原理图。

设计电气原理图如图 3-49 所示。KA1 和 KA2 是中间继电器，起隔离和信号放大作用；KM1 和 KM2 是接触器，KA1 和 KA2 触点的通断控制 KM1 和 KM2 线圈的得电和断电，从而驱动电动机的启停。

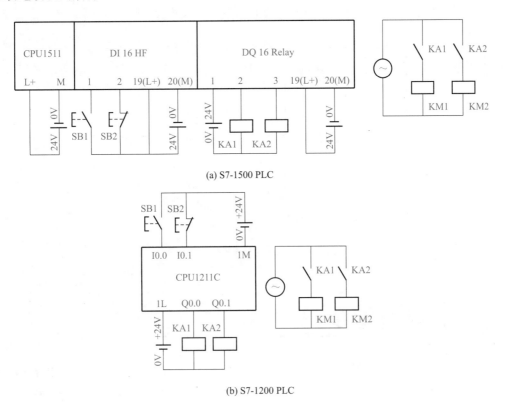

(a) S7-1500 PLC

(b) S7-1200 PLC

图 3-49 例 3-13 电气原理图

（2）编写控制程序

引风机在按下停止按钮后还要运行 5s，容易想到要使用 TOF 定时器；鼓风机在引风机工作 5s 后才开始工作，因而用 TON 定时器。

① 首先创建数据块 DB_Timer，即定时器的背景数据块，如图 3-50 所示，然后在此数据块中，创建两个变量 T0 和 T1，特别要注意变量的数据类型为 "IEC_TIMER"，最后要编译数据块，否则容易出错。

图 3-50 数据块

② 编写梯形图如图 3-51 所示。当下压启动按钮 SB1，M10.0 线圈得电自锁。定时器 TON 和 TOF 同时得电，Q0.1 线圈得电，引风机立即启动。5s 后，Q0.0 线圈得电，鼓风机启动。

当下压停止按钮 SB2 时，M10.0 线圈断电。定时器 TON 和 TOF 同时断电，Q0.0 线圈立即断开，鼓风机立即停止。5s 后，Q0.1 线圈断电，引风机停机。

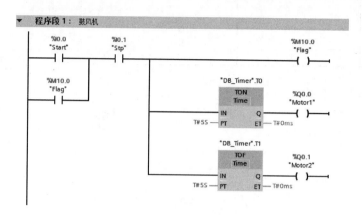

图 3-51　鼓风机控制梯形图程序

3.4　计数器指令

计数器主要用于计数，如计算产量等。S7-1500 PLC 支持 S7 计数器和 IEC 计数器。IEC 计数器集成在 CPU 的操作系统中。在 CPU 中有以下计数器：加计数器（CTU）、减计数器（CTD）和加减计数器（CTUD）。

计数器指令及其应用

3.4.1　加计数器（CTU）

如果输入 CU 的信号状态从 "0" 变为 "1"（信号上升沿），则执行该指令，同时输出 CV 的当前计数值加 1，当 CV ≥ PV 时，Q 输出为 1；R 为 1 时，复位，CV 和 Q 变为 0。加计数器（CTU）的参数见表 3-17。

表 3-17　加计数器（CTU）指令和参数

LAD	SCL	参数	数据类型	说明
CTU ??? CU Q R CV PV	"IEC_COUNTER_DB".CTU(CU:= "Tag_Start",　R := "Tag_Reset",　PV := "Tag_PresetValue",　Q => "Tag_Status",　CV => "Tag_CounterValue"）;	CU	BOOL	计数器输入
		R	BOOL	复位，优先于 CU 端
		PV	Int	预设值
		Q	BOOL	计数器的状态。CV ≥ PV，Q 输出 1；CV<PV，Q 输出 0
		CV	整数、Char、WChar、Date	当前计数值

从指令框的 "???" 下拉列表中选择该指令的数据类型。

以下以加计数器（CTU）为例介绍 IEC 计数器的应用。

【例 3-14】压下与 I0.0 关联的按钮 3 次后，灯亮，压下与 I0.1 关联的按钮，灯灭，请设计控制程序。

【解】将 CTU 计数器拖拽到程序编辑器中，弹出如图 3-52 所示界面，单击"确定"按钮，输入梯形图程序如图 3-53 所示。当与 I0.0 关联的按钮压下 3 次，MW12 中存储的当前计数值（CV）为 3，等于预设值（PV），所以 Q0.0 状态变为 1，灯亮；当压下与 I0.1 关联的复位按钮时，MW12 中存储的当前计数值变为 0，小于预设值（PV），所以 Q0.0 状态变为 0，灯灭。

图 3-52　调用选项

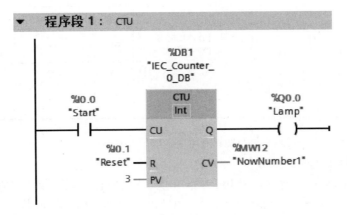

图 3-53　例 3-14 梯形图程序

【例 3-15】设计一个程序，实现用一个单按钮控制一盏灯的亮和灭，即当奇数次压下按钮时，灯亮，偶数次压下按钮时，灯灭。按钮 SB1 与 I0.0 关联。

【解】当 SB1 第一次合上时，M2.0 接通一个扫描周期，使得 Q0.0 线圈得电一个扫描周期，Q0.0 常开触点闭合自锁，灯亮。

当 SB1 第二次合上时，M2.0 接通一个扫描周期，当计数器计数为 2 时，M2.1 线圈得电，从而 M2.1 常闭触点断开，Q0.0 线圈断电，使得灯灭，同时计数器复位。梯形图如图 3-54 所示。

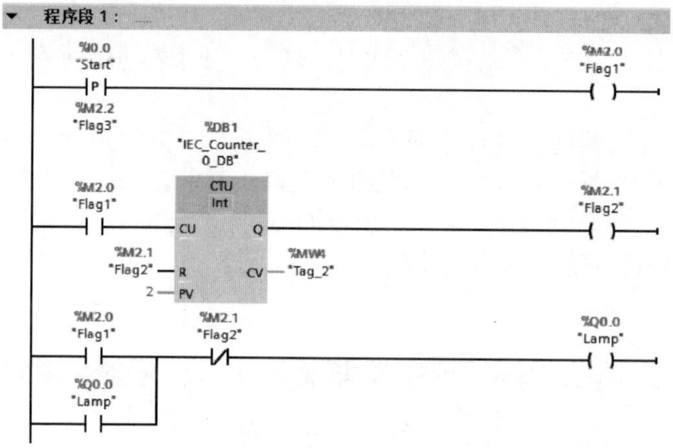

图 3-54 例 3-15 梯形图

3.4.2　减计数器（CTD）

输入 LD 的信号状态变为"1"时，将输出 CV 的值设置为参数 PV 的值；输入 CD 的信号状态从"0"变为"1"（信号上升沿），则执行该指令，输出 CV 的当前计数值减 1，当前值 CV 减为 0 时，Q 输出为 1。减计数器（CTD）的参数见表 3-18。

表 3-18　减计数器（CTD）指令和参数

LAD	SCL	参数	数据类型	说明
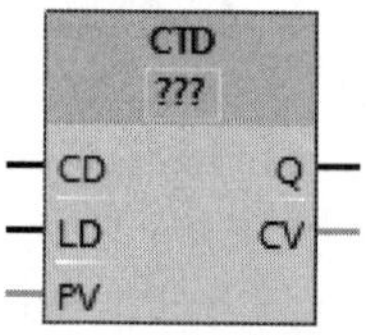		CD	BOOL	计数器输入
		LD	BOOL	装载输入
	"IEC_Counter_0_DB_1".CTD(CD:=_bool_in_, LD:=_bool_in_, PV:=_in_, Q=>_bool_out_, CV=>_out_) ;	PV	Int	预设值，当 LD=1 时，PV 数值装载到 CV 中
		Q	BOOL	计数器的状态
		CV	整数、Char、WChar、Date	当前计数值

从指令框的"???"下拉列表中选择该指令的数据类型。

以下用一个例子说明减计数器（CTD）的用法。

梯形图程序如图 3-55 所示。当 I0.1 闭合 1 次，PV 值装载到当前计数值（CV），且为 3。当 I0.0 闭合一次，CV 减 1，I0.0 闭合 3 次，CV 值变为 0，所以 Q0.0 状态变为 1。

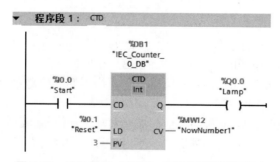

图 3-55　减计数器（CTD）应用举例梯形图程序

3.5 传送指令、比较指令和转换指令

3.5.1 传送指令

当允许输入端的状态为"1"时,启动移动值指令(MOVE),将 IN 端的数值输送到 OUT 端的目的地址中,IN 和 OUTx(x 为 1、2、3)有相同的信号状态。移动值指令(MOVE)及参数见表 3-19。

传送指令及其应用

表 3-19　移动值指令(MOVE)及参数

LAD	SCL	参数	数据类型	说明
		EN	BOOL	允许输入
	OUT1 :=IN;	ENO	BOOL	允许输出
MOVE EN — ENO IN ❉ OUT1		OUT1	位字符串、整数、浮点数、定时器、日期时间、Char、WChar、Struct、Array、Timer、Counter、IEC 数据类型、PLC 数据类型(UDT)	目的地址
		IN		源数据地址

注:每点击"MOVE"指令中的 ❉ 一次,就增加一个输出端。

用一个例子来说明移动值指令(MOVE)的使用,梯形图程序如图 3-56 所示,当 I0.0 闭合,MW20 中的数值(假设为 8),传送到目的地址 MW22 和 MW30 中,结果是 MW20、MW22 和 MW30 中的数值都是 8。Q0.0 的状态与 I0.0 相同,也就是说,I0.0 闭合时,Q0.0 为"1",I0.0 断开时,Q0.0 为"0"。

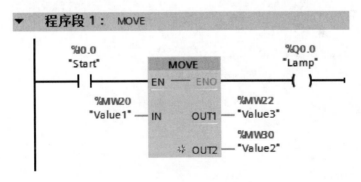

图 3-56　移动值梯形图程序

【例 3-16】根据图 3-57 所示电动机 Y- △启动的电气原理图,编写控制程序。

【解】本例 PLC 可采用 CPU1511-1PN 或 CPU1211C。前 8s,Q0.0 和 Q0.1 线圈得电,星形启动,从 8s 到 8s100ms 只有 Q0.0 得电,从 8s100ms 开始,Q0.0 和 Q0.2 线圈得电,电动机为三角形运行。梯形图程序如图 3-58 所示。

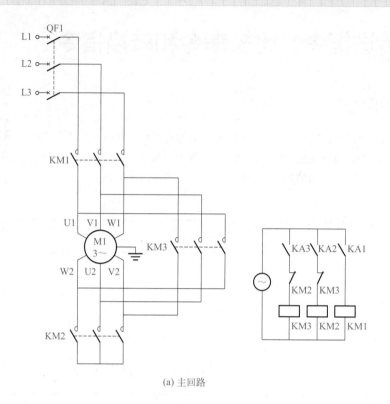

(a) 主回路

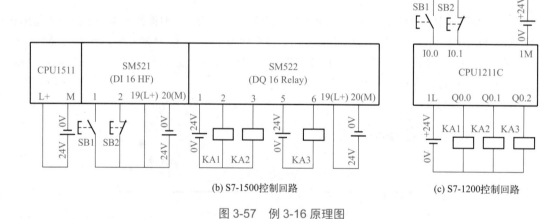

(b) S7-1500控制回路　　　　(c) S7-1200控制回路

图 3-57　例 3-16 原理图

> **注意** 图 3-57 中，由中间继电器 KA1 ~ KA3 驱动 KM1 ~ KM3，而不能用 PLC 直接驱动 KM1 ~ KM3，否则容易烧毁 PLC，这是基本的工程规范。

　　KM2 和 KM3 分别对应星形启动和三角形运行，应该用接触器的常闭触点进行互锁。如果没有硬件互锁，尽管程序中 KM2 断开比 KM3 闭合早 100ms，但若由于某些特殊情况，硬件 KM2 没有及时断开，而硬件 KM3 闭合了，则会造成短路。

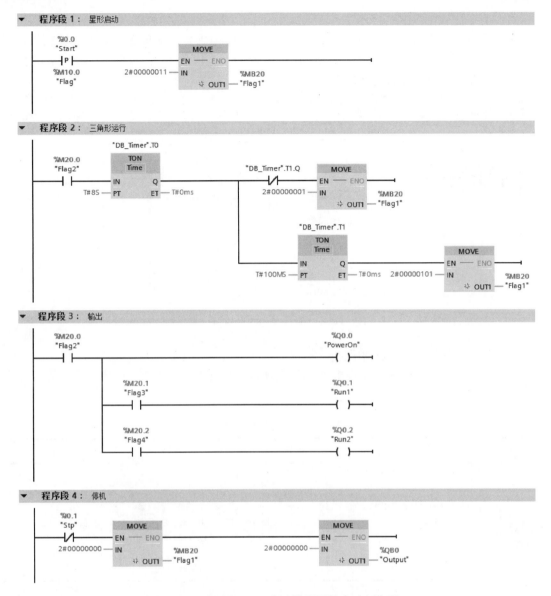

图 3-58　电动机 Y- △启动梯形图程序（改进后）

比较指令
及其应用

3.5.2　比较指令

　　TIA Portal 软件提供了丰富的比较指令，可以满足用户的各种需要。TIA Portal 软件中的比较指令可以对如整数、双整数、实数等数据类型的数值进行比较。

　　比较指令有等于比较指令（CMP==）、不等于比较指令（CMP< >）、大于比较指令（CMP>）、小于比较指令（CMP<）、大于或等于比较指令（CMP>=）和小于或等于比较指令（CMP<=）。比较指令对输入操作数 1 和操作数 2 进行比较，如果比较结果为真，则逻辑运算结果 RLO 为"1"，反之则为"0"。

　　以下仅以等于比较指令的应用说明比较指令的使用，其他比较指令不再讲述。

（1）等于比较指令的选择示意

等于比较指令的选择示意如图 3-59 所示，单击标记①处，弹出标记③处的比较符（等于、大于等），选择所需的比较符，单击②处，弹出标记④处的数据类型，选择所需的数据类型，最后得到标记⑤处的"整数等于比较指令"。

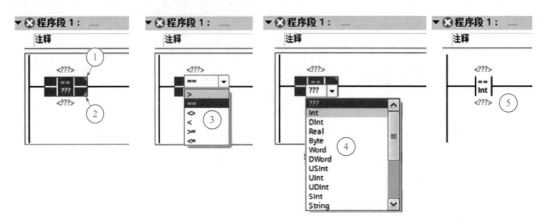

图 3-59　等于比较指令的选择示意

（2）等于比较指令的使用举例

等于比较指令有整数等于比较指令、双整数等于比较指令和实数等于比较指令等。等于比较指令和参数见表 3-20。

表 3-20　等于比较指令和参数

LAD	SCL	参数	数据类型	说明

<???>
==
???
<???>
	OUT:= IN1 = IN2;
	or
	IF IN1 = IN2 THEN
	　OUT := 1;
	　ELSE
	　out := 0;
	END_IF;
		操作数 1	位字符串、整数、浮点数、字符串、Time、LTime、Date、TOD、LTOD、DTL、DT、LDT	比较的第一个数值

		操作数 2		比较的第二个数值

从指令框的"???"下拉列表中选择该指令的数据类型。

用一个例子来说明等于比较指令，梯形图程序如图 3-60 所示。当 I0.0 闭合时，激活比较指令，MW10 中的整数和 MW12 中的整数比较，若两者相等，则 Q0.0 输出为"1"，若两者不相等，则 Q0.0 输出为"0"。在 I0.0 不闭合时，Q0.0 的输出为"0"。操作数 1 和操作数 2 可以为常数。

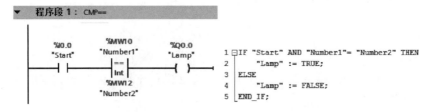

图 3-60　整数等于比较指令示例

双整数等于比较指令和实数等于比较指令的使用方法与整数等于比较指令类似，只不过操作数 1 和操作数 2 的参数类型分别为双整数和实数。

注意 一个整数和一个双整数是不能直接进行比较的，如图 3-61 所示，因为它们之间的数据类型不同。一般先将整数转换成双整数，再对两个双整数进行比较。

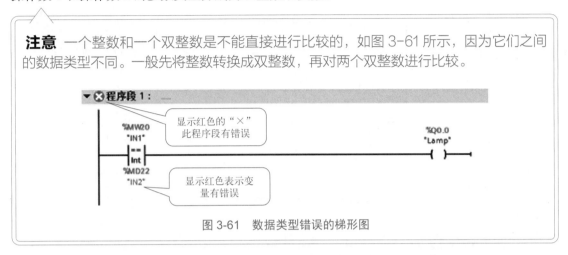

图 3-61　数据类型错误的梯形图

【例 3-17】十字路口的交通灯控制，当合上启动按钮，东西方向绿灯亮 4s，闪烁 2s 后灭；黄灯亮 2s 后灭；红灯亮 8s 后灭；绿灯亮 4s，如此循环，而对应东西方向绿灯、黄灯、红灯亮时，南北方向红灯亮 8s 后灭；接着绿灯亮 4s，闪烁 2s 后灭；黄灯又亮，如此循环。

【解】根据题意，绘制出时序图和原理图如图 3-62 所示，再编写梯形图程序如图 3-63 所示。

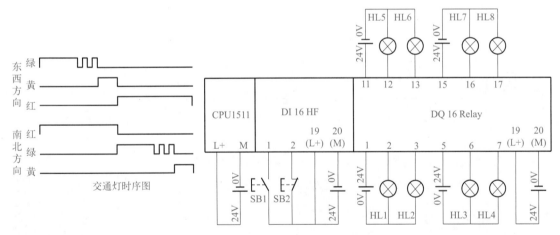

图 3-62　例 3-17 交通灯时序图和原理图

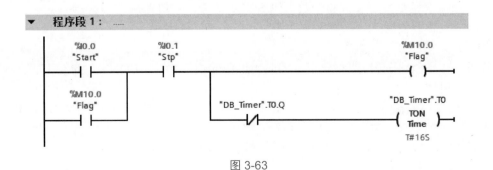

图 3-63

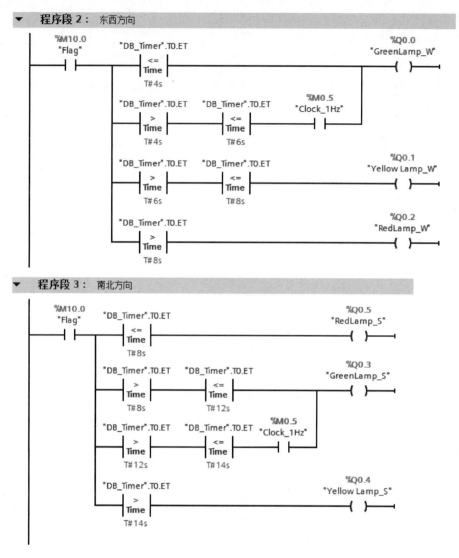

图 3-63　例 3-17 交通灯控制梯形图

3.5.3　转换指令

转换指令及
其应用

转换指令是将一种数据格式转换成另外一种格式进行存储的指令。例如，要让一个整型数据和双整型数据进行算术运算，一般要将整型数据转换成双整型数据。

（1）转换值指令（CONV）

以下仅以 BCD 码转换成整数指令的应用说明转换值指令（CONV）的使用，其他转换值指令不再讲述。

BCD 码转换成整数指令的选择示意如图 3-64 所示，单击标记①处，弹出标记③处的要转换值的数据类型，选择所需的数据类型。单击②处，弹出标记④处的转换结果的数据类型，选择所需的数据类型，最后得到标记⑤处的"BCD 码转换成整数指令"。

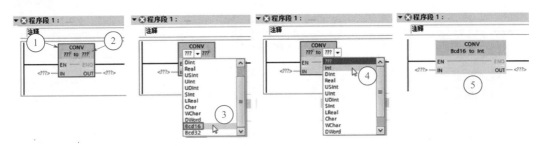

图 3-64　BCD 码转换成整数指令的选择示意

转换值指令将读取参数 IN 的内容，并根据指令框中选择的数据类型对其进行转换。转换值存储在输出 OUT 中，转换值指令应用十分灵活。转换值指令（CONV）和参数见表 3-21。

表 3-21　转换值指令（CONV）和参数

LAD	SCL	参数	数据类型	说明
CONV ??? to ??? — EN　ENO — — IN　OUT —	OUT := <data type in>_TO_<data type out>(IN)；	EN	BOOL	使能输入
		ENO	BOOL	使能输出
		IN	位字符串、整数、浮点数、Char、WChar、BCD16、BCD32	要转换的值
		OUT	位字符串、整数、浮点数、Char、WChar、BCD16、BCD32	转换结果

从指令框的"???"下拉列表中选择该指令的数据类型。

BCD 转换成整数指令是将 IN 指定的内容以 BCD 码二进制 - 十进制格式读出，并将其转换为整数格式，输出到 OUT 端。如果 IN 端指定的内容超出 BCD 码的范围（例如 4 位二进制数出现 1010 ～ 1111 的几种组合），则执行指令时将会发生错误，使 CPU 进入 STOP 方式。

用一个例子来说明 BCD 转换成整数指令，梯形图程序如图 3-65 所示。当 I0.0 闭合时，激活 BCD 转换成整数指令，IN 中的 BCD 数用十六进制表示为 16#22（就是十进制的 22），转换完成后 OUT 端的 MW10 中的整数的十六进制是 16#16。

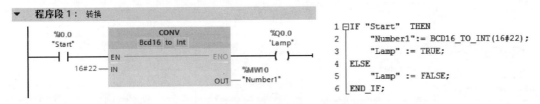

图 3-65　BCD 转换成整数指令示例

（2）取整指令（ROUND）

取整指令将输入 IN 的值四舍五入取整为最接近的整数。该指令将输入 IN 的为浮点数的值转换为一个 DINT 数据类型的整数。取整指令（ROUND）和参数见表 3-22。

表 3-22 取整指令（ROUND）和参数

LAD	SCL	参数	数据类型	说明
ROUND ??? to ??? — EN — ENO — IN OUT —	OUT : =ROUND(IN);	EN	BOOL	允许输入
		ENO	BOOL	允许输出
		IN	浮点数	要取整的输入值
		OUT	整数、浮点数	取整的结果

可以从指令框的"???"下拉列表中选择该指令的数据类型。

用一个例子来说明取整指令，梯形图程序如图 3-66 所示。当 I0.0 闭合时，激活取整指令，IN 中的实数存储在 MD16 中，假设这个实数为 3.14，进行取整运算后 OUT 端的 MD10 中的双整数是 DINT#3，假设这个实数为 3.88，进行取整运算后 OUT 端的 MD10 中的双整数是 DINT#4。

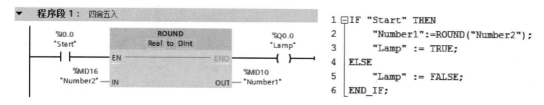

图 3-66 取整指令示例

> **注意** 取整指令（ROUND）可以用转换值指令（CONV）替代。

（3）标准化指令（NORM_X）

使用标准化指令，可将输入 VALUE 中变量的值映射到线性标尺对其进行标准化。使用参数 MIN 和 MAX 定义输入 VALUE 值范围的限值。标准化指令（NORM_X）和参数见表 3-23。

表 3-23 标准化指令（NORM_X）和参数

LAD	参数	参数	数据类型	说明
NORM_X ??? to ??? — EN — ENO — MIN OUT — VALUE — MAX	out :=NORM_X(min:=_in_, value:=_in_, max:=_in_) ;	EN	BOOL	允许输入
		ENO	BOOL	允许输出
		MIN	整数、浮点数	取值范围的下限
		VALUE	整数、浮点数	要标准化的值
		MAX	整数、浮点数	取值范围的上限
		OUT	浮点数	标准化结果

可以从指令框的"???"下拉列表中选择该指令的数据类型。

标准化指令的计算公式是：OUT=（VALUE-MIN）/（MAX-MIN）。此公式对应的计算原理图如图 3-67 所示。

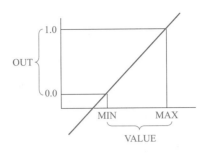

图 3-67　标准化指令计算原理图

用一个例子来说明标准化指令（NORM_X），梯形图程序如图 3-68 所示。当 I0.0 闭合时，激活标准化指令，要标准化的 VALUE 存储在 MW10 中，VALUE 的范围是 0 ～ 27648，将 VALUE 标准化的输出范围是 0.0 ～ 1.0。假设 MW10 中是 13824，那么 MD16 中的标准化结果为 0.5。

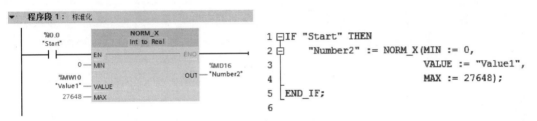

图 3-68　标准化指令示例

（4）缩放指令（SCALE_X）

使用缩放指令，通过将输入 VALUE 的值映射到指定的值范围来对其进行缩放。当执行缩放指令时，输入 VALUE 的浮点值会缩放到由参数 MIN 和 MAX 定义的值范围。缩放结果为整数或浮点数，存储在 OUT 输出中。缩放指令（SCALE_X）和参数见表 3-24。

表 3-24　缩放指令（SCALE_X）和参数

LAD	SCL	参数	数据类型	说明
SCALE_X ??? to ??? EN　　ENO MIN　　OUT VALUE MAX	out :=SCALE_X(min:=_in_, 　　value:=_in_, 　　max:=_in_) ;	EN	BOOL	允许输入
		ENO	BOOL	允许输出
		MIN	整数、浮点数	取值范围的下限
		VALUE	浮点数	要缩放的值
		MAX	整数、浮点数	取值范围的上限
		OUT	整数、浮点数	缩放结果

可以从指令框的 "???" 下拉列表中选择该指令的数据类型。

缩放指令的计算公式是：OUT=[VALUE×（MAX-MIN）]+MIN。此公式对应的计算原理图如图 3-69 所示。

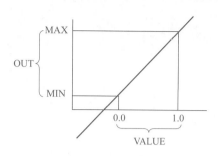

图 3-69　缩放指令计算原理图

用一个例子来说明缩放指令（SCALE_X），梯形图程序如图 3-70 所示。当 I0.0 闭合时，激活缩放指令，要缩放的 VALUE 存储在 MD10 中，VALUE 的范围是 0.0 ～ 1.0，将 VALUE 缩放的输出范围是 0 ～ 27648。假设 MD10 中是 0.5，那么 MW16 中的缩放结果为 13824。

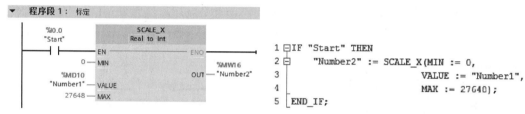

图 3-70　缩放指令示例

> **注意** 标准化指令（NORM_X）和缩放指令（SCALE_X）的使用大大简化了程序编写量，且通常成对使用，最常见的应用场合是 AD 和 DA 转换，PLC 与变频器、伺服驱动系统通信的场合。

【例 3-18】用 S7-1200/1500 PLC 控制直流电动机的速度和正反转，并监控直流电动机的实时温度。

【解】1）直流电动机驱动器介绍　直流电动机驱动器的外形和接线图如图 3-71 和图 3-72 所示，表 3-25 详细介绍各个端子的含义。

图 3-71　直流电动机驱动器的外形

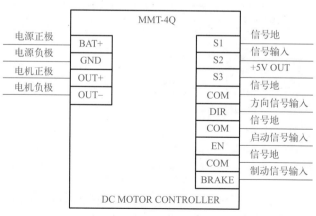

图 3-72　直流电动机驱动器的端子图

表 3-25　直流电动机驱动器的端子说明

序号	端子	功能说明	序号	端子	功能说明
1	BAT+	驱动器的供电电源 +24V	7	S3	+5V 输出
2	GND	驱动器的供电电源 0V	8	COM	数字量信号地，公共端子
3	OUT+	直流电动机正极	9	DIR	电动机的换向控制
4	OUT-	直流电动机负极	10	EN	电动机的启停控制
5	S1	模拟量信号地	11	BRAKE	电动机的刹车控制
6	S2	模拟量信号输入 +，用于速度给定			

2）设计电气原理图

① IO 分配表。首先分配 IO，见表 3-26。

表 3-26　IO 分配表

符号	地址	说明	符号	地址	说明
SB1	I0.0	正转启动按钮	KA1	Q0.0	启动
SB2	I0.1	反转按钮	KA2	Q0.1	反向
SB3	I0.2	停止		QW96:P	模拟量输出地址（可修改）
	IW96:P	模拟量输入地址（可修改）			

② 设计电气原理图。设计电气原理图如图 3-73 所示。图 3-73（a）中，模拟量模块 SM534 既有模拟量输入通道，又有模拟量输出通道，故也称为混合模块。图 3-73 中，模拟量输入的 0 通道（1 和 2）用于测量温度，模拟量输出的 0 通道（21 和 24）用于调节直流电动机的转速，直流电动机的转速与此通道电压成正比（即调压调速）。

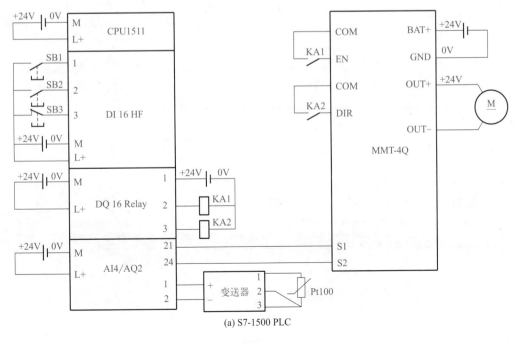

(a) S7-1500 PLC

图 3-73

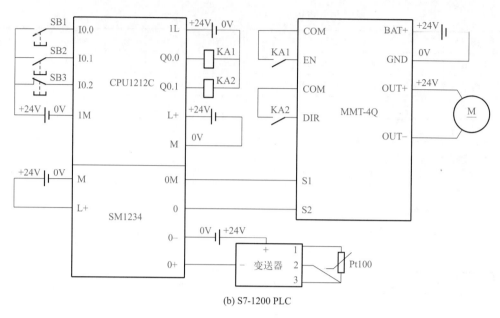

(b) S7-1200 PLC

图 3-73　例 3-18 电气原理图

3）编写控制程序　编写控制程序如图 3-74 所示。

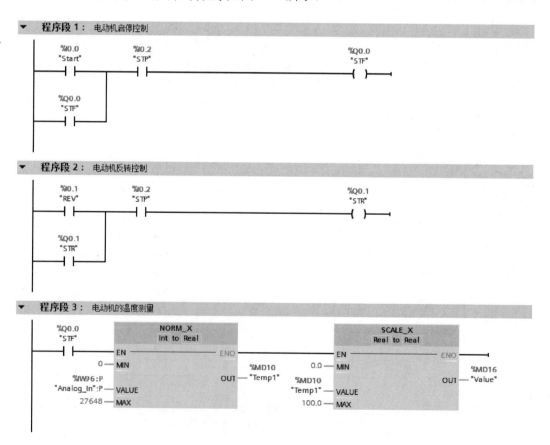

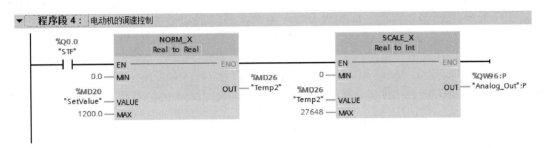

图 3-74　例 3-18 梯形图

　　程序段 3 说明：模拟量输入通道 0 对应的地址是 IW96:P，模拟量模块 SM534 的 0 通道的 AD 转换值（IW96:P）的范围是 0～27648，将其进行标准化处理，处理后的值的范围是 0.0～1.0，存在 MD10 中。27648 标准化的结果为 1.0，13824 标准化的结果为 0.5。标准化后的结果进行比例运算，本例的温度量程范围 0～100℃，就是将标准化的结果比例运算到 0～100。例如：标准化结果是 1.0，则温度为 100℃；标准化结果是 0.5，则温度为 50℃。

　　程序段 4 说明：电动机的速度范围是 0.0～1200.0r/min，设定值在 MD20 中（通常由 HMI 给定），将其进行标准化处理，处理后的值的范围是 0.0～1.0，存在 MD26 中。1200.0 标准化的结果为 1.0，600.0 标准化的结果为 0.5。标准化后的结果进行比例运算，比例运算的结果送入 QW96:P，而 QW96:P 是模拟量输出通道 0 对应的地址，模拟量模块 SM534 的 0 通道的 DA 转换值（QW96:P）的范围是 0～27648，因此标准化结果为 1.0 时，比例运算结果是 27648，经过 DA 转换后为 10V，送入电动机驱动器，则电动机的转速为 1200.0r/min。

3.6 数学函数指令、移位和循环指令

3.6.1 数学函数指令

　　数学函数指令非常重要，主要包含加、减、乘、除、三角函数、反三角函数、乘方、开方、对数、求绝对值、求最大值、求最小值和 PID 等指令，在模拟量的处理、PID 控制等很多场合都要用到数学函数指令。

数学函数指令
及其应用

　　（1）加指令（ADD）

　　当允许输入端 EN 为高电平"1"时，输入端 IN1 和 IN2 中的整数相加，结果送入 OUT 中。加的表达式是：IN1＋IN2=OUT。加指令（ADD）和参数见表 3-27。

表 3-27　加指令（ADD）和参数

LAD	SCL	参数	数据类型	说明
ADD Auto (???) — EN —— ENO — — IN1　　OUT — — IN2 ✴	OUT:=IN1+IN2+…+INn;	EN	BOOL	允许输入
		ENO	BOOL	允许输出
		IN1	整数、浮点数	相加的第 1 个值
		IN2	整数、浮点数	相加的第 2 个值
		INn	整数、浮点数	要相加的可选输入值
		OUT	整数、浮点数	相加的结果

可以从指令框的"???"下拉列表中选择该指令的数据类型。单击指令中的 ✲ 图标可以添加可选输入项。

用一个例子来说明加指令（ADD），梯形图程序如图3-75所示。当I0.0闭合时，激活加指令，IN1中的整数存储在MW10中，假设这个数为11，IN2中的整数存储在MW12中，假设这个数为21，整数相加的结果存储在OUT端的MW16中的数是42。由于没有超出计算范围，所以Q0.0输出为"1"。

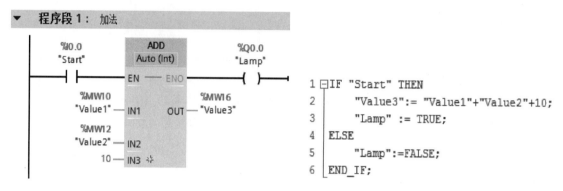

图3-75　加指令（ADD）示例

> **注意** ① 同一数学函数指令最好使用相同的数据类型（即数据类型要匹配），不匹配只要不报错也是可以使用的，如图3-76所示，IN1和IN3输入端有小方框，就是表示数据类型不匹配但仍然可以使用。但如果变量为红色则表示这种数据类型是错误的，例如IN4输入端就是错误的。
>
> ② 错误的程序可以保存（有的PLC错误的程序不能保存）。

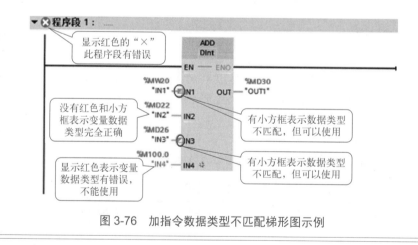

图3-76　加指令数据类型不匹配梯形图示例

【例3-19】有一个电炉，加热功率有1000W、2000W和3000W三挡，电炉有1000W和2000W两种电加热丝。要求用一个按钮选择三个加热挡，当按一次按钮时，1000W电阻丝加热，即第一挡；当按两次按钮时，2000W电阻丝加热，即第二挡；当按三次按钮时，1000W和2000W电阻丝同时加热，即第三挡；当按四次按钮时停止加热。

【解】电气原理图如图3-77所示。

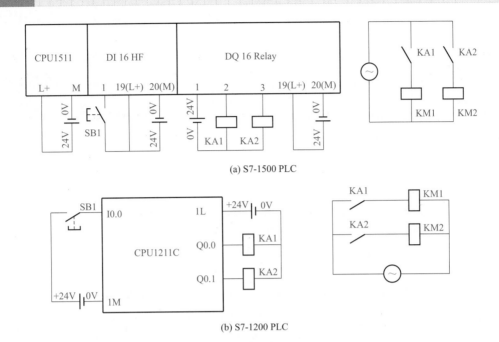

(a) S7-1500 PLC

(b) S7-1200 PLC

图 3-77 例 3-19 电气原理图

在解释程序之前，先回顾前面已经讲述过的知识点。QB0 是一个字节，包含 Q0.0 ～ Q0.7，共 8 位，如图 3-78 所示。当 QB0=1 时，Q0.1 ～ Q0.7=0，Q0.0=1。当 QB0=2 时，Q0.2 ～ Q0.7=0，Q0.1=1，Q0.0=0。当 QB0=3 时，Q0.2 ～ Q0.7=0，Q0.0=1，Q0.1=1。掌握基础知识，对识读和编写程序至关重要。

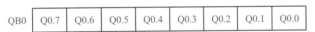

| QB0 | Q0.7 | Q0.6 | Q0.5 | Q0.4 | Q0.3 | Q0.2 | Q0.1 | Q0.0 |

图 3-78 位和字节的关系

梯形图如图 3-79 所示。当第 1 次压按钮时，执行 1 次加法指令，QB0=1，Q0.1 ～ Q0.7=0，Q0.0=1，第一挡加热；当第 2 次压按钮时，执行 1 次加法指令，QB0=2，Q0.2 ～ Q0.7=0，Q0.1=1，Q0.0=0，第二挡加热；当第 3 次压按钮时，执行 1 次加法指令，QB0=3，Q0.2 ～ Q0.7=0，Q0.0=1，Q0.1=1，第三挡加热；当第 4 次压按钮时，执行 1 次加法指令，QB0=4，再执行比较指令，当 QB0 ≥ 4 时，强制 QB0=0，关闭电加热炉。

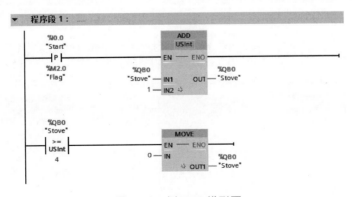

图 3-79 例 3-19 梯形图

注意 如图 3-79 所示的梯形图程序，没有逻辑错误，但实际上有两处缺陷，一是上电时没有对 Q0.0 ~ Q0.1 复位，二是浪费了 2 个输出点，这在实际工程应用中是不允许的。

对图 3-79 所示的程序进行改进，如图 3-80 所示。

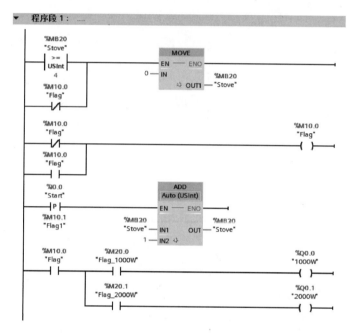

图 3-80　例 3-19 梯形图（改进后）

注意 本项目程序中 ADD 指令可以用 INC 指令代替。

（2）减指令（SUB）

当允许输入端 EN 为高电平 "1" 时，输入端 IN1 和 IN2 中的数相减，结果送入 OUT 中。IN1 和 IN2 中的数可以是常数。减指令的表达式是：IN1-IN2=OUT。

减指令（SUB）和参数见表 3-28。

表 3-28　减指令（SUB）和参数

LAD	SCL	参数	数据类型	说明
SUB Auto (???) EN — ENO IN1　OUT IN2	OUT:=IN1-IN2;	EN	BOOL	允许输入
		ENO	BOOL	允许输出
		IN1	整数、浮点数	被减数
		IN2	整数、浮点数	减数
		OUT	整数、浮点数	差

可以从指令框的 "???" 下拉列表中选择该指令的数据类型。

用一个例子来说明减指令（SUB），梯形图程序如图 3-81 所示。当 I0.0 闭合时，激活双整数减指令，IN1 中的双整数存储在 MD10 中，假设这个数为 DINT#28，IN2 中的双整数为 DINT#8，双整数相减的结果存储在 OUT 端的 MD16 中的数是 DINT#20。由于没有超出计算范围，所以 Q0.0 输出为 "1"。

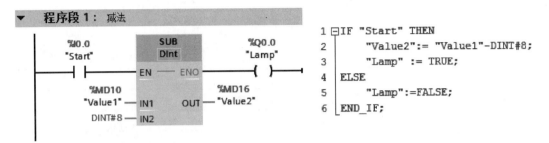

图 3-81　减指令（SUB）示例

（3）乘指令（MUL）

当允许输入端 EN 为高电平 "1" 时，输入端 IN1 和 IN2 中的数相乘，结果送入 OUT 中。IN1 和 IN2 中的数可以是常数。乘的表达式是：IN1×IN2=OUT。

乘指令（MUL）和参数见表 3-29。

表 3-29　乘指令（MUL）和参数

LAD	SCL	参数	数据类型	说明
MUL Auto (???) EN — ENO IN1 — OUT IN2 ✳	OUT:=IN1*IN2*…*INn;	EN	BOOL	允许输入
		ENO	BOOL	允许输出
		IN1	整数、浮点数	相乘的第 1 个值
		IN2	整数、浮点数	相乘的第 2 个值
		INn	整数、浮点数	要相乘的可选输入值
		OUT	整数、浮点数	相乘的结果（积）

可以从指令框的 "???" 下拉列表中选择该指令的数据类型。单击指令中的 ✳ 图标可以添加可选输入项。

用一个例子来说明乘指令（MUL），梯形图程序如图 3-82 所示。当 I0.0 闭合时，激活整

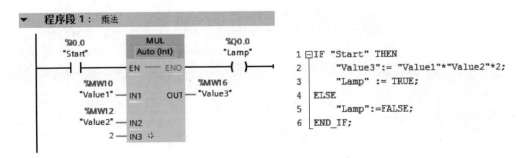

图 3-82　乘指令（MUL）示例

西门子PLC编程与通信综合应用 —— PLC与机器人、视觉、RFID、仪表、变频器系统集成

数乘指令，IN1 中的整数存储在 MW10 中，假设这个数为 11，IN2 中的整数存储在 MW12 中，假设这个数为 11，整数相乘的结果存储在 OUT 端的 MW16 中的数是 242。由于没有超出计算范围，所以 Q0.0 输出为"1"。

（4）除指令（DIV）

当允许输入端 EN 为高电平"1"时，输入端 IN1 中的数除以 IN2 中的数，结果送入 OUT 中。IN1 和 IN2 中的数可以是常数。除指令（DIV）和参数见表 3-30。

表 3-30　除指令（DIV）和参数

LAD	SCL	参数	数据类型	说明
DIV Auto (???) EN — ENO IN1　OUT IN2	OUT:=IN1/IN2;	EN	BOOL	允许输入
		ENO	BOOL	允许输出
		IN1	整数、浮点数	被除数
		IN2	整数、浮点数	除数
		OUT	整数、浮点数	除法的结果（商）

可以从指令框的"???"下拉列表中选择该指令的数据类型。

用一个例子来说明除指令（DIV），梯形图序如图 3-83 所示。当 I0.0 闭合时，激活实数除指令，IN1 中的实数存储在 MD10 中，假设这个数为 10.0，IN2 中的实数存储在 MD14 中，假设这个数为 2.0，实数相除的结果存储在 OUT 端的 MD18 中的数是 5.0。由于没有超出计算范围，所以 Q0.0 输出为"1"。

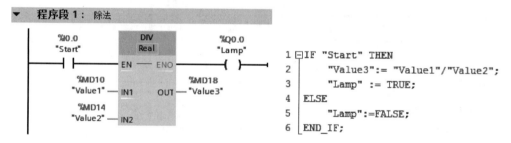

图 3-83　除指令（DIV）示例

（5）计算指令（CALCULATE）

使用计算指令定义并执行表达式，根据所选数据类型计算数学运算或复杂逻辑运算，简而言之，就是把加、减、乘、除和三角函数的关系式用一个表达式进行计算，可以大幅减少程序量。计算指令和参数见表 3-31。

表 3-31　计算指令（CALCULATE）和参数

LAD	SCL	参数	数据类型	说明
CALCULATE ??? EN　　　　ENO OUT := <???> IN1　　　OUT IN2 ❋	使用标准 SCL 数学表达式创建等式	EN	BOOL	允许输入
		ENO	BOOL	允许输出
		IN1	位字符串、整数、浮点数	第 1 输入
		IN2	位字符串、整数、浮点数	第 2 输入
		INn	位字符串、整数、浮点数	其他插入的值
		OUT	位字符串、整数、浮点数	计算的结果

注意 ① 可以从指令框的 "???" 下拉列表中选择该指令的数据类型。

② 上方的 "计算器" 图标可打开编辑 "Calculate" 指令对话框。表达式可以包含输入参数的名称和指令的语法。

用一个例子来说明计算指令，在梯形图中点击 "计算器" 图标，弹出如图 3-84 所示界面，输入表达式，本例为：OUT=(IN1+IN2-IN3）/IN4。再输入梯形图和 SCL 程序如图 3-85 所示。当 I0.0 闭合时，激活计算指令，IN1 中的实数存储在 MD10 中，假设这个数为 12.0，IN2 中的实数存储在 MD14 中，假设这个数为 3.0，结果存储在 OUT 端的 MD18 中的数是 6.0。由于没有超出计算范围，所以 Q0.0 输出为 "1"。

图 3-84　编辑计算指令

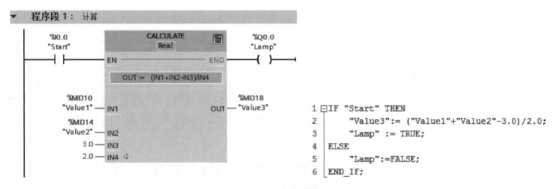

图 3-85　计算指令示例

【例 3-20】将 53 英寸（in）转换成以毫米（mm）为单位的整数，请设计控制程序。

【解】1in=25.4mm，涉及实数乘法，先要将整数转换成实数，用实数乘法指令将以 in 为单位的长度变为以 mm 为单位的实数，最后四舍五入即可，梯形图程序如图 3-86 所示。

数学函数中还有计算余弦、计算正切、计算反正弦、计算反余弦、取幂、求平方、求平方根、计算自然对数、计算指数值和提取小数等，由于都比较容易掌握，在此不再赘述。

数学函数指令使用比较简单，但初学者容易用错。有如下两点，请读者注意。

① 参与运算的数据类型要匹配，不匹配则可能出错。

② 数据都有范围，例如整数函数运算的范围是 $-32768 \sim 32767$，超出此范围则是错误的。

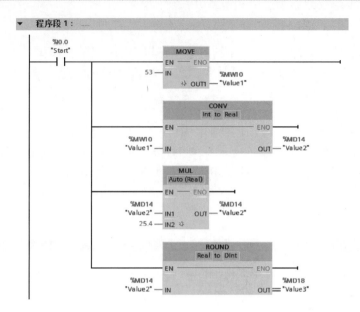

图 3-86　例 3-20 梯形图程序

3.6.2　移位和循环指令

TIA Portal 软件移位指令能将累加器的内容逐位向左或者向右移动。移动的位数由 N 决定。向左移 N 位相当于累加器的内容乘以 2^N，向右移相当于累加器的内容除以 2^N。移位指令在逻辑控制中使用也很方便。

（1）左移指令（SHL）

当左移指令（SHL）的 EN 位为高电平"1"时，将执行移位指令，将 IN 端指定的内容送入累加器 1 低字中，并左移 N 端指定的位数，然后写入 OUT 端指令的目的地址中。左移指令（SHL）和参数见表 3-32。

表 3-32　左移指令（SHL）和参数

LAD	参数	数据类型	说明
SHL ??? EN — ENO IN　OUT N	EN	BOOL	允许输入
	ENO	BOOL	允许输出
	IN	位字符串、整数	移位对象
	N	USINT, UINT, UDINT, ULINT	移动的位数
	OUT	位字符串、整数	移动操作的结果

可以从指令框的"???"下拉列表中选择该指令的数据类型。

用一个例子来说明左移指令，梯形图程序如图 3-87 所示。当 I0.0 闭合时，激活左移指令，IN 中的字存储在 MW10 中，假设这个数为 2#1001 1101 1111 1011，向左移 4 位后，OUT 端的 MW10 中的数是 2#1101 1111 1011 0000，左移指令示意图如图 3-88 所示。

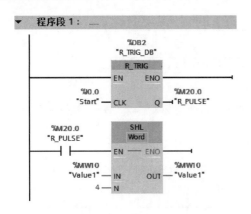

图 3-87　左移指令示例

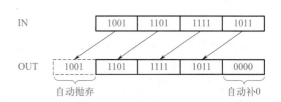

图 3-88　左移指令示意图

> **注意**　图 3-87 中的程序有一个上升沿，这样 I0.0 每闭合一次，左移 4 位，若没有上升沿，那么闭合一次，可能左移很多次。这点容易忽略，读者要特别注意。移位指令一般都需要与上升沿指令配合使用。

（2）循环左移指令（ROL）

当循环左移指令（ROL）的 EN 位为高电平"1"时，将执行循环左移指令，将 IN 端指定的内容循环左移 N 端指定的位数，然后写入 OUT 端指令的目的地址中。循环左移指令（ROL）和参数见表 3-33。

表 3-33　循环左移指令（ROL）和参数

LAD	参数	数据类型	说明
ROL ??? EN — ENO IN OUT N	EN	BOOL	允许输入
	ENO	BOOL	允许输出
	IN	位字符串、整数	要循环移位的值
	N	USINT, UINT, UDINT, ULINT	将值循环移动的位数
	OUT	位字符串、整数	循环移动的结果

可以从指令框的"???"下拉列表中选择该指令的数据类型。

用一个例子来说明循环左移指令（ROL）的应用，梯形图程序如图 3-89 所示。当 I0.0 闭合时，激活双字循环左移指令，IN 中的双字存储在 MD10 中，假设这个数为 2#1001 1101 1111 1011 1001 1101 1111 1011，除最高 4 位外，其余各位向左移 4 位后，双字的最高 4 位，循环到双字的最低 4 位，结果是 OUT 端的 MD10 中的数是 2#1101 1111 1011 1001 1101 1111 1011 1001，其示意图如图 3-90 所示。

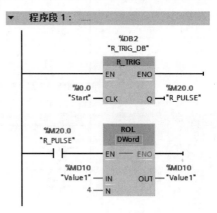

图 3-89　双字循环左移指令示例

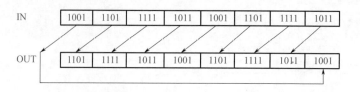

图 3-90　双字循环左移指令示意图

【例3-21】有16盏灯，PLC上电后压下启动按钮，1～4盏亮，1s后5～8盏亮，1～4盏灭，如此不断循环。当压下停止按钮，再压启动按钮，则从头开始循环亮灯。

【解】1）设计电气原理图　电气原理图如图 3-91 所示。

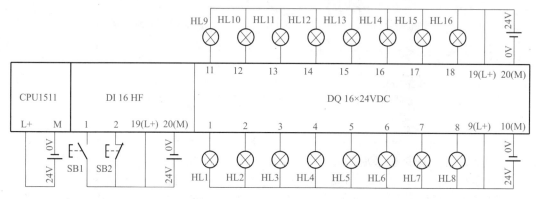

图 3-91　例 3-21 电气原理图

2）编写控制程序　控制梯形图程序如图 3-92 所示，当压下启动按钮 SB1，亮 4 盏灯，1s 后，执行循环指令，另外 4 盏灯亮，1s 后，执行循环指令，再 4 盏灯亮，如此循环。当压下停止按钮，所有灯熄灭。

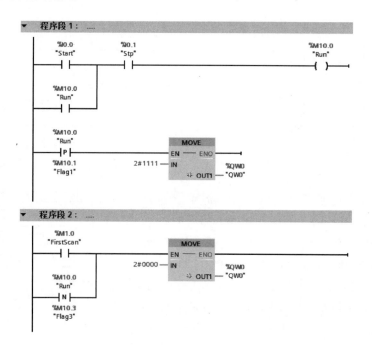

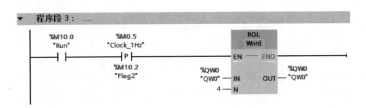

图 3-92　例 3-21 梯形图

总结：在工程项目中，移位和循环指令并不是必须使用的常用指令，但合理使用移位和循环指令会使程序变得很简洁。

3.7　块、函数和组织块

3.7.1　块的概述

（1）块的简介

在操作系统中包含了用户程序和系统程序，操作系统已经固化在 CPU 中，它提供 CPU 运行和调试的机制。CPU 的操作系统是按照事件驱动扫描用户程序的。用户程序写在不同的块中，CPU 按照执行的条件成立与否执行相应的程序块或者访问对应的数据块。用户程序则是为了完成特定的控制任务，是由用户编写的程序。用户程序通常包括组织块（OB）、函数块（FB）、函数（FC）和数据块（DB）。用户程序中的块的说明见表 3-34。

表 3-34　用户程序中块的说明

块的类型	属性	备注
组织块（OB）	• 用户程序接口 • 优先级（1～27） • 在局部数据堆栈中指定开始信息	
函数（FC）	• 参数可分配（必须在调用时分配参数） • 没有存储空间（只有临时局部数据）	过去称功能
函数块（FB）	• 参数可分配（可以在调用时分配参数） • 具有（收回）存储空间（静态局部数据）	过去称功能块
数据块（DB）	• 结构化的局部数据存储（背景数据块 DB） • 结构化的全局数据存储（在整个程序中有效）	

（2）块的结构

块由参数声明表和程序组成。每个逻辑块都有参数声明表，参数声明表是用来说明块的局部数据。而局部数据包括参数和局部变量两大类。在不同的块中可以重复声明和使用同一局部参数，因为它们在每个块中仅有效一次。

局部参数包括两种：静态局部数据和临时局部数据。

参数是在调用块与被调用块之间传递的数据，包括输入、输出和输入 / 输出参数。表 3-35 为局部数据声明类型。

表 3-35　局部数据声明类型

局部数据名称	参数类型	说明
输入	Input	为调用模块提供数据，输入给逻辑模块
输出	Output	从逻辑模块输出数据结果
输入/输出	In_Out	参数值既可以输入，也可以输出
静态局部数据	Static	静态局部数据存储在背景数据块中，块调用结束后，变量被保留
临时局部数据	Temp	临时局部数据存储在 L 堆栈中，块执行结束后，变量消失

　　图 3-93 所示为块调用的分层结构的一个例子，组织块 OB1（主程序）调用函数块 FB1，FB1 调用函数块 FB10，组织块 OB1（主程序）调用函数块 FB2，函数块 FB2 调用函数 FC5，函数 FC5 调用函数 FC10。

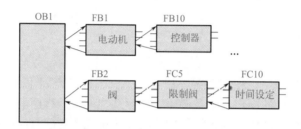

图 3-93　块调用的分层结构

3.7.2　函数（FC）及其应用

（1）函数（FC）简介

① 函数（FC）是用户编写的程序块，是不带存储器的代码块。由于没有可以存储块参数值的数据存储器，因此，调用函数时，必须给所有形参分配实参。

② FC 里有一个局域变量表和块参数。局域变量表里有：Input（输入参数）、Output（输出参数）、In_Out（输入/输出参数）、Temp（临时数据）、Return（返回值 Ret_Val）。Input（输入参数）将数据传递到被调用的块中进行处理。Output（输出参数）是将结果传递到调用的块中。In_Out（输入/输出参数）将数据传递到被调用的块中，在被调用的块中处理数据后，再将被调用的块中发送的结果存储在相同的变量中。Temp（临时数据）是块的本地数据（由 L 存储），并且在处理块时将其存储在本地数据堆栈。关闭并完成处理后，临时数据就变得不再可访问。Return 包含返回值 Ret_Val。

函数（FC）及其应用

（2）函数（FC）的应用

　　函数（FC）类似于 VB 语言中的子程序，用户可以将具有相同控制过程的程序编写在 FC 中，然后在主程序 Main[OB1] 中调用。创建函数的步骤是：先建立一个项目，再在 TIA Portal 软件项目视图的项目树中选中已经添加的设备（如 PLC_1）→ "程序块" → "添加新块"，即可弹出要插入函数的界面。以下用一个例题讲解函数（FC）的应用。

　　【例 3-22】用函数 FC 实现电动机的启停控制。

【解】① 新建一个项目，本例为"启停控制（FC）"。在 TIA Portal 软件项目视图的项目树中，选中并单击已经添加的设备"PLC_1"→"程序块"→"添加新块"，如图 3-94 所示，弹出添加块界面。

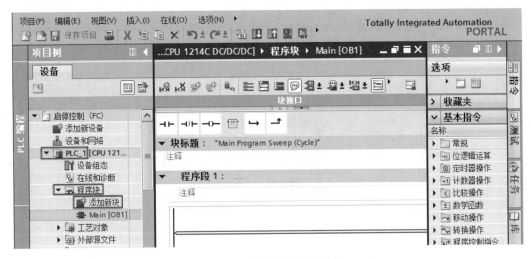

图 3-94　打开"添加新块"

② 如图 3-95 所示，在"添加新块"界面中，选择创建块的类型为"函数"，再输入函数的名称（本例为启停控制），之后选择编程语言（本例为 LAD），最后单击"确定"按钮，弹出函数的程序编辑器界面。

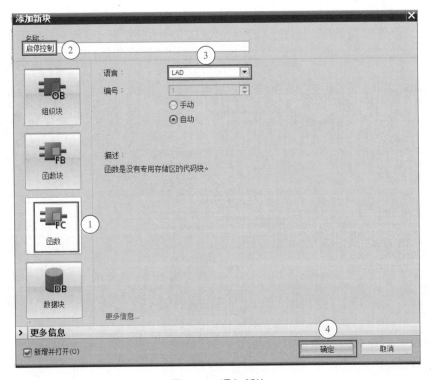

图 3-95　添加新块

③ 在 TIA Portal 软件项目视图的项目树中，双击函数"启停控制（FC1）"，打开函数，弹出"程序编辑器"界面，先选中 Input（输入参数），新建参数"Start"和"Stop1"，数据类型为"BOOL"。再选中 InOut（输入输出参数），新建参数"Motor"，数据类型为"BOOL"，如图 3-96 所示。最后在程序段 1 中输入程序，如图 3-97 所示，注意参数前都要加"#"。

图 3-96　新建输入 / 输出参数

程序段 1:　启停控制

```
    #Start          #Stop1                              #Motor
    ─┤ ├───┬────────┤/├──────────────────────────────────( )─┤
            │
    #Motor  │
    ─┤ ├────┘
```

图 3-97　函数 FC1

④ 在 TIA Portal 软件项目视图的项目树中，双击"Main[OB1]"，打开主程序块"Main[OB1]"，选中新创建的函数"启停控制（FC1）"，并将其拖拽到程序编辑器中，如图 3-98 所示。如果将整个项目下载到 PLC 中，就可以实现"启停控制"。

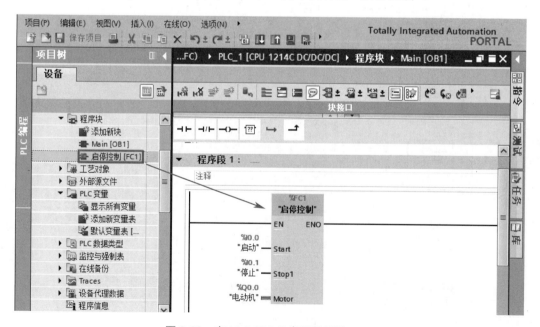

图 3-98　在 Main[OB1] 中调用函数 FC1

注意 本例的参数 #Motor，不能定义为输出参数（Output）。因为图 3-97 程序中参数 #Motor 既是输入参数，也是输出参数，所以定义为输入输出参数（InOut）。

【例 3-23】用 S7-1500 PLC 控制一台三相异步电动机的正反转，要求使用函数。

【解】① 设计电气原理图　设计电气原理图如图 3-99 所示。有两点说明如下。

a. 图 3-99 中，停止按钮 SB3 为常闭触点，主要基于安全原因，是符合工程规范的，不应设计为常开触点。

b. 在硬件回路中 KM1 和 KM2 的常闭触点起互锁作用，不能省略，省略后，当一个接触器的线圈断电后，其触点没有及时断开时，会造成短路。特别注意，仅依靠程序中的互锁，并不能保证不发生短路故障。

三相异步电动
机正反转控制-
用 FC 实现

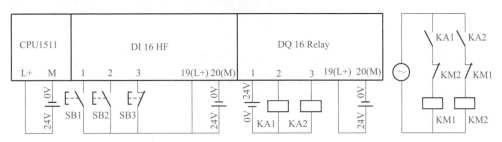

图 3-99　例 3-23 电气原理图

② 编写控制程序　FC1 中的程序和参数表如图 3-100 所示，注意 #Stp 带"#"，表示此变量是区域变量。如图 3-101 所示，OB1 中的程序是主程序，"Stp"（I0.2）是常闭触点（"Stp"是带引号，表示全局变量），与图 3-99 中的 SB3 的常闭触点对应。注意，#Motor 既有常开触点输入，又有线圈输出，所以是输入输出变量，不能用输出变量代替。

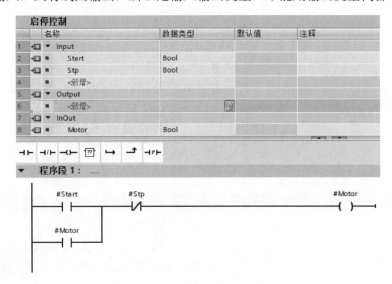

图 3-100　FC1 中的程序和参数表

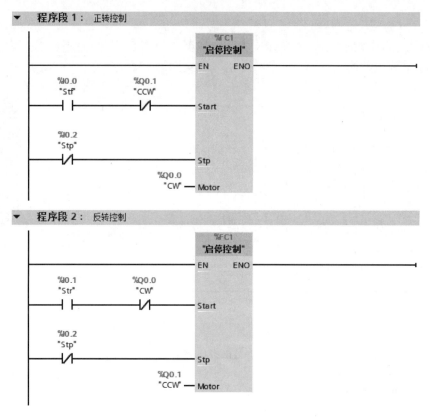

图 3-101　OB1 中的程序

3.7.3　组织块（OB）及其应用

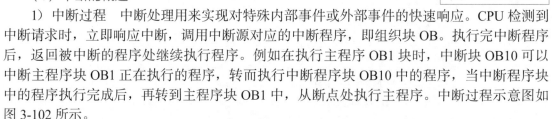

组织块（OB）是操作系统与用户程序之间的接口。组织块由操作系统调用，控制循环中断程序执行、PLC 启动特性和错误处理等。

（1）中断的概述

1）中断过程　中断处理用来实现对特殊内部事件或外部事件的快速响应。CPU 检测到中断请求时，立即响应中断，调用中断源对应的中断程序，即组织块 OB。执行完中断程序后，返回被中断的程序处继续执行程序。例如在执行主程序 OB1 块时，中断块 OB10 可以中断主程序块 OB1 正在执行的程序，转而执行中断程序块 OB10 中的程序，当中断程序块中的程序执行完成后，再转到主程序块 OB1 中，从断点处执行主程序。中断过程示意图如图 3-102 所示。

事件源就是能向 PLC 发出中断请求的中断事件，例如日期时间中断、延时中断、循环中断和编程错误引起的中断等。

2）OB 的优先级　执行一个组织块 OB 的调用可以中断另一个 OB 的执行。一个 OB 是否允许另一个 OB 中断取决于其优先级。S7-1500 PLC 支持的优先级共有 26 个，1 最低，26 最高。高优先级的 OB 可以中断低优先级的 OB。例如 OB10 的优先级是 2，而 OB1 的优先级是 1，所以 OB10 可以中断 OB1。OB 的优先级示意图如图 3-103 所示。组织块的类型和优先级见表 3-36。

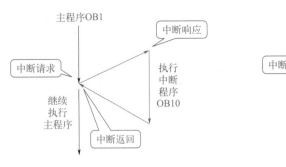

图 3-102 中断过程示意图

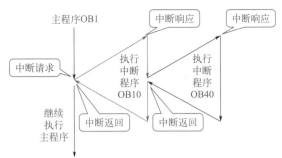

图 3-103 OB 的优先级示意图

表 3-36 组织块的类型和优先级（部分）

事件源的类型	优先级（默认优先级）	可能的 OB 编号	支持的 OB 数量
启动	1	100，≥ 123	≥ 0
循环程序	1	1，≥ 123	≥ 1
时间中断	2	10 ~ 17，≥ 123	最多 2 个
延时中断	3（取决于版本）	20 ~ 23，≥ 123	最多 4 个
循环中断	8（取决于版本）	30 ~ 38，≥ 123	最多 4 个
硬件中断	18	40 ~ 47，≥ 123	最多 50 个
时间错误	22	80	0 或 1
诊断中断	5	82	0 或 1
插入 / 取出模块中断	6	83	0 或 1
机架故障或分布式 I/O 的站故障	6	86	0 或 1

说明

① 在 S7-300/400 CPU 中只支持一个主程序块 OB1，而 S7-1500 PLC 可支持多个主程序，但第二个主程序的编号从 123 起，由组态设定，例如 OB123 可以组态成主程序。

② 循环中断可以是 OB30 ~ OB38。

③ S7-300/400 CPU 的启动组织块有 OB100、OB101 和 OB102，但 S7-1500 PLC 不支持 OB101 和 OB102。

（2）启动组织块及其应用

启动组织块（Startup）在 PLC 的工作模式从 STOP 切换到 RUN 时执行一次。完成启动组织块扫描后，将执行主程序循环组织块（如 OB1）。启动组织块很常用，主要用于初始化。以下用一个例子说明启动组织块的应用。

【例 3-24】编写一段初始化程序，将 CPU1511 的 MB20 ~ MB23 单元清零。

【解】一般初始化程序在 CPU 一启动后就运行，所以可以使用 OB100 组织块。在 TIA

Portal 软件项目视图的项目树中，双击"添加新块"，弹出如图 3-104 所示的界面，选中"组织块"和"Startup"选项，再单击"确定"按钮，即可添加启动组织块。

图 3-104 添加"启动"组织块 OB100

字节 MB20 ～ MB23 实际上就是 MD20，其程序如图 3-105 所示。

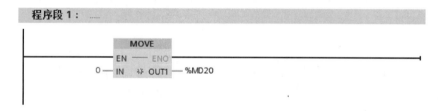

图 3-105 例 3-24 OB100 中的程序

（3）主程序（OB1）

CPU 的操作系统循环执行 OB1。当操作系统完成启动后，将启动执行 OB1。在 OB1 中可以调用函数（FC）和函数块（FB）。

执行 OB1 后，操作系统发送全局数据。重新启动 OB1 之前，操作系统将过程映像输出表写入输出模块中，更新过程映像输入表以及接收 CPU 的任何全局数据。

（4）循环中断组织块及其应用

所谓循环中断就是经过一段固定的时间间隔中断用户程序，不受扫描周期限制，循环中断很常用，例如 PID 运算时较常用。

1）循环中断指令　循环中断组织块是很常用的，TIA Portal 软件中有 9 个固定循环中断组织块（OB30 ~ OB38），另有 11 个未指定。激活循环中断（EN_IRT）和禁用循环中断（DIS_IRT）指令的参数见表 3-37。

表 3-37　激活循环中断（EN_IRT）和禁用循环中断（DIS_IRT）的参数表

参数	声明	数据类型	存储区间	参数说明
OB_NR	INPUT	INT	I、Q、M、D、L、常数	OB 的编号
MODE	INPUT	BYTE	I、Q、M、D、L、常数	指定禁用哪些中断和异步错误
RET_VAL	OUTPUT	INT	I、Q、M、D、L	如果出错，则 RET_VAL 的实际参数将包含错误代码

参数 MODE 指定禁用哪些中断和异步错误，含义比较复杂，MODE=0 表示激活所有的中断和异步错误，MODE=1 表示启用属于指定中断类别的新发生事件，MODE=2 启用指定中断的所有新发生事件，可使用 OB 编号来指定中断。

2）循环中断组织块的应用

【例 3-25】每隔 100ms 时间，CPU1511 采集一次通道 0 上的模拟量数据。

【解】很显然要使用循环组织块，解法如下。

在 TIA Portal 软件项目视图的项目树中，双击"添加新块"，弹出如图 3-106 所示的界面，选中"组织块"和"Cyclic interrupt"，循环时间定为"100000μs"（100ms），单击"确定"按钮。这个步骤的含义是：设置组织块 OB30 的循环中断时间是 100000μs，再将组态完成的硬件下载到 CPU 中。

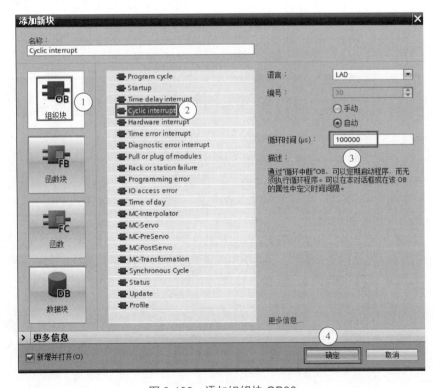

图 3-106　添加组织块 OB30

打开 OB30，在程序编辑器中，输入程序如图 3-107 所示，运行的结果是每 100ms 将通道 0 采集到的模拟量转化成数字量送到 MW20 中。

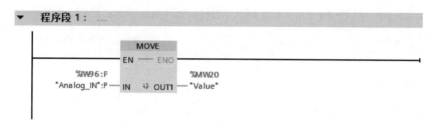

图 3-107 例 3-25 OB30 中的程序

打开 OB1，在程序编辑器中，输入程序如图 3-108 所示，I0.0 闭合时，OB30 的循环周期是 100ms，当 I0.1 闭合时，OB30 停止循环。

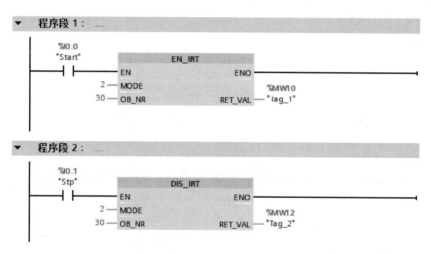

图 3-108 例 3-25 OB1 中的程序

（5）错误处理组织块

S7-1500 PLC 具有错误（或称故障）检测和处理能力，是指 PLC 内部的功能性错误，而不是外部设备的故障。CPU 检测到错误后，操作系统调用对应的组织块，用户可以在组织块中编程，对发生的错误采取相应的措施，例如在要调用的诊断组织块 OB82 中编写报警或者执行某个动作，如关断阀门。

当 CPU 检测到错误时，会调用对应的组织块，见表 3-38。如果没有相应的错误处理 OB，CPU 可能会进入 STOP 模式（S7-300/400 PLC 没有找到对应的 OB，则直接进入 STOP 模式）。用户可以在错误处理 OB 中编写如何处理这种错误的程序，以减小或消除错误的影响。

表 3-38 错误处理组织块

OB 号	错误类型	优先级
OB80	时间错误	22
OB82	诊断中断	5

续表

OB 号	错误类型	优先级
OB83	插入 / 取出模块中断	6
OB86	机架故障或分布式 I/O 的站故障	6

【例 3-26】要求用 S7-1500 PLC 进行数字滤波。某系统采集一路模拟量（温度），温度传感器的测量范围是 0 ～ 100℃，要求对温度值进行数字滤波，算法是：把最新的三次采样数值相加，取平均值，即是最终温度值。当温度超过 90℃时报警，每 100ms 采集一次温度。

数字滤波控制程序设计 - 用 FC 实现

【解】1）设计电气原理图　设计电气原理图如图 3-109 所示。

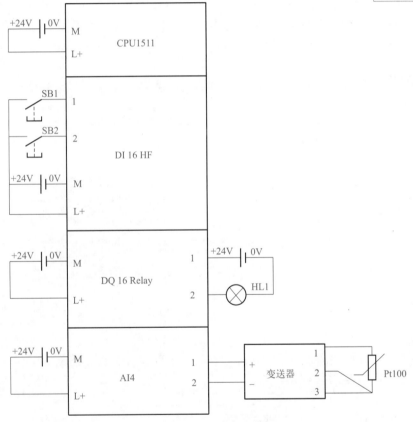

图 3-109　例 3-26 电气原理图

2）编写控制程序

① 数字滤波的程序是函数 FC1，先创建一个空的函数，打开函数，并创建输入参数"GatherV"，就是采样输入值；创建输出参数"ResultV"，就是数字滤波的结果；创建临时变量参数"Valve1""TEMP1"，临时变量参数既可以在方框的输入端，也可以在方框的输出端，应用比较灵活，如图 3-110 所示。

FC1				
		名称	数据类型	默认值	注释
1		▼ Input			
2		■ GatherV	Int		
3		▼ Output			
4		■ ResultV	Real		
5		▼ InOut			
6		■ <新增>			
7		▼ Temp			
8		■ Value1	Int		
9		■ TEMP1	Real		

图 3-110　新建 FC1 中的参数

② 在 FC1 中，编写滤波梯形图程序，如图 3-111 所示。变量"EarlyV"（当前数值）、"LastV"（上一个数值）和"LastestV"（上上一个数值）都是整数类型，每次用最新采集的数值，替代最早的数值，然后取平均值。

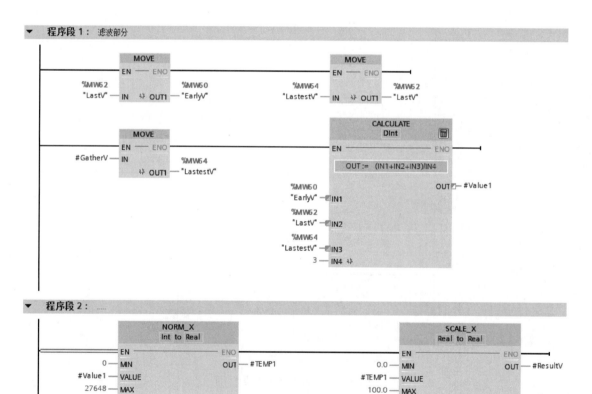

图 3-111　例 3-26 FC1 中的梯形图

③ 在 OB30 中，编写梯形图程序如图 3-112 所示。由于温度变化较慢，没有必要每个扫描周期都采集一次，因此温度采集程序在 OB30 中，每 100ms 采集一次更加合适。

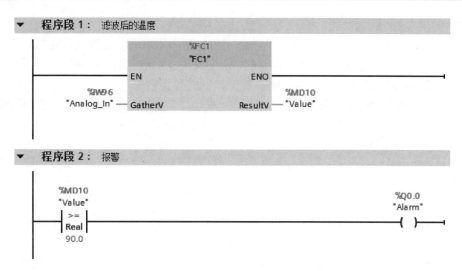

图 3-112　例 3-26 OB30 中的梯形图

④ 在 OB1 中，编写梯形图程序如图 3-113 所示。主要用于对循环中断的启动和停止控制。当压下 SB1 按钮，OB30 开始循环；当压下 SB2 按钮，OB30 停止循环扫描。

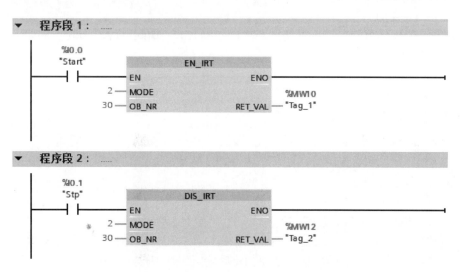

图 3-113　例 3-26 Main[OB1] 中的程序

3.8　数据块和函数块

3.8.1　数据块（DB）及其应用

（1）数据块（DB）简介

数据块用于存储用户数据及程序中间变量。新建数据块时，默认状态是优化的存储方式，且数据块中存储的变量是非保持的。数据块

数据块（DB）
及其应用

占用 CPU 的装载存储区和工作存储区，与标识存储器的功能类似，都是全局变量，不同的是，M 数据区的大小在 CPU 技术规范中已经定义，且不可扩展，而数据块存储区由用户定义，最大不能超过工作存储区或装载存储区。S7-1500 PLC 的优化的数据块的存储空间要比非优化数据块的空间大得多，但其存储空间与 CPU 的类型有关。

有的程序（如有的通信程序）中，只能使用非优化数据块，多数的情形可以使用优化和非优化数据块，但应优先使用优化数据块。优化访问有如下特点：

① 优化访问速度快。

② 地址由系统分配。

③ 只能符号寻址，没有具体的地址，不能直接由地址寻址。

④ 功能多。

按照功能分，数据块 DB 可以分为：全局数据块、背景数据块和基于数据类型（用户定义数据类型、系统数据类型和数组类型）的数据块。

（2）数据块的寻址

① 数据块非优化访问用绝对地址访问，其地址访问举例如下。

双字：DB1.DBD0。

字：DB1.DBW0。

字节：DB1.DBB0。

位：DB1.DBX0.1。

② 数据块的优化访问采用符号访问和片段（SLICE）访问，片段访问举例如下。

双字：DB1.a.%D0。

字：DB1.a.%W0。

字节：DB1.a.%B0。

位：DB1.a.%X0。

> **注意** 实数和长实数不支持片段访问。S7-300/400 PLC 的数据块没有优化访问，只有非优化访问。

（3）全局数据块（DB）及其应用

全局数据块用于存储程序数据，因此，数据块包含用户程序使用的变量数据。一个程序中可以创建多个数据块。全局数据块必须创建后才可以在程序中使用。

以下用一个例题来说明数据块的应用。

【例 3-27】用数据块实现电动机的启停控制。

【解】① 新建一个项目，本例为"块应用"，如图 3-114 所示，在项目视图的项目树中，选中并单击已添加的设备（本例为 PLC_1）→"程序块"→"添加新块"，弹出界面"添加新块"。

② 如图 3-115 所示，在"添加新块"界面中，选中"添加新块"的类型为 DB，输入数据块的名称，再单击"确定"按钮，即可添加一个新的数据块，但此数据块中没有数据。

③ 打开"数据块 1"，如图 3-116 所示，在"数据块 1"中，新建一个变量 A，如非优化访问，其地址实际就是 DB1.DBX0.0，优化访问没有具体地址，只能进行符号寻址。数据块创建完毕，一般要立即"编译"，否则容易出错。

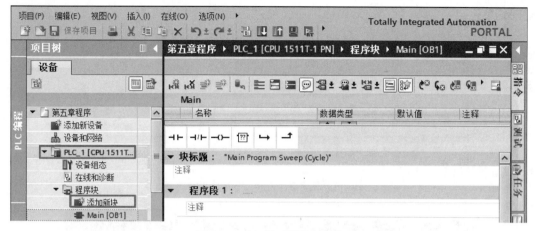

图 3-114　打开"添加新块"

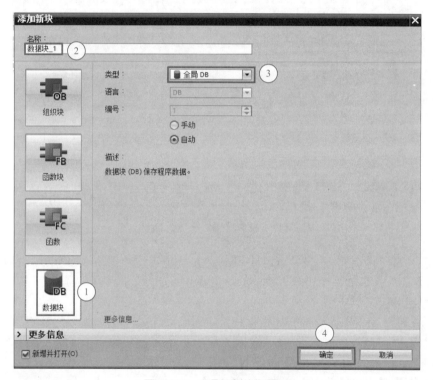

图 3-115　"添加新块"界面

	名称	数据类型	启动值	保持性	可从 HMI …	在 HMI …	设置值	注释
1	▼ Static							
2	A	Bool	false	☐	☑	☑	☐	

数据块1

图 3-116　新建变量

④ 在"程序编辑器"中，输入如图 3-117 所示的程序，此程序能实现启停控制，最后保存程序。

在数据块创建后，在全局数据块的属性中可以切换存储方式。在项目视图的项目树中，选中并单击"数据块 1",右击鼠标,在弹出的快捷菜单中,单击"属性"选项,弹出如图 3-118 所示的界面,选中"属性",如果取消"优化的块访问",则切换到"非优化存储方式",这种存储方式与 S7-300/400 PLC 兼容。

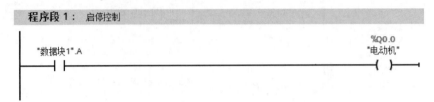

图 3-117 例 3-27 Main[OB1] 中的梯形图

图 3-118 全局数据块存储方式的切换

如果是"非优化存储方式",可以使用绝对方式访问该数据块(如 DB1.DBX0.0),如是"优化存储方式"则只能采用符号方式访问该数据块(如"数据块 1".A)。

(4) 数组 DB 及其应用

数组 DB 是一种特殊类型的全局数据块,它包含一个任意数据类型的数组。其数据类型可以为基本数据类型,也可以是 PLC 数据类型的数组。创建数组 DB 时,需要输入数组的数据类型和数组上限,创建完数组 DB 后,可以修改其数组上限,但不能修改数据类型。数组 DB 始终启用"优化块访问"属性,不能进行标准访问,并且为非保持属性,不能修改为保持属性。

数组 DB 在 S7-1200/1500 PLC 中较为常用,以下的例子是用数据块创建数组。

【例 3-28】用数据块创建一个数组 ary[0..5],数组中包含 6 个整数,并编写程序把模拟量通道 IW752:P 采集的数据保存到数组的第 3 个整数中。

【解】① 新建项目"块应用(数组)",进行硬件组态,并创建共享数组块 DB1,双击"DB1"打开数据块"DB1"。

② 在 DB1 中创建数组。数组名称 ary,数组为 Array[0..5],表示数组中有 6 个元素,INT 表示数组的数据为整数,如图 3-119 所示,保存创建的数组。

③ 在 Main[OB1] 中编写梯形图程序,如图 3-120 所示。

图 3-119　创建数组

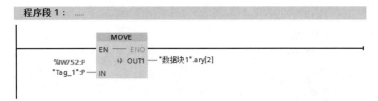

图 3-120　例 3-28 Main[OB1] 中的梯形图

注意 ① 数据块在工程中极为常用，是学习的重难点，初学者往往重视不够。特别是在 PLC 与上位机（HMI、DCS 等）通信时经常用到数据块。

　② 优化访问的数据块没有具体地址，因而只能采用符号寻址。非优化访问的数据块有具体地址。

　③ 数据块创建完成后，不要忘记随手编译，否则后续使用时，可能会出现 "?"（如图 3-121 所示）或者错误（如图 3-122 所示）。

图 3-121　数据块未编译（1）

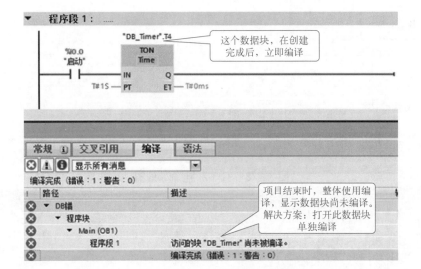

图 3-122　数据块未编译（2）

3.8.2 函数块（FB）及其应用

（1）函数块（FB）的简介

函数块（FB）
及其应用

函数块（FB）属于编程者自己编程的块。函数块是一种"带内存"的块。分配数据块作为其内存（背景数据块）。传送到 FB 的参数和静态变量保存在实例 DB 中。临时局部数据则保存在本地数据堆栈中。执行完 FB 时，不会丢失 DB 中保存的数据。但执行完 FB 时，会丢失保存在本地数据堆栈中的数据。

（2）函数块（FB）的应用

以下用一个例题来说明函数块的应用。

【例 3-29】用函数块 FB，实现软启动器的启停控制。其电气原理图如图 3-123 所示，启动的前 8s 使用软启动器，之后软启动器从主回路移除，全压运行。注意停止按钮接常闭触点。

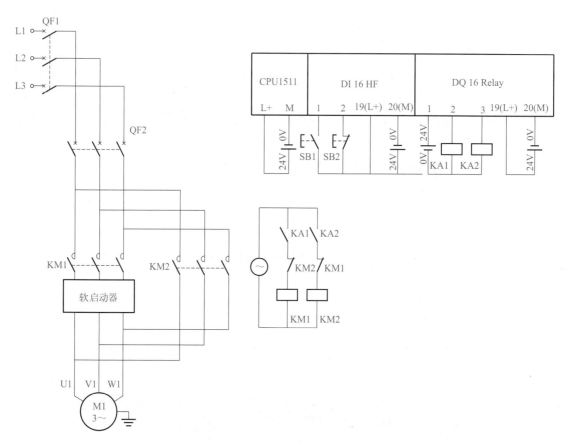

图 3-123　例 3-29 电气原理图

【解】启动器的项目创建如下。

① 新建一个项目，本例为"软启动"，在项目视图的项目树中，选中并单击已添加的设备（本例为 PLC_1）→"程序块"→"添加新块"，弹出界面"添加新块"，如图 3-124 所示。选中"函数块 FB"→本例命名为"软启动"，单击"确定"按钮。

图 3-124　创建"FB1"

② 在接口"Input"中，新建 2 个参数，如图 3-125 所示，注意参数的类型。注释内容可以空缺，注释的内容支持汉字字符。

在接口"InOut"中，新建 2 个参数，如图 3-125 所示。

在接口"Static"中，新建 2 个静态局部数据，如图 3-125 所示，注意参数的类型，同时注意初始值不能为 0，否则没有延时效果。

		名称		数据类型	默认值	保持
1		▼ Input	输入参数			
2		■ Start		Bool	false	非保持
3		■ Stp	输出参数	Bool	false	非保持
4		▼ Output				
5		■ <新增>				
6		▼ InOut	输入/输出参数			
7		■ KM1		Bool	false	非保持
8		■ KM2		Bool		非保持
9		▼ Static	静态局部数据		数据类型是定时器	
10		▶ T0		TON_TIME		非保持
11		■ T00	临时局部数据	Time	T#8s	非保持
12		▼ Temp			数据类型是时间，初始值为8s	

图 3-125　在接口中，新建参数

③ 在 FB1 的程序编辑区编写程序，梯形图如图 3-126 所示。

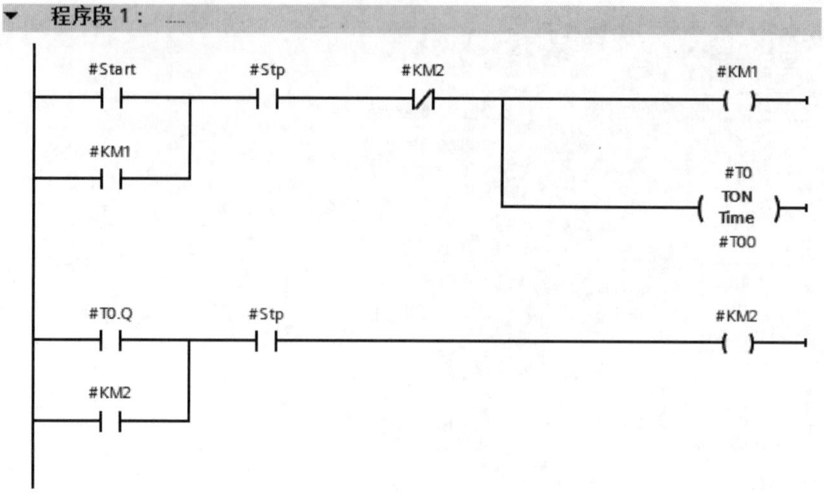

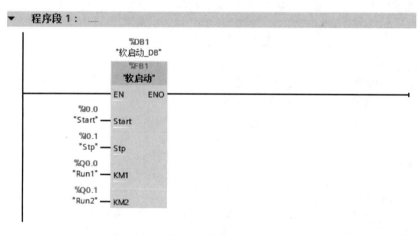

图 3-126　例 3-29 FB1 中的梯形图

④ 在项目视图的项目树中，双击"Main[OB1]"，打开主程序块"Main[OB1]"，将函数块"FB1"拖拽到程序段 1，在 FB1 上方输入数据块 DB1，梯形图如图 3-127 所示。

图 3-127　例 3-29 主程序块中的梯形图

小结：函数 FC 和函数块 FB 都类似于子程序，这是其最明显的共同点。两者主要的区别有两点：一是函数块有静态局部数据，而函数没有静态局部数据；二是函数块有背景数据块，而函数没有。

> **注意** ① 在图 3-125 中，要注意参数的类型，同时注意初始值不能为 0，否则没有软启动效果。
> ② 将定时器作为静态局部数据的好处是本例减少了两个定时器的背景数据块。所以如果函数块中用到定时器，可以将定时器作为静态局部数据，这样处理，可以减少定时器的背景数据块的使用，使程序更加简洁。

第 2 篇

西门子PLC
通信应用

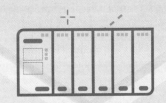

第4章 工业网络与现场总线通信基础

本章主要介绍通信的概念、OSI 参考模型和现场总线基础知识。

4.1 通信基本概念和常用术语

PLC 的通信包括 PLC 与 PLC 之间的通信、PLC 与上位计算机之间的通信以及和其他智能设备之间的通信。PLC 与 PLC 之间通信的实质就是计算机的通信，使得众多独立的控制任务构成一个控制工程整体，形成模块控制体系。PLC 与计算机连接组成网络，将 PLC 用于控制工业现场，计算机用于编程、显示和管理等任务，构成"集中管理、分散控制"的分布式控制系统（DCS）。

4.1.1 通信基本概念

（1）串行通信与并行通信

串行通信和并行通信是两种不同的数据传输方式。

串行通信就是通过一对导线将发送方与接收方进行连接，传输数据的每个二进制位，按照规定顺序在同一导线上依次发送与接收，如图 4-1 所示。例如，常用的 U 盘 USB 接口就是串行通信接口。串行通信的特点是通信控制复杂，通信电缆少，因此与并行通信相比，成本低。

并行通信就是将一个 8 位（或 16 位、32 位）数据的每一个二进制位采用单独的导线进行传输，并将传送方和接收方进行并行连接，一个数据的各二进制位可以在同一时间内一次传送，如图 4-2 所示。例如，老式打印机的打印口和计算机的通信就是并行通信。并行通信的特点是一个周期里可以一次传输多位数据，其连线的电缆多，因此长距离传送时成本高。

图 4-1 串行通信

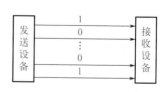

图 4-2 并行通信

（2）异步通信与同步通信

异步通信与同步通信也称为异步传送与同步传送，这是串行通信的两种基本信息传送方式。从用户的角度上说，两者最主要的区别在于通信方式的"帧"不同。

异步通信方式又称起止方式。它在发送字符时，要先发送起始位，然后是字符本身，最后是停止位，字符之后还可以加入奇偶校验位。异步通信方式具有硬件简单、成本低的特点，主要用于传输速率低于 19.2kbit/s 以下的数据通信。

同步通信方式在传递数据的同时，也传输时钟同步信号，并始终按照给定的时刻采集数据。其传输数据的效率高，硬件复杂，成本高，一般用于传输速率高于 20kbit/s 以上的数据通信。

（3）单工、全双工与半双工

单工、全双工与半双工是通信中描述数据传送方向的专用术语。

① 单工（simplex）：指数据只能实现单向传送的通信方式，一般用于数据的输出，不可以进行数据交换，如图 4-3 所示。

图 4-3　单工通信

② 全双工（full-duplex）：也称双工，指数据可以进行双向数据传送，同一时刻既能发送数据，也能接收数据的通信方式，如图 4-4 所示。通常需要两对双绞线连接，通信线路成本高。例如，RS-422、RS-232 是"全双工"通信方式。

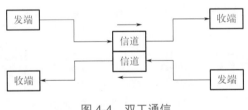

图 4-4　双工通信

③ 半双工（half-duplex）：指数据可以进行双向数据传送，同一时刻，只能发送数据或者接收数据的通信方式，如图 4-5 所示。通常需要一对双绞线连接，与全双工相比，通信线路成本低。例如，USB、RS-485 只用一对双绞线时就是"半双工"通信方式。

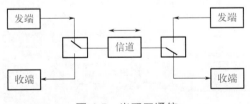

图 4-5　半双工通信

4.1.2　PLC 网络的术语解释

PLC 网络中的名词、术语很多，现将常用的予以介绍。

① 主站（Master Station）：PLC 网络系统中进行数据连接的系统控制站，主站上设置了控制整个网络的参数，每个网络系统只有一个主站，站号实际就是 PLC 在网络中的地址。

② 从站（Slave Station）：PLC 网络系统中，除主站外，其他的站称为"从站"。

③ 网关（Gateway）：又称网间连接器、协议转换器。网关在传输层上以实现网络互联，是最复杂的网络互联设备，仅用于两个高层协议不同的网络互联。如图 4-6 所示，CPU1511-1PN 通过工业以太网，把信息传送到 IE/PB LINK 模块，再传送到 PROFIBUS 网络上的 IM155-5 DP 模块，IE/PB LINK 通信模块用于不同协议的互联，它实际上就是网关。

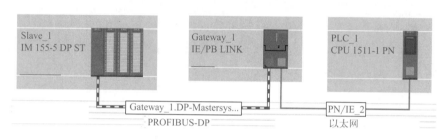

图 4-6 网关应用实例

④ 中继器（Repeater）：用于网络信号放大、调整的网络互联设备，能有效延长网络的连接长度。例如，PPI 的正常传送距离是不大于 50m，经过中继器放大后，可传输超过 1km，应用实例如图 4-7 所示，PLC 通过 MPI 或者 PPI 通信时，传送距离可达 1100m。在 PROFIBUS-DP 通信中，一个网络多于 32 个站点也需要使用中继器。

图 4-7 中继器应用实例

⑤ 交换机（Switch）：交换机是为了解决通信阻塞而设计的，它是一种基于 MAC 地址识别，能完成封装转发数据包功能的网络设备。交换机可以通过在数据帧的始发者和目标接收者之间建立临时的交换路径，使数据帧直接由源地址到达目的地址。如图 4-8 所示，交换机（ESM）将 HMI（触摸屏）、PLC 和 PC（个人计算机）连接在工业以太网的一个网段中。在工业控制中，只要用到以太网通信，交换机几乎不可或缺。

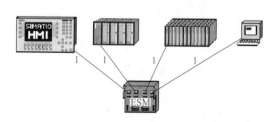

图 4-8 交换机应用实例

4.2 OSI 参考模型

通信网络的核心是 OSI（Open Systems Interconnection，开放系统互联）参考模型。1984年，国际标准化组织（ISO）提出了开放系统互联的 7 层模型，即 OSI 模型。该模型自下而上分为：物理层、数据链路层、网络层、传输层、会话层、表示层和应用层。

OSI 的上 3 层通常称为应用层，用来处理用户接口、数据格式和应用程序的访问。下 4 层负责定义数据的物理传输介质和网络设备。OSI 参考模型定义了大多数协议栈共有的基本框架，如图 4-9 所示。

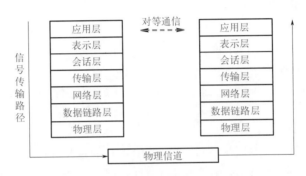

图 4-9　信息在 OSI 模型中的流动形式

① 物理层（Physical Layer）：定义了传输介质、连接器和信号发生器的类型，规定了物理连接的电气、机械功能特性，如电压、传输速率、传输距离等特性。建立、维护、断开物理连接。典型的物理层设备有集线器（Hub）和中继器等。

② 数据链路层（Data Link Layer）：确定传输站点物理地址以及将消息传送到协议栈，提供顺序控制和数据流向控制。建立逻辑连接、进行硬件地址寻址、差错校验等功能（由底层网络定义协议）。以太网中的 MAC 地址属于数据链路层，相当于人的身份证，不可修改，MAC 地址一般印刷在网口附近。

典型的数据链路层的设备有交换机和网桥等。

③ 网络层（Network Layer）：进行逻辑地址寻址，实现不同网络之间的路径选择。协议有：ICMP、IGMP、IP（IPv4，IPv6）、ARP、RARP。典型的网络层设备是路由器。

IP 地址在这一层，IP 地址分成两个部分，前三个字节代表网络，后一个字节代表主机。如 192.168.0.1 中，192.168.0 代表网络（有的资料称网段），1 代表主机。

④ 传输层（Transport Layer）：定义传输数据的协议端口号，以及流控和差错校验。 协议有：TCP、UDP。网关是互联网设备中最复杂的，它是传输层及以上层的设备。

⑤ 会话层（Session Layer）：建立、管理、终止会话。也有资料把第 5 ~ 7 层统一称为应用层。

⑥ 表示层（Presentation Layer）：数据的表示、安全、压缩。

⑦ 应用层（Application Layer）： 网络服务与最终用户的一个接口。协议有：HTTP、FTP、TFTP、SMTP、SNMP 和 DNS 等。QQ 和微信等手机 APP 就是典型的第 7 层的应用程序。

数据经过封装后通过物理介质传输到网络上，接收设备除去附加信息后，将数据上传到上层堆栈层。

【例 4-1】学校有一台计算机，QQ 可以正常登录。可是网页打不开（HTTP），问故障在物理层还是其他层？是否可以通过插拔交换机上的网线解决问题？

【解】① 故障不在物理层，如在物理层，则 QQ 也不能登录。

② 不能通过插拔网线解决问题，因为网线是物理连接，属于物理层，故障应在其他层。

4.3 现场总线介绍

4.3.1 现场总线的简介

现场总线介绍

（1）现场总线的诞生

现场总线是 20 世纪 80 年代中后期在工业控制中逐步发展起来的。计算机技术的发展为现场总线的诞生奠定了技术基础。

另一方面，智能仪表也出现在工业控制中。智能仪表的出现为现场总线的诞生奠定了应用基础。

（2）现场总线的概念

国际电工委员会（IEC）对现场总线（FieldBUS）的定义为：一种应用于生产现场，在现场设备之间、现场设备和控制装置之间实行双向、串行、多节点的数字通信网络。

现场总线根据物理层不同分两大类。一是指基于 RS-485 的串行通信网络，如 PROFIBUS。二是基于以太网的现场总线，即工业以太网，如 PROFINET。

4.3.2 主流现场总线的简介

1984 年国际电工委员会 / 国际标准协会（IEC/ISA）就开始制定现场总线的标准，然而统一的标准至今仍未完成。很多公司推出其各自的现场总线技术，但彼此的开放性和互操作性难以统一。

经过多年的讨论，终于在 1999 年年底通过了 IEC61158 现场总线标准，这个标准容纳了 8 种互不兼容的总线协议。后来又经过不断讨论和协商，在 2003 年 4 月，IEC61158 Ed.3 现场总线标准第 3 版正式成为国际标准，确定了 10 种不同类型的现场总线为 IEC61158 现场总线。2007 年 7 月，第 4 版现场总线增加到 20 种，见表 4-1。

表 4-1　IEC61158 的现场总线

类型编号	名　称	发起的公司或机构
Type 1	TS61158 现场总线	原来的技术报告
Type 2	ControlNet 和 Ethernet/IP 现场总线	美国罗克韦尔（Rockwell）
Type 3	PROFIBUS 现场总线	德国西门子（Siemens）
Type 4	P-NET 现场总线	丹麦 Process Data
Type 5	FF HSE 现场总线	美国罗斯蒙特（Rosemount）
Type 6	SwiftNet 现场总线	美国波音（Boeing）
Type 7	World FIP 现场总线	法国阿尔斯通 (Alstom)

类型编号	名　称	发起的公司或机构
Type 8	INTERBUS 现场总线	德国菲尼克斯（Phoenix Contact）
Type 9	FF H1 现场总线	现场总线基金会 (FF)
Type 10	PROFINET 现场总线	德国西门子（Siemens）
Type 11	TC net 实时以太网	日本东芝（Toshiba）
Type 12	Ether CAT 实时以太网	德国倍福（Beckhoff）
Type 13	Ethernet Powerlink 实时以太网	瑞士 ABB，曾经奥地利的贝加莱（B&R）
Type 14	EPA 实时以太网	中国浙江大学等
Type 15	Modbus RTPS 实时以太网	法国施耐德（Schneider）
Type 16	SERCOS Ⅰ、Ⅱ现场总线	德国力士乐（Rexroth）
Type 17	VNET/IP 实时以太网	日本横河 (Yokogawa)
Type 18	CC-Link 现场总线	日本三菱电机（Mitsubishi）
Type 19	SERCOS Ⅲ现场总线	德国力士乐（Rexroth）
Type 20	HART 现场总线	美国罗斯蒙特（Rosemount）

4.3.3　现场总线的发展

现场总线技术是控制、计算机和通信技术的交叉与集成，几乎涵盖了连续和离散工业领域，如过程自动化、制造加工自动化、楼宇自动化和家庭自动化等。它的出现和快速发展体现了控制领域对降低成本、提高可靠性、增强可维护性和提高数据采集智能化的要求。现场总线技术的发展趋势体现在四个方面。

① 基于 RS-485 的串行网络和工业以太网长期共存，多种现场总线长期共存。统一的技术规范与组态技术是现场总线技术发展的一个长远目标。

② 现场总线系统的技术水平将不断提高。

③ 现场总线的应用将越来越广泛。

④ 工业以太网技术已经成为现场总线技术的主流。

4.4　西门子工业网络介绍

4.4.1　西门子支持的常用通信

西门子的工控技术博大精深，其工业网络支持的通信方式很多，常用通信方式如下所述。

（1）PPI 和 MPI 通信

PPI（Point to Point Interface）：即点对点通信，主要针对 S7-200 PLC 与 S7-200 PLC、HMI 和上位机 PC 的通信应用。随着 S7-200 PLC 的停产，目前 PPI 通信主要针对 S7-200 SMART PLC 与 HMI 和上位机 PC 的通信应用，PPI 通信的应用将越来越少，趋于淘汰。

MPI（Muti-Point Interface）：即多点通信，主要针对 S7-300 /400PLC 与 S7-200/300/400 PLC、HMI 和上位机 PC 的通信应用。西门子新推出的 S7-1200/1500 PLC 不支持这种通信，

MPI 通信的应用将越来越少，趋于淘汰。

（2）PROFIBUS 通信

PROFIBUS 通信从用户的角度分为三种通信协议类型：PROFIBUS-FMS、PROFIBUS-DP 和 PROFIBUS-PA，其中 PROFIBUS-DP 应用最广泛。西门子新推出的 S7-1200/1500 PLC 不支持 PROFIBUS-FMS 通信。

PROFIBUS 通信在工控现场的设备中应用非常常见，特别是用到西门子 S7-300/400 PLC 的场合。由于西门子公司力推 PROFINET 通信，从产品价格上限制 PROFIBUS 通信的使用，因此新设备中 PROFIBUS 通信的应用将越来越少。

（3）USS 和 MODBUS 通信

西门子的 S7-200 SMART /1200/1500 PLC 均支持 USS 和 MODBUS 通信。USS 是西门子针对驱动产品的点对点串行通信协议，使用成本低，但实时性不佳，现场使用不多见。MODBUS 是施耐德的通信协议，常用于西门子 PLC 与第三方仪表的通信。

（4）以太网通信

西门子的新推出的 S7-200 SMART /1200/1500 PLC 均支持 S7、OUC（包含 TCP、UDP、MODBUS-TCP、TCP_on_ISO 等）、PROFINET IO 等以太网通信，但均不支持 PROFINET CBA 通信，这种通信趋于淘汰。S7-300/400 支持 PROFINET CBA 通信。

4.4.2　典型的西门子工业网络架构

西门子公司是工控行业标志性的知名企业，其工业网络架构在工控行业具有很大影响力，其数字化企业平台网络架构包括 5 层，从上到下分别是企业层（ERP，企业资源计划；PLM，产品生命周期管理）、管理层（MES，制造执行系统）、操作层（操作员系统）、控制层（自动控制系统，如 PLC 等）和现场层（传感器和执行器），网络架构如图 4-10 所示。

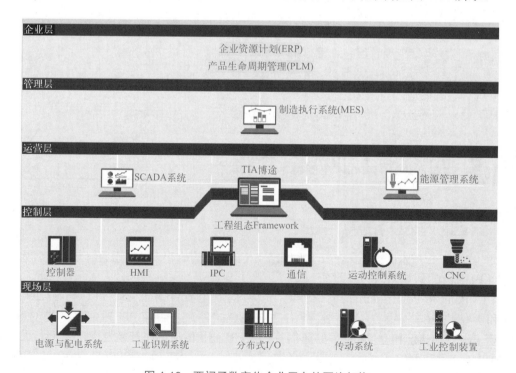

图 4-10　西门子数字化企业平台的网络架构

第5章
PROFIBUS 通信及应用

PROFIBUS 通信是串行通信的杰出代表，在工业控制中极为常见。本章主要介绍了 PROFIBUS 通信的概念、S7-1200/1500 PLC 之间的 PROFIBUS 通信、S7-1200/1500 PLC 与分布式模块的 PROFIBUS 通信和 DCS 与 S7-1200/1500 PLC 的 PROFIBUS 通信。本章是 PLC 学习中的重点和难点内容。

5.1 PROFIBUS 通信概述

5.1.1 PROFIBUS 通信类型和总线终端器

PROFIBUS 是西门子的现场总线通信协议，也是 IEC61158 国际标准中的现场总线标准之一。现场总线 PROFIBUS 满足了生产过程现场级数据可存取性的重要要求，一方面它覆盖了传感器 / 执行器领域的通信要求，另一方面又具有单元级领域所有网络级通信功能。特别在"分散 I/O"领域，由于有大量的、种类齐全的、可连接的现场总线可供选用，因此 PROFIBUS 已成为事实的国际公认的标准。

（1）PROFIBUS 的结构和类型

从用户的角度看，PROFIBUS 提供三种通信协议类型：PROFIBUS-FMS、PROFIBUS-DP 和 PROFIBUS-PA。

① PROFIBUS-FMS（FieldBUS Message Specification，现场总线报文规范），使用了第 1 层、第 2 层和第 7 层。第 7 层（应用层）包含 FMS 和 LLI（底层接口）主要用于系统级和车间级的不同供应商的自动化系统之间传输数据，处理单元级（PLC 和 PC）的多主站数据通信。目前 PROFIBUS-FMS 已经很少使用。S7-1200/1500 中已经不支持它。

② PROFIBUS-DP（Decentralized Periphery，分布式外部设备），使用第 1 层和第 2 层，这种精简的结构特别适合数据的高速传送，PROFIBUS-DP 用于自动化系统中单元级控制设备与分布式 I/O（例如 ET 200）的通信。主站之间的通信为令牌方式（多主站时，确保只有一个起作用），主站与从站之间为主从方式（MS），以及这两种方式的混合。三种通信协议中，PROFIBUS-DP 应用最为广泛，全球有超过 3000 万的 PROFIBUS-DP 节点。

③ PROFIBUS-PA（Process Automation，过程自动化）用于过程自动化的现场传感器和执行器的低速数据传输，使用扩展的 PROFIBUS-DP 协议。

此外，对于西门子系统，PROFIBUS 提供了更为优化的通信方式，即 PROFIBUS-S7 通信。

PROFIBUS-S7（PG/OP 通信）使用了第 1 层、第 2 层和第 7 层，特别适合 S7 PLC 与 HMI 和编程器通信，也可以用于 S7-1500 PLC 之间的通信。

(2) PROFIBUS 总线和总线终端器

① 总线终端器。PROFIBUS 总线符合 EIA RS-485 标准，PROFIBUS RS-485 的传输以半双工、异步、无间隙同步为基础。传输介质可以是光缆或者屏蔽双绞线，电气传输每个 RS-485 网段最多 32 个站点，多于 32 个站点需要使用中继器。在总线的两端为终端电阻。

② 最大电缆长度和传输速率的关系。PROFIBUS DP 段的最大电缆长度和传输速率有关，传输的速率越快，则传输的距离越近，对应关系如图 5-1 所示。一般设置通信波特率不大于 500kbit/s，电气传输距离不大于 400m（不加中继器）。

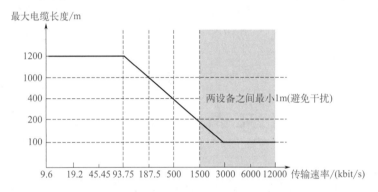

图 5-1   传输距离与通信波特率的对应关系

③ PROFIBUS-DP 电缆。PROFIBUS-DP 电缆是专用的屏蔽双绞线，外层为紫色。PROFIBUS-DP 电缆的结构和功能如图 5-2 所示。外层是紫色绝缘层，编织网防护层主要防止低频干扰，金属箔片层为防止高频干扰，最里面是 2 根信号线，红色为信号正，接总线连接器的第 8 引脚，绿色为信号负，接总线连接器的第 3 引脚。PROFIBUS-DP 电缆的屏蔽层"双端接地"。

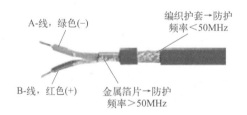

图 5-2   PROFIBUS-DP 电缆的结构和功能

5.1.2   PROFIBUS 总线拓扑结构

(1) PROFIBUS 电气接口网络

① RS-485 中继器的功能   如果通信的距离较远或者 PROFIBUS 的从站大于 32 个时，就要加入 RS-485 中继器。如图 5-1 所示，波特率为 500kbit/s 时，最大的传输距离为 400m。如果传输距离大于 1000m 时，需要加入 2 台 RS-485 中继器以满足长度和传输速率的要求，拓扑结构如图 5-3 所示。

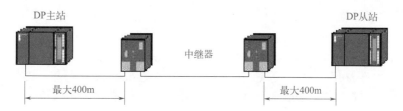

图 5-3　RS-485 中继器进行网络拓展

　　西门子的 RS-485 中继器具有信号放大和再生功能，在一条 PROFIBUS 总线上最多可以安装 9 台 RS-485 中继器。一个 PROFIBUS 网络的一个网段最多 32 个站点，如果一个 PROFIBUS 网络多于 32 个站点就要分成多个网段，如一个 PROFIBUS 网络有 70 个站点，就需要 2 台 RS-485 中继器将网络分成 3 个网段。

　　② 利用 RS-485 中继器的网络拓扑　PROFIBUS 网络可以利用 RS-485 中继器组成"星型"总线结构和"树型"网络总线结构。"星型"总线结构如图 5-4 所示，"树型"网络总线结构如图 5-5 所示。

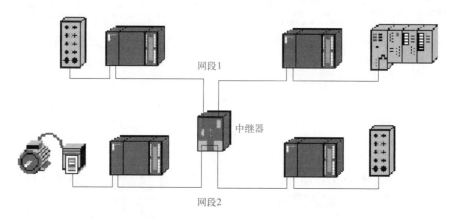

图 5-4　RS-485 中继器星型拓扑结构

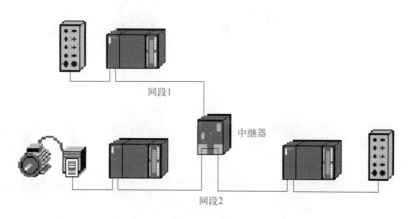

图 5-5　RS-485 中继器树型拓扑结构

（2）PROFIBUS 光纤接口网络

对于长距离数据传输，电气网络往往不能满足要求，而光纤网络可以满足长距离数据传输且保持高的传输速率。此外，光纤网络有较好的抗电磁干扰能力。

利用光纤作为传输介质，把 PLC 接入光纤网络，有三种接入方式。

① 集成在模块上的光纤接口　例如 CP342-5 FO、IM153-2 FO 和 IM467 FO，这些模块末尾都有"FO"标记。这些模块的光纤分为塑料光纤和 PCF 光纤。使用塑料光纤时，两个站点的最大传输距离为 50m。使用 PCF 光纤时，西门子的光纤的长度有 7 个规格，分别是 50m、75m、100m、150m、200m、250m 和 300m。两个站点的最大传输距离为 300m。

② 用 OBT 扩展 PROFIBUS 电气接口　只有电气接头可以通过 OBT（Optical Bus Terminal）连接一个电气接口到光纤网上。这是一种低成本的简易连接方式。但 OBT 只能用于塑料光纤和 PCF 光纤；一个 OBT 只能连接一个 PROFIBUS 站点；只能组成总线网，不能组成环网。因此应用并不多见。

③ 用 OLM 扩展 PROFIBUS 电气接口　如果普通的 PROFIBUS 站点设备没有光纤接头，只有电气接头可以通过 OLM（Optical Link Module）连接一个电气接口到光纤网上。OLM 光连模块的功能是进行光信号和电信号的相互转换，这种连接方式最为常见。OLM 光连模块根据连接介质分为如下几种：OLM/P11（连接塑料光纤）、OLM/P12（连接 PCF 光纤）、OLM/G11（连接玻璃光纤，一个电气接口，一个光接口）和 OLM/G12（连接玻璃光纤，一个电气接口，两个光接口）。OLM 光连模块外形如图 5-6 所示。

图 5-6　OLM

光连模块外形

利用 OLM 进行网络拓扑可分为三种方式：总线结构、星型结构和冗余环网。总线拓扑结构如图 5-7 所示，OLM 上面的是电气接口，下面的是光纤接口。注意，在同一个网络中，OLM 模块的类型和光纤类型必须相同，不能混用。

总线拓扑结构简单，但如果一个 OLM 模块损坏或者光纤损坏，将造成整个网络不能正常工作，这是总线拓扑结构的缺点。

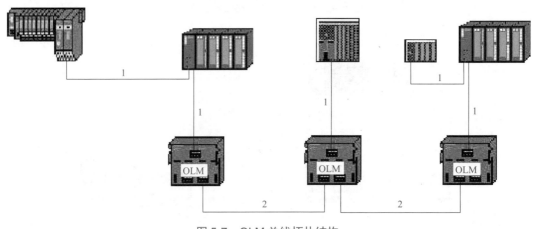

图 5-7　OLM 总线拓扑结构

1—RS-485 总线；2—光纤

环型网络拓扑结构如图 5-8 所示，只是将图 5-7 所示的首尾相连，就变成冗余环型网络结构，其可靠性大为提高，在工程中应用较多。

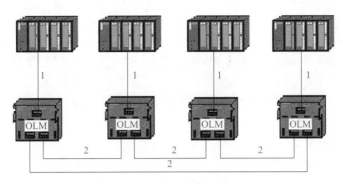

图 5-8　OLM 环型拓扑结构
1—RS-485 总线；2—光纤

星型网络拓扑结构如图 5-9 所示，其可靠性较高，但需要的投入相对较大。

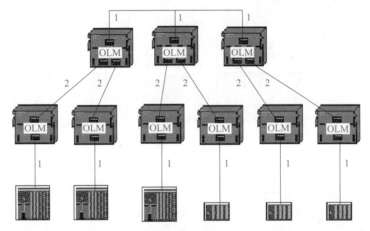

图 5-9　OLM 星型拓扑结构
1—RS-485 总线；2—光纤

5.2　PROFIBUS 通信的应用

5.2.1　S7-1200/1500 PLC 与分布式模块 ET200MP 的 PROFIBUS-DP 通信

S7-1200/1500 PLC 与分布式模块 ET200MP 的 PROFIBUS-DP 通信，主站有三种方案：一是主站采用带 PROFIBUS-DP 接口的 CPU，如 CPU1516-3PN/DP；二是主站采用 S7-1500 的 CPU 模块和通信模块 CP1542-5（或者 CM1542-5）；三是主站采用 S7-1200 的 CPU 模块和主站通信模块 CM1243-5。

S7-1500 PLC 与 ET200MP 的 PROFIBUS-DP 通信

以下的例题用 CPU1516-3PN/DP 作为主站，分布式模块作为从站，通过 PROFIBUS 现场总线，建立与这些模块（如 ET200MP、ET200SP、EM200M 和 EM200B 等）的通信是非常方便的，这样的解决方案多用于分布式控制系统。

老向讲工控

西门子PLC编程与通信综合应用 —— PLC与机器人、视觉、RFID、仪表、变频器系统集成

这种 PROFIBUS 通信，在工程中最容易实现，同时应用也很广泛。

【例 5-1】有一台设备，控制系统由 CPU1516-3PN/DP、IM155-5DP、SM521 和 SM522 组成，编写程序实现由主站 CPU1516-3PN/DP 发出一个启停信号控制从站一个中间继电器的通断。

【解】将 CPU1516-3PN/DP 作为主站，将分布式模块作为从站。

（1）主要软硬件配置

① 1 套 TIA Portal V17。

② 1 台 CPU1516-3PN/DP。

③ 1 台 IM155-5DP。

④ 1 块 SM522 和 SM521。

⑤ 1 根 PROFIBUS 网络电缆（含 2 个网络总线连接器）。

⑥ 1 根以太网网线。

PLC 和远程模块电气原理如图 5-10 所示。

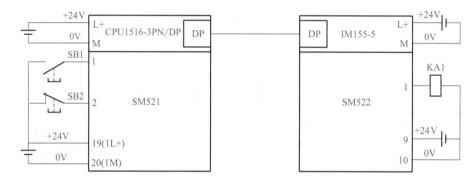

图 5-10　PROFIBUS 现场总线通信——PLC 和远程模块电气原理图

（2）硬件组态

本例的硬件组态采用离线组态方法，也可以采用在线组态方法。

① 新建项目。先打开 TIA Portal V17 软件，再新建项目，本例命名为"ET200MP"，接着单击"项目视图"按钮，切换到项目视图，如图 5-11 所示。

图 5-11　新建项目

② 主站硬件配置。如图 5-11 所示，在 TIA Portal 软件项目视图的项目树中，双击"添加新设备"按钮，先添加 CPU 模块"CPU1516-3PN/DP"，配置 CPU 后，再把"硬件目录"→"DI"→"DI 16×24VDC BA"→"6ES7 521-1BH10-0AA0"模块拖拽到 CPU 模块右侧的 2 号槽位中，如图 5-12 所示。

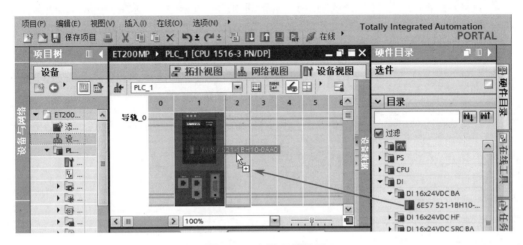

图 5-12　主站硬件配置

③ 配置主站 PROFIBUS-DP 参数。先选中"设备视图"选项卡，再选中 DP 接口（标号①处），选中"属性"（标号②处）选项卡，再选中"PROFIBUS 地址"（标号③处）选项，再单击"添加新子网"（标号④处），弹出 PROFIBUS 地址参数，如图 5-13 所示，保存主站的硬件和网络配置。

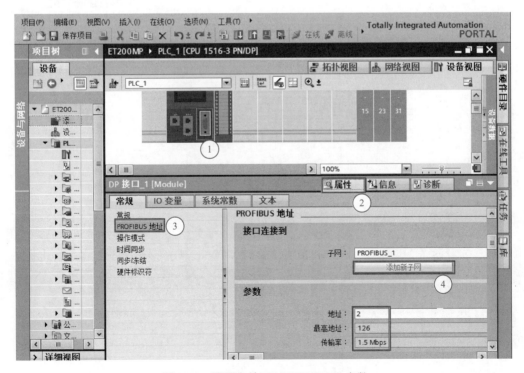

图 5-13　配置主站 PROFIBUS-DP 参数

④ 插入 IM155-5 DP 模块。在 TIA Portal 软件项目视图的项目树中，先选中"网络视图"选项卡，再将"硬件目录"→"分布式 I/O"→"ET200MP"→"接口模块"→"PROFIBUS"→"IM 155-5 DP ST"→"6ES7 155-5BA00-0AB0"模块拖拽到如图 5-14 所示的空白处。

⑤ 插入数字量输出模块。先选中 IM155-5 DP 模块，再选中"设备视图"选项卡，再把"硬件目录"→"DQ"→"DQ 16×24VDC/0.5A BA"→"6ES7 522-1BH10-0AA0"模块拖拽到 IM155-5 DP 模块右侧的 3 号槽位中，如图 5-15 所示。

图 5-14　插入 IM155-5 DP 模块

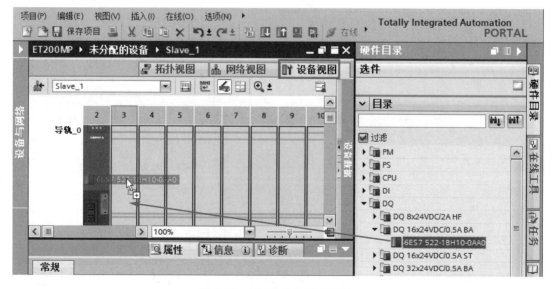

图 5-15　插入数字量输出模块

⑥ PROFIBUS 网络配置。先选中"网络视图"选项卡，再选中主站的紫色 PROFIBUS 线，用鼠标按住不放，一直拖拽到 IM155-5 DP 模块的 PROFIBUS 接口处松开，如图 5-16 所示。

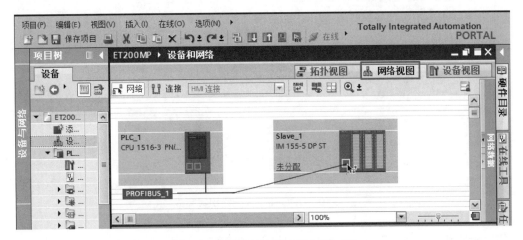

图 5-16　配置 PROFIBUS 网络（1）

如图 5-17 所示，选中 IM155-5 DP 模块，单击鼠标右键，弹出快捷菜单，单击"分配到新主站"命令，再选中"PLC_1.DP 接口 _1"，单击"确定"按钮，如图 5-18 所示。PROFIBUS 网络配置完成，如图 5-19 所示。

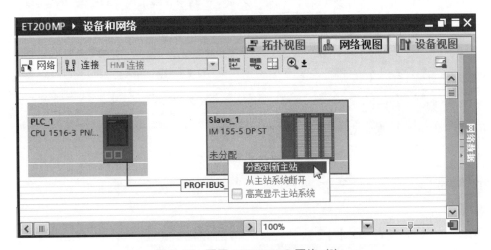

图 5-17　配置 PROFIBUS 网络（2）

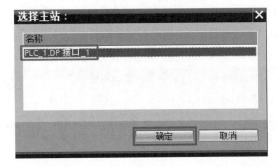

图 5-18　配置 PROFIBUS 网络（3）

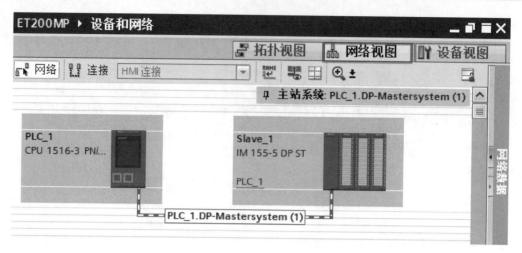

图 5-19　PROFIBUS 网络配置完成

（3）编写程序

如图 5-20 所示，在项目视图中查看数字量输入模块的地址（IB0 和 IB1），这个地址必须与程序中的地址匹配，用同样的方法查看输出模块的地址（QB0 和 QB1）。只需要对主站编写程序，主站的梯形图程序如图 5-21 所示。

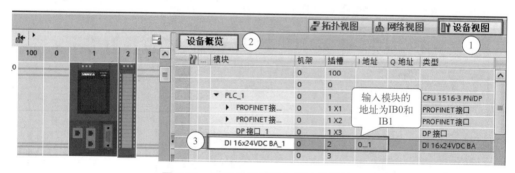

图 5-20　查看数字量输入模块的地址

▼ 程序段 1：……

图 5-21　例 5-1 主站的梯形图

5.2.2　S7-1200/1500 PLC 与 S7-1200/1500 PLC 间的 PROFIBUS-DP 通信

PROFIBUS-DP 通信是典型的主从通信（简称 MS），也是实时通信。

当 S7-1500 PLC 作主站时，一般采用两种方案：一是主站采用带 PROFIBUS-DP 接口的 CPU，如 CPU1516-3PN/DP；二是主站采用 S7-1500 的 CPU 模块和通信模块 CP1542-5（或者 CM1542-5）。当 S7-1500 PLC 作从站时，只能采用一种方案，即采用 S7-1500 的 CPU 模块和通信模块 CP1542-5（或者 CM1542-5）。带 PROFIBUS-DP 接口的 CPU（如 CPU1516-3PN/DP）不能作从站。

当 S7-1200 PLC 作主站时，只能采用一种方案，即采用 S7-1200 的 CPU 模块和主站通信模块 CM1243-5。当 S7-1200 PLC 作从站时，只能采用一种方案，即采用 S7-1200 的 CPU 模块和从站通信模块 CM1242-5。

有的 S7-1500 PLC 的 CPU 自带有 DP 通信口（如 CPU 1516-3PN/DP），由于西门子公司主推 PROFINET 通信，目前很多 S7-1500 CPU 并没有自带 DP 通信口，没有自带 DP 通信口的 CPU 可以通过通信模块 CM1542-5 或者 CP1542-5 扩展通信口。以下仅以 1 台 CPU1511T-1PN 和 CPU1211C 之间 PROFIBUS 通信为例介绍 S7-1500 PLC 与 S7-1200 PLC 间的 PROFIBUS 现场总线通信。

【例 5-2】有两台设备，分别由 CPU1511T-1PN 和 CPU1211C 控制，要求实时从设备 1 上的 CPU1511T-1PN 的 MB10 发出 1 个字节到设备 2 的 CPU1211C 的 MB10，从设备 2 上的 CPU1211C 的 MB20 发出 1 个字节到设备 1 的 CPU1511T-1PN 的 MB20，要求实现此任务。

【解】（1）主要软硬件配置

① 1 套 TIA Portal V17。

② 1 台 CPU1511T-1PN 和 CPU1211C。

③ 1 台 CP1542-5。

④ 1 根 PROFIBUS 网络电缆（含 2 个网络总线连接器）。

⑤ 1 根以太网网线。

PROFIBUS 现场总线硬件配置如图 5-22 所示。

图 5-22　PROFIBUS 现场总线硬件配置

（2）硬件组态

本例的硬件组态采用离线组态方法，也可以采用在线组态方法。

① 新建项目。先打开 TIA Portal V17，再新建项目，本例命名为"DP_Slave"，接着单击"项目视图"按钮，切换到项目视图，如图 5-23 所示。

② 从站硬件配置。如图 5-23 所示，在 TIA Portal 软件项目视图的项目树中，双击"添加新设备"按钮，先添加 CPU 模块"CPU1211C"，配置 CPU 后，再把"硬件目录"中"CM1242-5"（6GK7 242-5DX30-0XE0）模块拖拽到 CPU 模块左侧的 101 号槽位中，如图 5-24 所示。

③ 配置从站 PROFIBUS-DP 参数。先选中"设备视图"选项卡（标号①处），再选中 CM1242-5 模块紫色的 DP 接口（标号②处），选中"属性"（标号③处）选项卡，再选中

"PROFIBUS 地址"（标号⑤处）选项，再单击"添加新子网"（标号⑥处），弹出 PROFIBUS 地址参数（标号⑦处），将从站的站地址修改为 3，如图 5-25 所示。

图 5-23　新建项目 1

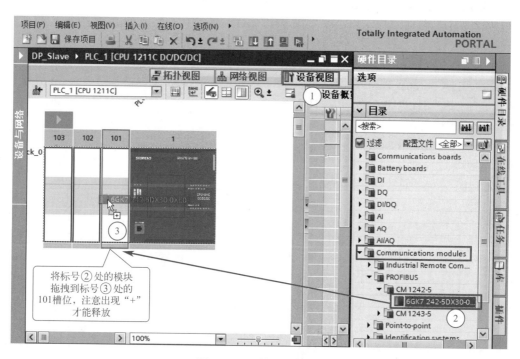

图 5-24　从站硬件配置

　　④ 配置从站通信数据接口。选中"设备视图"选项卡，再选中"属性"→"操作模式"→"智能从站通信"，单击"新增"按钮 2 次，产生"传输区_1"和"传输区_2"，如图 5-26 所示。图中的箭头"→"表示数据的传输方向，单击箭头可以改变数据传输方向。图中的"I100"表示从站接收一个字节的数据到"IB100"中，图中的"Q100"表示从站从"QB100"中发送一个字节的数据到主站。编译保存从站的配置信息。

　　⑤ 再新建项目。先打开 TIA Portal V17，再新建项目，本例命名为"DP_MASTER"，接着单击"项目视图"按钮，切换到项目视图，如图 5-27 所示。

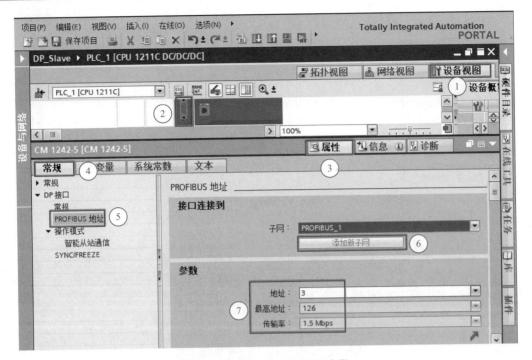

图 5-25　配置 PROFIBUS 参数

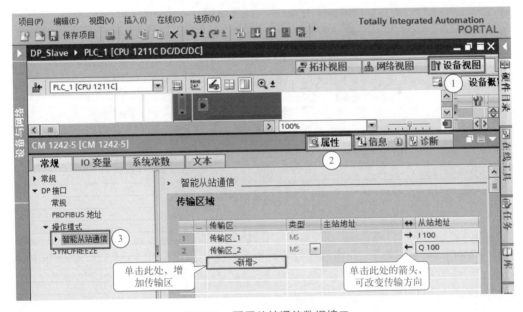

图 5-26　配置从站通信数据接口

⑥ 主站硬件配置。如图 5-27 所示，在 TIA Portal 软件项目视图的项目树中，双击"添加新设备"按钮，先添加 CPU 模块"CPU1511T-1PN"，再添加 CP 1542-5 模块，如图 5-28 所示。

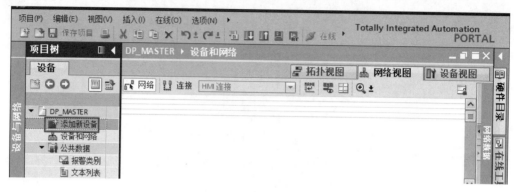

图 5-27　新建项目 2

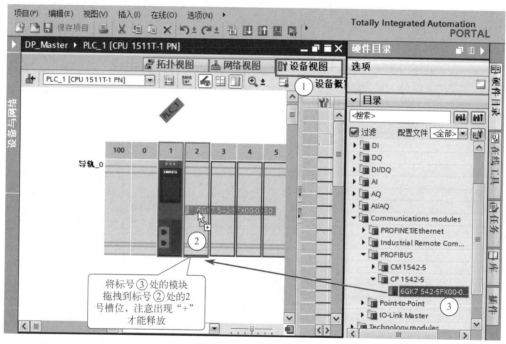

图 5-28　主站硬件配置

⑦ 配置主站 PROFIBUS-DP 参数。先选中"网络视图"选项卡，再把"硬件目录"→"Other field devices"（其他现场设备）→"PROFIBUS DP"→"I/O"→"SIEMENS AG"→"S7-1200"→"CM1242-5"→"6GK7 242-5DX30-0XE0"模块拖拽到空白处（标记③处），如图 5-29 所示。

如图 5-30 所示，选中主站的 DP 接口（紫色，标记②处），用鼠标按住不放，拖拽到从站的 DP 接口（紫色，标记③处），松开鼠标，如图 5-31 所示，注意从站上要显示"CP1542-5_1"标记，否则需要重新分配主站。

⑧ 配置主站数据通信接口。双击从站，进入"设备视图"，在"设备预览"中插入数据通信区，本例是插入一个字节输入和一个字节输出，如图 5-32 所示，只要对应将目录中的"1 Byte Output"和"1 Byte Input"拖拽到指定的位置即可，如图 5-33 所示，主站数据通信区配置完成。

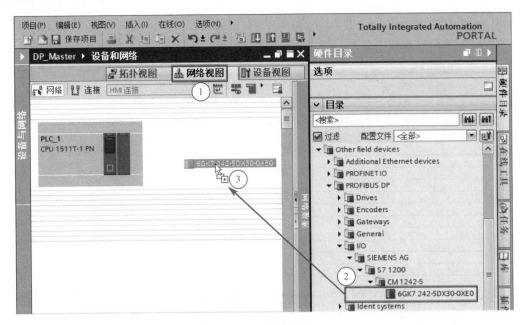

图 5-29　插入从站

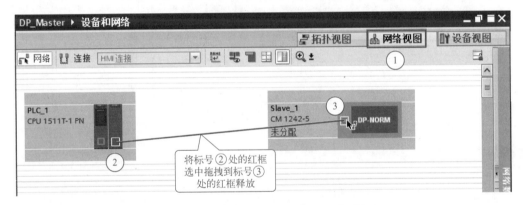

图 5-30　配置主站 PROFIBUS 网络（1）

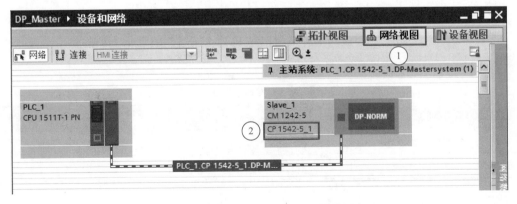

图 5-31　配置主站 PROFIBUS 网络（2）

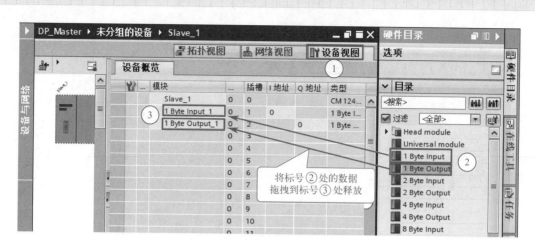

图 5-32　配置主站数据通信接口（1）

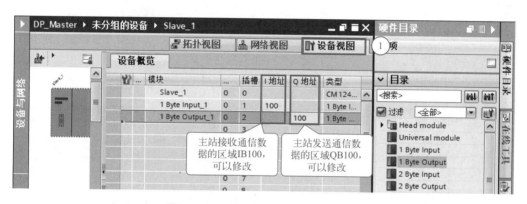

图 5-33　配置主站数据通信接口（2）

关键点

　　在进行硬件组态时，主站和从站的波特率要相等，主站和从站的地址不能相同，本例的主站地址为 2，从站的地址为 3。一般是：先对从站组态，再对主站进行组态。

　　（3）编写主站程序

　　S7-1500 PLC 与 S7-1200 PLC 间的现场总线通信的程序编写有很多种方法，本例是最为简单的一种方法。从前述的配置，很容易看出主站 2 和从站 3 的数据交换的对应关系，也可参见表 5-1。

表 5-1　主站和从站的发送接收数据区对应关系

主站 S7-1500 PLC	对应关系	从站 S7-1200 PLC
QB100	→	IB100
IB100	←	QB100

　　主站的程序如图 5-34 所示。

程序段 1： 主站的QB100发送到从站的IB100

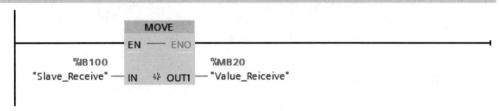

程序段 2： 主站的IB100接收来自从站的QB100的数据，保存到MB20中

图 5-34 例 5-2 主站程序

（4）编写从站程序

从站程序如图 5-35 所示。

程序段 1： 从站IB100 接收来自主站的QB100数据，保存在MB10中

程序段 2： 从站把QB100中的数据发送到主站的IB100

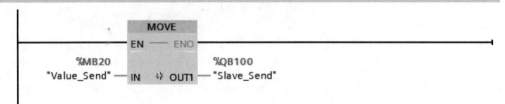

图 5-35 例 5-2 从站程序

说明

如本例由一人完成时，可以在一个项目中建立通信，会更加简单。当一个系统由两个公司或者不同人分别完成时，就要在不同的项目中创建通信，这种方案在工程中还是比较常用的。

5.2.3 DCS与S7-1200/1500 PLC的PROFIBUS-DP通信

DCS（Distributed Control System，分布式控制系统）在过程控制中十分常用，如电厂、化工厂、石油炼制厂等。一般而言，这些工厂的主要设备通常由DCS控制，而部分设备由PLC控制，中控室的DCS一般需要对PLC进行监控。以下用一个例子介绍DCS与S7-1200/1500 PLC的PROFIBUS-DP通信。

【例5-3】在某垃圾焚烧厂，中控室的DCS采用PROFIBUS-DP通信，监控一台CPU1211C，监视和控制字长都为10个字节，要求实现此任务。

【解】（1）主要软硬件配置

① 1套TIA Portal V17。

② 1台CPU1211C。

③ 1台CM1242-5。

④ 1根PROFIBUS网络电缆（含2个网络总线连接器）。

⑤ 1根以太网网线。

（2）硬件组态

本例的硬件组态采用在线组态方法，也可以采用离线组态方法。

① 新建项目。先打开TIA Portal V17，再新建项目，本例命名为"DCS"，接着单击"项目视图"按钮，切换到项目视图，如图5-36所示。

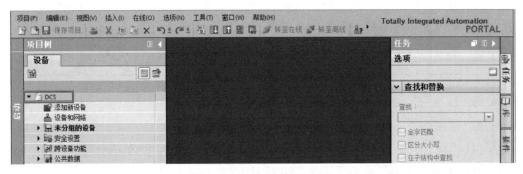

图5-36　新建项目

② 从站硬件配置。如图5-36所示，在TIA Portal软件项目视图的项目树中，双击"添加新设备"按钮。在"添加新设备"中，展开"CPU"，再选择"6ES7 2XX-XXXXX-XXXX"，单击"确定"，如图5-37所示。在弹出的界面中，单击"获取"按钮，弹出如图5-38所示的界面。

按照图5-38设置"PG/PC接口"，再单击"开始搜索"按钮，选中搜索到的设备，本例为"plc_1"，单击"检测"按钮，所有的模块都自动检测到"PG/PC"中。

③ 添加新子网。如图5-39所示，选择"CM1242-5模块"→"属性"→"PROFIBUS地址"，单击"添加新子网"按钮，添加新的PROFIBUS子网。

④ 创建输入/输出通信数据传输区。如图5-40所示，选中"智能从站通信"→单击"新增"按钮两次，创建两个传输区→单击标记③处的方向箭头，改变传输方向→修改标记④处，把传输数据的长度改为10。输入/输出通信数据传输区创建完成，结果是CPU1211C的QB1～QB10区间的10个字节循环送到DCS，而DCS把控制信号传输到CPU1211C的IB1～IB10区间。

图 5-37　添加新设备

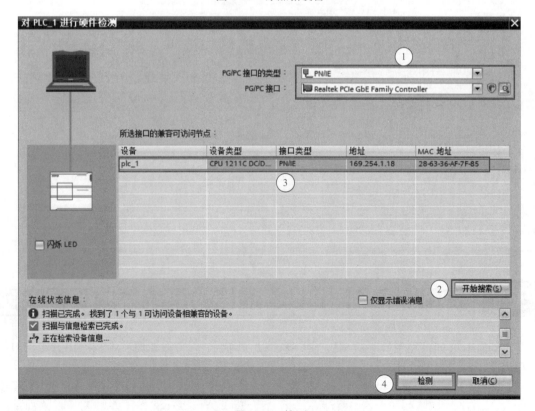

图 5-38　检测

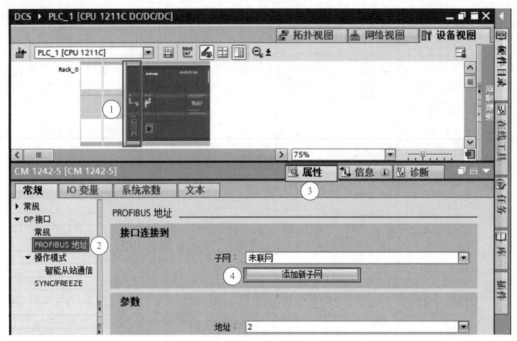

图 5-39　添加新子网

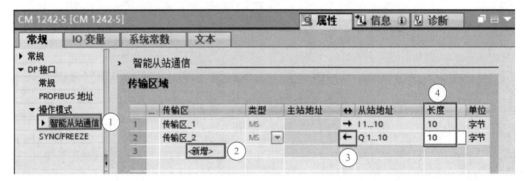

图 5-40　创建输入 / 输出通信数据传输区

> **说明**
>
> DCS 与 S7-1200/1500 PLC 的 PROFIBUS-DP 通信，如 DCS 作主站，则 PLC 侧作从站，可以不编写程序，只要正确地组态即可，十分简便，工程中比较常用。

5.3　使用 PROFIBUS 通信的系统集成工程实例

PROFIBUS 通信在工程中应用极为广泛，以下用一个例子介绍典型工程应用方案，但不编写程序。

【例 5-4】某钛冶炼厂的水处理控制系统，中控室需要监控现场参数，现场有 32 个模拟量输入，10 个模拟量输出，数字输入点 381 个，数字输出点 388 个，变频器 5 台，现场的设备较分散，要求使用 S7-300/400 PLC。请完成控制系统方案设计。

【解】分析题目：现场有 32 个模拟量输入，10 个模拟量输出，数字输入点 381 个，数字输出点 388 个，业主要求使用 S7-300/400 PLC，现场的设备较分散。

显然本例是一个典型的中等控制规模的分布式控制系统，采用 S7-300 PLC 即可。中控室需要对现场进行监控，通常上位机使用 WinCC 软件，上位机与 S7-300 PLC 采用以太网通信。S7-300 PLC 与现场的分布式模块和变频器采用 PROFIBUS-DP 通信。

设计控制系统的网络拓扑图如图 5-41 所示，这种两层网络（以太网 +PROFIBUS-DP）拓扑结构，在工控现场被广泛采用，非常典型。

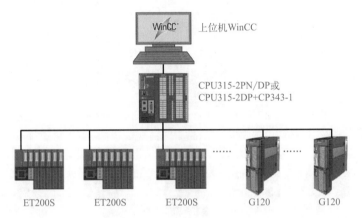

图 5-41　拓扑图（1）

【应用拓展 1】图 5-41 是典型的两层网络结构，应用广泛。在自动化工厂，如现场有较多的传感器和执行器，用 ASI（Actuator-Sensor-Interface，执行器 - 传感器接口）现场总线网络将传感器和执行器连接起来，大大减少接线工作（ASI 总线特点：只有两根通信线、总线供电），非常方便，但从 ASI 现场总线网络把数据传送到 PROFIBUS-DP 网络需要用到 DP/ASI 网关，系统的拓扑图如图 5-42 所示，这种三层网络（以太网 +PROFIBUS-DP+ASI）拓扑结构，在工控现场采用较多，非常典型。

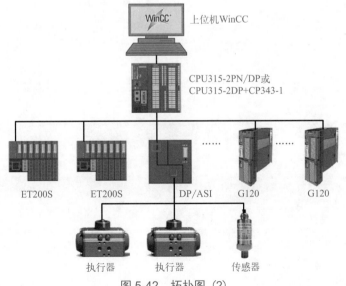

图 5-42　拓扑图（2）

【应用拓展2】图 5-41 是典型的两层网络结构，应用广泛。在过程控制类工厂（如石油、化工厂等），如现场有较多的传感器和执行器，用 PROFIBUS-PA 现场总线网络将传感器和执行器连接起来，PROFIBUS-PA 可总线供电，大大减少接线工作，非常方便，但从 PROFIBUS-PA 现场总线网络把数据传送到 PROFIBUS-DP 网络需要用到 DP/PA 网关，系统的拓扑图如图 5-43 所示，这种三层网络（以太网 +PROFIBUS-DP+PROFIBUS-PA）拓扑结构，在过程控制类工厂采用较多。

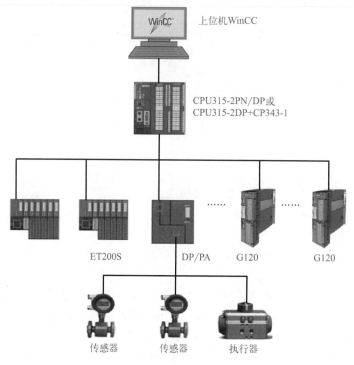

图 5-43　拓扑图（3）

第6章
Modbus 通信及应用

Modbus-RTU 通信在我国很常用，国产仪表和小型 PLC 通常支持此协议。Modbus-RTU 通信的典型应用如西门子 PLC 与第三方的仪表通信。

6.1 Modbus 总线介绍

（1）Modbus 通信协议

Modbus 是 MODICON 公司（莫迪康，后来被施耐德收购）于 1979 年开发的一种通信协议，是一种工业现场总线协议标准。1996 年施耐德公司推出了基于以太网 TCP/IP 的 Modbus 协议，即 Modbus-TCP。

Modbus 协议是一项应用层报文传输协议，包括 Modbus-ASCII、Modbus-RTU、Modbus-TCP 三种报文类型，协议本身并没有定义物理层，只是定义了控制器能够认识和使用的消息结构，而不管它们是经过何种网络进行通信的。

标准的 Modbus 协议物理层接口有 RS-232、RS-422、RS-485 和以太网口。采用 Master/Slave（主 / 从）方式通信。

Modbus 在 2004 年成为我国国家标准。

Modbus-RTU 协议的帧规格如图 6-1 所示。

地址字段	功能代码	数据	出错检查 （CRC）
1个字节	1个字节	0～252个字节	2个字节

图 6-1　Modbus-RTU 协议的帧规格

（2）S7-200 SMART/1200/1500 PLC 支持的协议

① S7-200 SMART/1200/1500 CPU 模块的 PN/IE 接口（以太网口）支持用户开放通信（含 Modbus-TCP、TCP、UDP、ISO、ISO_on_TCP 等）、PROFINET 和 S7 通信协议等。

② S7-200 SMART CPU 模块的串口，支持 PPI、Modbus-RTU、自由口通信和 USS 通信协议等。

③ CM PtP RS-422/485 HF 模块（S7-1500 PLC 的模块）的串口支持 Modbus-RTU、自由口通信和 USS 通信协议等。

④ CM1241 模块（S7-1200 PLC 的模块）的串口如图 6-2 所示，支持 Modbus-RTU、自由口通信和 USS 通信协议等。

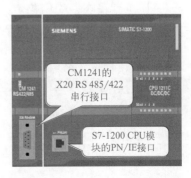

图 6-2　S7-1200 PLC 的通信接口

Modbus-ASCII、Modbus-RTU、Modbus-TCP 三种报文类型中，Modbus-ASCII 应用不多，因此本章不介绍；Modbus-RTU 应用广泛，本章重点介绍；Modbus-TCP 是以太网通信，应用广泛，在后续章节介绍。

6.2 Modbus-RTU 总线应用

Modbus-RTU 通信在工程实践中很常用，国产的小型 PLC 的串口一般都支持 Modbus-RTU 通信，常见的仪表也支持 Modbus-RTU 通信，以下用两个例子进行介绍。

6.2.1 S7-200 SMART PLC 与绝对值编码器的 Modbus-RTU 通信

【例 6-1】某设备的主站为 S7-200 SMART PLC，从站为绝对值编码器，其分辨率是 4096，32 圈，要求实时显示主站接收来自编码器的位置数据（角度或者圈数）。

【解】（1）主要软硬件配置

① 1 套 STEP 7-Micro/WIN SMART V2.6。

② 1 台绝对值编码器（兼容 Modbus-RTU 通信）。

③ 1 台 CPU ST40。

④ 1 根以太网电缆。

⑤ 1 根 PROFIBUS 网络电缆（含 1 个网络总线连接器）。

Modbus 现场总线硬件配置如图 6-3 所示。

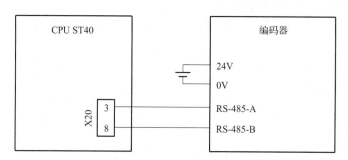

图 6-3　Modbus 现场总线硬件配置

（2）相关指令介绍

① 主站指令　初始化主站指令 MBUS_CTRL 用于 S7-200 SMART PLC 端口 0（或用于端口 1 的 MBUS_CTRL_P1 指令），可初始化、监视或禁用 Modbus 通信。在使用 MBUS_MSG 指令之前，必须正确执行 MBUS_CTRL 指令，指令执行完成后，立即设定"完成"位，才能继续执行下一条指令。其各输入 / 输出参数见表 6-1。

MBUS_MSG 指令（或用于端口 1 的 MBUS_MSG_P1）用于启动对 Modbus 从站的请求，并处理应答。当 EN 输入和"首次"输入打开时，MBUS_MSG 指令启动对 Modbus 从站的请求。发送请求、等待应答并处理应答。EN 输入必须打开，以启用请求的发送，并保持打开，直到"完成"位被置位。此指令在一个程序中可以执行多次。其各输入 / 输出参数见表 6-2。

表 6-1　MBUS_CTRL 指令的参数

子程序	输入 / 输出	说明	数据类型
MBUS_CTRL EN Mode Baud　Done Parity　Error Port Timeout	EN	使能	BOOL
	Mode	为 1 将 CPU 端口分配给 Modbus 协议并启用该协议，为 0 将 CPU 端口分配给 PPI 协议，并禁用 Modbus 协议	BOOL
	Baud	将波特率设为 1200bps、2400bps、4800bps、9600bps、19200bps、38400bps、57600bps 或 115200bps	DWORD
	Parity	0—无奇偶校验；1—奇校验；2—偶校验	BYTE
	Port	端口：使用 PLC 集成端口为 0，使用通信板时为 1	BYTE
	Timeout	等待来自从站应答的毫秒时间数	WORD
	Error	出错时返回错误代码	BYTE

表 6-2　MBUS_MSG 指令的参数

子程序	输入 / 输出	说明	数据类型
MBUS_MSG EN First Slave　Done RW　Error Addr Count DataPtr	EN	使能	BOOL
	First	"首次"参数应该在有新请求要发送时才打开，进行一次扫描。"首次"输入应当通过一个边沿检测元素（例如上升沿）打开，这将保证请求被传送一次	BOOL
	Slave	"从站"参数是 Modbus 从站的地址，允许的范围是 0 ～ 247	BYTE
	RW	0—读；1—写	BYTE
	Addr	"地址"参数是 Modbus 的起始地址	DWORD
	Count	"计数"参数，读取或写入的数据元素的数目	INT
	DataPtr	S7-200 SMART PLC 的 V 存储器中与读取或写入请求相关数据的间接地址指针	DWORD
	Error	出错时返回错误代码	BYTE

关键点

　　指令 MBUS_CTRL 的 EN 要接通，在程序中只能调用一次，MBUS_MSG 指令可以在程序中多次调用，要特别注意区分 Addr、DataPtr 和 Slave 三个参数。

　　② 从站指令　MBUS_INIT 指令用于启用、初始化从站或禁止 Modbus 通信。在使用 MBUS_SLAVE 指令之前，必须正确执行 MBUS_INIT 指令。指令完成后立即设定"完成"位，才能继续执行下一条指令。其各输入 / 输出参数见表 6-3。

表 6-3 MBUS_INIT 指令的参数

子程序	输入 / 输出	说明	数据类型
	EN	使能	BOOL
	Mode	为 1 将 CPU 端口分配给 Modbus 协议并启用该协议，为 0 将 CPU 端口分配给 PPI 协议，并禁用 Modbus 协议	BYTE
	Baud	将波特率设为 1200、2400、4800、9600、19200、38400、57600 或 115200	DWORD
	Parity	0—无奇偶校验；1—奇校验；2—偶校验	BYTE
	Addr	"地址"参数是 Modbus 的起始地址	BYTE
	Port	端口：使用 PLC 集成端口为 0，使用通信板时为 1	BYTE
	Delay	"延时"参数，通过将指定的毫秒数增加至标准 Modbus 信息超时的方法，延长标准 Modbus 信息结束超时条件	WORD
	MaxIQ	参数将 Modbus 地址 0xxxx 和 1xxxx 使用的 I 和 Q 点数设为 0 ~ 128 之间的数值	WORD
	MaxAI	参数将 Modbus 地址 3xxxx 使用的字输入（AI）寄存器数目设为 0 ~ 32 之间的数值	WORD
	MaxHold	参数设定 Modbus 地址 4xxxx 使用的 V 存储器中的字保持寄存器数目	WORD
	HoldStart	V 存储器中保持寄存器的起始地址	DWORD
	Error	出错时返回错误代码	BYTE

MBUS_INIT 子程序框图：
EN
Mode Done
Addr Error
Baud
Parity
Port
Delay
MaxIQ
MaxAI
MaxHold
Holdst~

关键点

　　MBUS_INIT 指令只在首次扫描时执行一次，MBUS_SLAVE 指令无输入参数。

　　在 Modbus 通信的指令中需要用到 DATA_ADDR 地址和功能码，其功能对应的功能码及地址见表 6-4。

表 6-4 Modbus 通信对应的功能码及地址

MODE	DATA_ADDR	Modbus 功能	功能和数据类型
0	起始地址：1 ~ 9999	01	读取输出位
0	起始地址：10001 ~ 19999	02	读取输入位
0	起始地址：40001 ~ 49999 400001 ~ 465535	03	读取保持存储器
0	起始地址：30001 ~ 39999	04	读取输入字
1	起始地址：1 ~ 9999	05	写入输出位

续表

MODE	DATA_ADDR	Modbus 功能	功能和数据类型
1	起始地址: 40001 ～ 49999 400001 ～ 465535	06	写入保持存储器
1	起始地址: 1 ～ 9999	15	写入多个输出位
1	起始地址: 40001 ～ 49999 400001 ～ 465535	16	写入多个保持存储器
2	起始地址: 1 ～ 9999	15	写入一个或多个输出位
2	起始地址: 40001 ～ 49999 400001 ～ 465535	16	写入一个或多个保持存储器

（3）编写程序

主站和从站的梯形图程序如图 6-4 所示。Modbus 的地址 40001 中对应的就是编码器的位置数据，这个数值在编码器的说明书中查询。

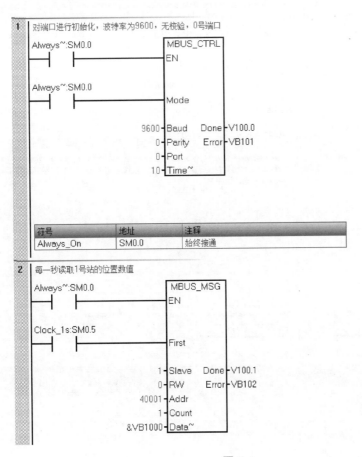

图 6-4

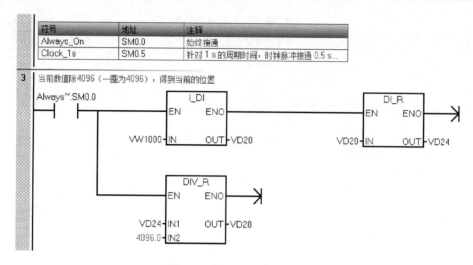

图 6-4　例 6-1 主站梯形图

关键点

使用 Modbus 指令库（USS 指令库也一样），都要对库存储器的空间进行分配，这样可避免库存储器用了的 V 存储器让用户再次使用，以免出错。方法是选中"库"，单击鼠标右键弹出快捷菜单，单击"库存储器"，如图 6-5 所示，弹出如图 6-6 所示的界面，单击"建议地址"，再单击"确定"按钮。图中的地址 VB570 ~ VB853 被 Modbus 通信占用，编写程序时不能使用。

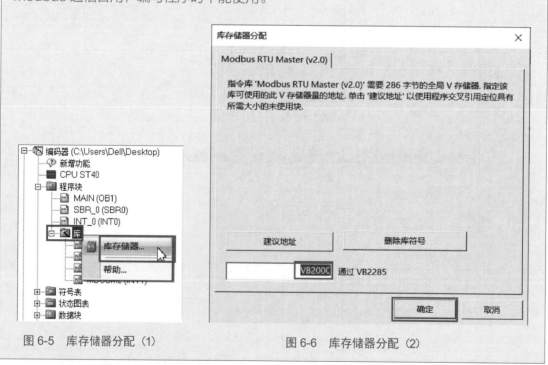

图 6-5　库存储器分配（1）　　　　图 6-6　库存储器分配（2）

（4）编码器的通信参数设置

通常与 PLC 进行 Modbus-RTU 通信的仪表，其 Modbus-RTU 地址、波特率、数据位数和奇偶校验要与 PLC 侧保持一致，否则不能进行通信。通常要对仪表进行设置。有的仪表有键盘和显示器，直接在仪表上设置即可，否则就需要借助软件进行设置。

有的厂家提供了专用的调试工具，而有的厂商没有提供，那么读者可以采用第三方的串口调试工具（软件）进行设置。使用串口调试工具通常需要一个 USB 转 RS-485 的转换器，这类转换接头市面上有很多。本例使用的编码器有专用的调试工具，计算机、USB 转 RS-485 的转换器和编码器的连接如图 6-7 所示。

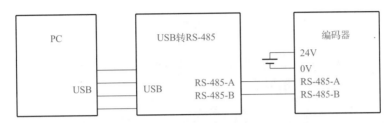

图 6-7　计算机、USB 转 RS-485 的转换器和编码器的连接

运行编码器的设置软件（一般厂家提供免费下载），如图 6-8 所示，单击"串口检测"按钮，检测到虚拟串口，单击"打开串口"按钮（图中串口已经打开，所以变成"关闭串口"按钮），单击"搜索编码器"按钮，找到编码器后，显示编码器的地址（标记④处显示地址为 2）、波特率等信息。如果要修改编码器的地址，只要把要修改的地址编号输入地址 ID 后面的方框，然后单击"设定站号"即可。

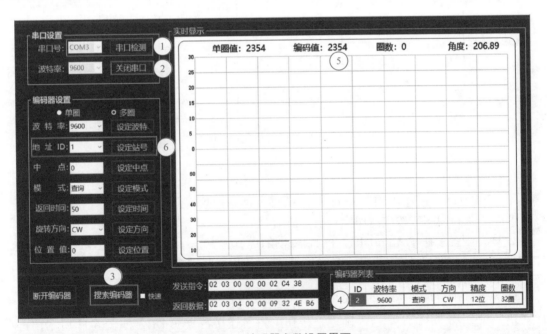

图 6-8　编码器参数设置界面

6.2.2　S7-1200/1500 PLC 与远程分布式模块的 Modbus-RTU 通信

Modbus-RTU 通信的优势在于其有广泛设备支持此协议，协议比较简洁，而且该协议完

全开放和免费使用，因此在一些实时性要求不高的场合应用比较常见。以下将介绍 S7-1200 PLC（S7-1500 PLC 的 Modbus-RTU 通信仅仅是模块选用和组态与 S7-1200 PLC 的 Modbus-RTU 通信稍有区别）与远程分布式模块的 Modbus-RTU 通信。

【例 6-2】要求用 S7-1200 PLC 和远程分布式模块，采用 Modbus-RTU 通信，用串行通信模块采集远程分布式模块上位移的实时值。位移传感器的测量范围是 10 ～ 100mm，模拟信号范围 0 ～ 10V。

【解】（1）软硬件配置

① 1 台 CPU 1211C 和 1 台 CM1241（RS-485/422 端口）。

② 1 个位移传感器。

③ 1 台 Modbus-4AI（配 RS-485 端口，支持 Modbus-RTU 协议）。

④ 1 根带 PROFIBUS 接头的屏蔽双绞线。

⑤ 1 套 TIA Portal V17。

电气原理图如图 6-9 所示，采用 RS-485 的接线方式，通信电缆需要两线屏蔽线缆，CM1241 模块侧需配置 PROFIBUS 接头，CM1241 模块无需接电源。

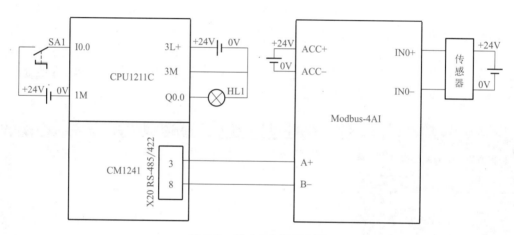

图 6-9 例 6-2 电气原理图

（2）硬件组态

① 新建项目。先打开 TIA Portal V17 软件，再新建项目，本例命名为 "Modbus-4AI"，接着单击 "项目视图" 按钮，切换到项目视图。

② 硬件配置。在 TIA Portal 软件项目视图的项目树中，双击 "添加新设备" 按钮，先添加 CPU 模块 "CPU1211C" 和 "CM1241" 模块，并启用时钟存储器字节和系统存储器字节，如图 6-10 所示。

③ 在主站中，创建数据块 DB。在项目树中，选择 "Modbus-4AI" → "程序块" → "添加新块"，选中 "DB2"，单击 "确定" 按钮，新建连接数据块 DB，如图 6-11 所示，再在 DB 中创建 ReceiveData 和 HMI_Value。

在项目树中，如图 6-12 所示，选择 "Modbus-4AI" → "程序块" → "DB2"，单击鼠标右键，弹出快捷菜单，单击 "属性" 选项，打开 "属性" 界面，如图 6-13 所示，选择 "属性" 选项，去掉 "优化的块访问" 前面的对号 "√"，也就是把块变成非优化访问。

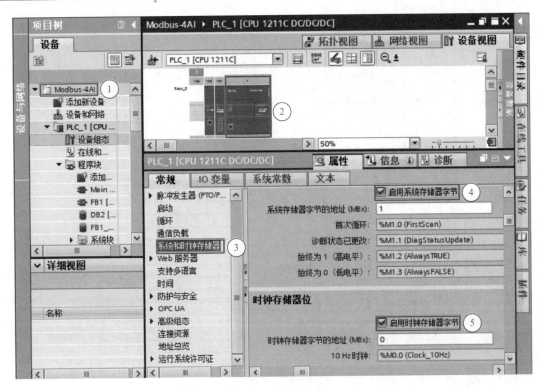

图 6-10　硬件配置

图 6-11　在主站 Master 中，创建数据块 DB1

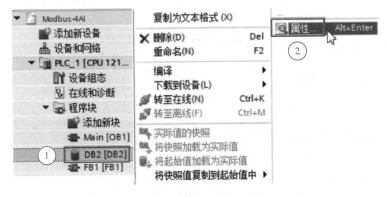

图 6-12　打开 DB2 的属性

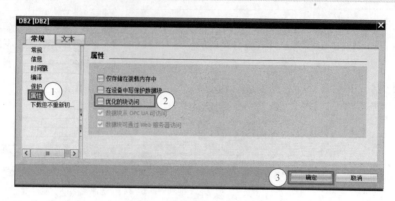

图 6-13 修改 DB2 的属性

（3）编写主站的程序

主站 OB1 中的梯形图程序如图 6-14 所示。

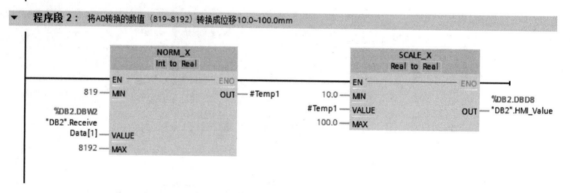

图 6-14 例 6-2 OB1 中的梯形图程序

FB1 的程序如图 6-15 所示。

程序段 1：初始化串口，注意波特率、奇偶校验要与远程分布式模块保持一致，否则不能建立通信。

程序段 2：每秒 10 次读取远程分布式模块的模拟量模块的数值，一共 4 个通道，因此数据块的数组有 4 个整数。分布式模块的 AD 转换对应的整数是 0 ～ 8192（13 位的转换器），不同于西门子模块 AD 转换对应整数是 0 ～ 27648。

分布式模块的从站地址是 2，这个地址可以修改，必须与实际模块的真实地址保持一致。Modbus 的映射地址 30001，需要查分布式模块的手册。

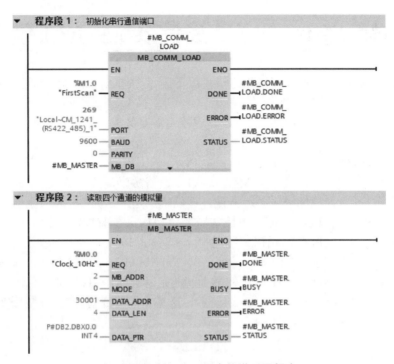

图 6-15　例 6-2 FB1 中的梯形图程序

（4）设置分布式模块

如果只有一块分布式模块，其参数可以使用默认值，通常地址为 1。波特率为 9600bit/s，奇偶校验为无校验。使用多个模块时，就需要修改模块的参数。通常厂家配有专门的串口调试工具，有的通用工具也可以使用，均可以在网上免费下载。以设置模块的地址介绍其使用。

将分布式模块的串口（如 RS-485）与计算机的串口相连，参考图 6-7。打开分布式模块的调试软件如图 6-16 所示，选择串口，本例为 COM1，单击"开始扫描"按钮，如扫描到该模块，在模块地址后面设置新站号，本例为 8，单击"设置"按钮即可。

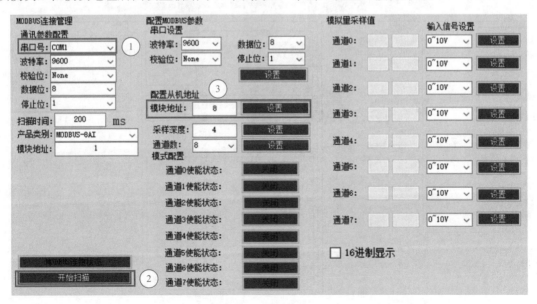

图 6-16　串口调试工具

6.3 Modbus-RTU 通信系统集成工程实例

Modbus-RTU 通信在工程应用极为广泛，以下用一个例子介绍典型工程应用方案，但不编写程序。

【例 6-3】某固体垃圾处理厂控制系统，中控室需要监控现场参数，现场有 21 台仪表兼容 Modbus-RTU 通信协议，数字输入点 366 个，数字输出点 218 个，变频器 5 台，现场的设备较分散，业主要求使用 S7-1500 PLC 作为主 PLC。完成控制系统方案设计。

【解】分析题目：21 台仪表兼容 Modbus-RTU 通信协议，数字输入点 366 个，数字输出点 218 个，变频器 5 台，现场的设备较分散。显然本例是一个典型的中小控制规模的分布式控制系统，采用 S7-1500 PLC 即可。中控室需要对现场进行监控，通常上位机使用 WinCC 软件，上位机与 S7-1500 PLC 采用以太网通信。S7-1500 PLC 与现场的分布式模块、S7-200 SMART PLC 和变频器采用 PROFINET 通信。S7-200 SMART PLC 与 21 台仪表采用 Modbus-RTU 通信，这里的 S7-200 SMART PLC 实际上起的是网关的作用。

设计控制系统的网络拓扑图如图 6-17 所示，这是一种经济的方案，这台 S7-200 SMART PLC 可以用 S7-1200 PLC+CM1241 或者网关代替。

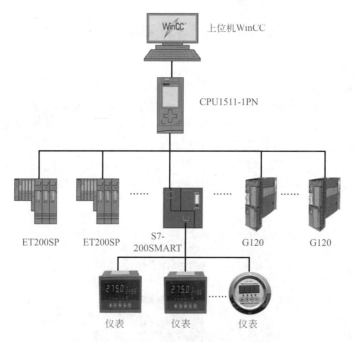

图 6-17　例 6-3 控制系统的网络拓扑图

第7章
工业以太网通信及应用

本章主要介绍以太网通信基础知识，以及 S7-200 SMART/1200/1500 PLC 的 OUC 通信、S7 通信和 Modbus-TCP 通信。工业以太网通信作为现场总线的主流，在很多应用场合将逐步取代串行通信。本章是 PLC 学习中的重点和难点内容。

7.1 以太网通信基础知识

以太网（Ethernet），指的是由 Xerox 公司创建，并由 Xerox、Intel 和 DEC 公司联合开发的基带局域网规范。以太网使用 CSMA/CD（带冲突检测的载波监听多路访问）技术，并以 10Mbit/s 的速率运行在多种类型的电缆上。以太网与 IEEE802.3 系列标准相类似。以太网不是一种具体的网络，而是一种技术规范。

7.1.1 以太网通信介绍

（1）以太网的分类

以太网分为标准以太网、快速以太网、千兆以太网和万兆以太网。

（2）以太网的拓扑结构

① 星型。管理方便，容易扩展，需要专用的网络设备作为网络的核心节点，需要更多的网线和对核心设备的可靠性要求高。采用专用的网络设备（如集线器或交换机）作为核心节点，通过双绞线将局域网中的各台主机连接到核心节点上，这就形成了星型结构。星型网络虽然需要的线缆比总线型多，但布线和连接器比总线型的要便宜。此外，星型拓扑可以通过级联的方式很方便地将网络扩展到很大的规模，因此得到了广泛的应用，被绝大部分的以太网所采用。如图 7-1 所示，1 台 ESM（Electrical Switch Module）交换机与 2 台 PLC 和 2 台计算机组成星型网络，这种拓扑结构，在工控中很常见。

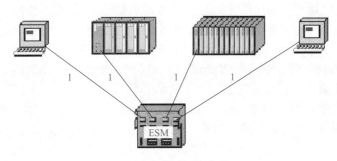

图 7-1　星型拓扑应用

1—TP 电缆，RJ45 接口

② 总线型。所需的电缆较少，价格便宜，管理成本高，不易隔离故障点，采用共享的访问机制，易造成网络拥塞。早期以太网多使用总线型的拓扑结构，采用同轴缆作为传输介质，连接简单，通常在小规模的网络中不需要专用的网络设备，但由于它存在的固有缺陷，已经逐渐被以集线器和交换机为核心的星型网络所代替。如图7-2所示，3台交换机组成总线网络，交换机再与PLC、计算机和远程IO模块组成网络。

③ 环型。西门子的网络中，用OLM（Optical Link Module）模块将网络首位相连，形成环网，也可用OSM（Optical Switch Module）交换机组成环网。与总线型相比，冗余环网增加了交换数据的可靠性。如图7-3所示，4台交换机组成环网，交换机再与PLC、计算机和远程IO模块组成网络，这种拓扑结构，在工控中很常见。

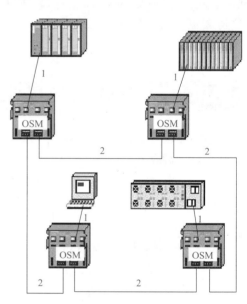

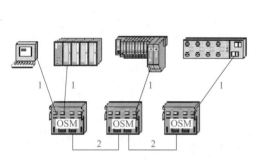

图7-2　总线型拓扑应用

1—TP电缆，RJ45接口；2—光缆

图7-3　环型拓扑应用

1—TP电缆，RJ45接口；2—光缆

此外，还有网状和蜂窝状等拓扑结构。

（3）接口的工作模式

以太网卡可以工作在两种模式下：半双工和全双工。

（4）传输介质

以太网可以采用多种连接介质，包括同轴缆、双绞线、光纤和无线传输等。其中双绞线多用于从主机到集线器或交换机的连接，而光纤则主要用于交换机间的级联和交换机到路由器间的点到点链路上。同轴缆作为早期的主要连接介质已经逐渐趋于淘汰。

1）网络电缆（双绞线）接法　用于Ethernet的双绞线有8芯和4芯两种，双绞线的电缆连线方式也有两种，即正线（标准568B）和反线（标准568A），其中正线也称为直通线，反线也称为交叉线。正线接线如图7-4所示，两端线序一样，从上至下线序是：白绿，绿，白橙，蓝，白蓝，橙，白棕，棕。反线接线如图7-5所示，一端为正线的线序，另一端为反线线序，从上至下线序是：白橙，橙，白绿，蓝，白蓝，绿，白棕，棕。也就是568A标准。对于千兆以太网，用8芯双绞线，但接法不同于以上所述的接法，读者可参考有关文献。

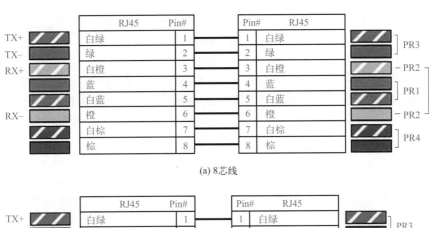

(a) 8芯线

(b) 4芯线

图 7-4 双绞线正线接线图

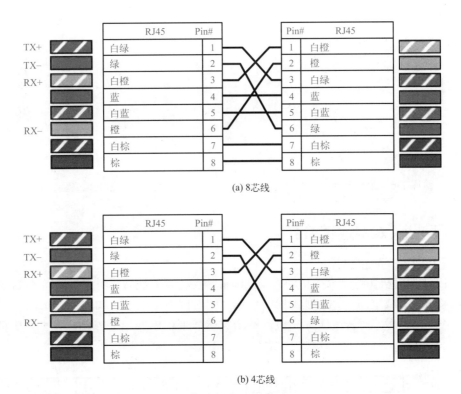

(a) 8芯线

(b) 4芯线

图 7-5 双绞线反线接线图

对于 4 芯的双绞线，只用 RJ45 连接头（常称为水晶接头）上的 1、2、3 和 6 四个引脚。西门子的 PROFINET 工业以太网采用 4 芯的双绞线。

双绞线的传输距离一般不大于 100m。

2）光纤简介　光纤在通信介质中占有重要地位，特别是在远距离传输中比较常用。光纤是光导纤维的简写，是一种由玻璃或塑料制成的纤维，可作为光传导工具。

① 按照光纤的材料分类　可以将光纤的种类分为石英光纤和全塑光纤。塑料光纤的传输距离一般为几十米。

② 按照光纤的传输模式分类　可以将光纤的种类分为多模光纤和单模光纤。

单模适合长途通信（一般小于 100km），多模适合组建局域网（一般不大于 2km）。

只计算光纤的成本，单模的价格便宜，而多模的价格贵。单模光纤和多模光纤所用的设备不同，不可以混用，因此选型时要注意这点。

③ 规格　多模光纤常用规格为：62.5/125，50/125。62.5/125 是北美的标准，而 50/125 是日本和德国的标准。

④ 光纤的几个要注意的问题

a. 光纤尾纤：只有一端有活动接头，另一端没有活动接头，需要用专用设备与另一根光纤熔焊在一起。

b. 光纤跳线：两端都有活动接头，直接可以连接两台设备。跳线如图 7-6 所示。跳线一分为二还可以作为尾纤用。

c. 接口有很多种，不同接口需要不同的耦合器，在工程中一旦设备的接口（如 FC 接口）选定了，尾纤和跳线的接口也就确定下来了。常见的接口如图 7-7 所示，这些接口中，相当部分标准由日本公司制定。

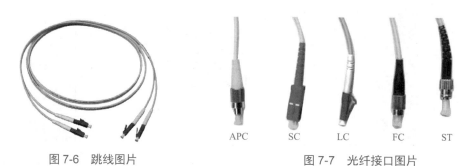

图 7-6　跳线图片　　　　　　　　　图 7-7　光纤接口图片

7.1.2　工业以太网通信介绍

（1）Ethernet 存在的问题

Ethernet 采用随机争用型介质访问方法，即带冲突检测的载波监听多路访问（CSMA/CD）技术，如果网络负载过高，无法预测网络延迟时间，即不确定性。如图 7-8 所示，只要有通信需求，各以太网节点（A ～ F）均可向网络发送数据，因此报文可能在主干网中被缓冲，实时性不佳。

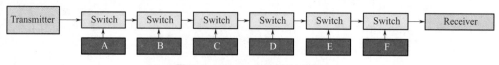

图 7-8　Ethernet 存在的问题

（2）工业生态网的概念

显然，对于实时性和确定性要求高的场合（如运动控制），商用 Ethernet 存在的问题是不可接受的。因此工业以太网应运而生。

所谓工业生态网是指应用于工业控制领域的以太网技术，在技术上与普通以太网技术相兼容。由于产品要在工业现场使用，对产品的材料、强度、适用性、可互操作性、可靠性、抗干扰性等有较高要求；而且工业以太网是面向工业生产控制的，对数据的实时性、确定性、可靠性等有很高的要求。

以太网包含工业以太网，常见的工业以太网标准有 PROFINET、Modbus-TCP、Ethernet/IP 和我国的 EPA 等。

7.1.3 S7-1500 PLC 的以太网通信方式

（1）S7-1500 PLC 系统以太网接口

S7-1500 PLC 的 CPU 最多集成 X1、X2 和 X3 三个接口，有的 CPU 只集成 X1 接口，此外通信模块 CM1542-1 和通信处理器 CP1543-1 也有以太网接口。

S7-1500 PLC 系统以太网接口支持的通信方式按照实时性和非实时性进行划分，不同的接口支持的通信服务见表 7-1。

表 7-1　S7-1500 PLC 系统以太网接口支持通信服务

接口类型	实时通信		非实时通信		
	PROFINET IO 控制器	I-Device	OUC 通信	S7 通信	Web 服务器
CPU 集成接口 X1	√	√	√	√	√
CPU 集成接口 X2	×	×	√	√	√
CPU 集成接口 X3	×	×	√	√	√
CM1542-1	√	×	√	√	√
CP1543-1	×	×	√	√	√

注：√表示有此功能，×表示没有此功能。

（2）西门子工业以太网通信方式简介

工业以太网的通信主要利用第 2 层（ISO）和第 4 层（TCP）的协议。S7-1500 PLC 系统以太网接口支持的非实时性分为两种，Open User Comunication（OUC）通信和 S7 通信，而实时通信只有 PROFINET IO 通信。

7.2 S7-1200/1500 PLC 的 S7 通信及其应用

7.2.1 S7 通信基础

S7 通信是非实时通信，仅用于西门子产品之间的通信。在工程应用中，西门子的 PLC 之间的非实时通信，通常采用 S7 通信，而较少采用 Modbus-TCP、Modbus 和自由口等通信协议。

S7-1200/1500
PLC 的 S7
通信

（1）S7 通信简介

S7 通信（S7 Communication）集成在每一个 SIMATIC S7/M7 和 C7 的系统中，属于 OSI 参考模型第 7 层应用层的协议，它独立于各个网络，可以应用于多种网络（MPI、PROFIBUS、工业以太网）。S7 通信通过不断地重复接收数据来保证网络报文的正确。在 SIMATIC S7 中，通过组态建立 S7 连接来实现 S7 通信。在 PC 上，S7 通信需要通过 SAPI-S7 接口函数或 OPC（过程控制用对象链接与嵌入）来实现。

（2）指令说明

使用 GET 和 PUT 指令，通过 PROFINET 和 PROFIBUS 连接，创建 S7 CPU 通信。

① PUT 指令　控制输入 REQ 的上升沿启动 PUT 指令，使本地 S7 CPU 向远程 S7 CPU 中写入数据。PUT 指令输入 / 输出参数见表 7-2。

表 7-2　PUT 指令的参数表

LAD	SCL	输入 / 输出	说明
		EN	使能
		REQ	上升沿启动发送操作
	"PUT_DB"（ req:=_bool_in_, ID:=_word_in_, ndr=>_bool_out_, error=>_bool_out_, STATUS=>_word_out_, addr_1:=_remote_inout_, [...addr_4:=_remote_inout_,] sd_1:=_variant_inout_ [,...sd_4:=_variant_inout_]）；	ID	S7 连接号
		ADDR_1	指向接收方的地址的指针。该指针可指向任何存储区。需要 8 字节的结构
		SD_1	指向本地 CPU 中待发送数据的存储区
		DONE	0：请求尚未启动或仍在运行 1：已成功完成任务
		STATUS	故障代码
		ERROR	是否出错：0 表示无错误，1 表示有错误

② GET 指令　使用 GET 指令从远程 S7 CPU 中读取数据。读取数据时，远程 CPU 可处于 RUN 或 STOP 模式下。GET 指令输入 / 输出参数见表 7-3。

表 7-3　GET 指令的参数表

LAD	SCL	输入 / 输出	说明
		EN	使能
		REQ	通过由低到高的（上升沿）信号启动操作
	"GET_DB"(req:=_bool_in_, ID:=_word_in_, ndr=>_bool_out_, error=>_bool_out_, STATUS=>_word_out_, addr_1:=_remote_inout_, [...addr_4:=_remote_inout_,] rd_1:=_variant_inout_ [,...rd_4:=_variant_inout_]);	ID	S7 连接号
		ADDR_1	指向远程 CPU 中存储待读取数据的存储区
		RD_1	指向本地 CPU 中存储待读取数据的存储区
		DONE	0：请求尚未启动或仍在运行 1：已成功完成任务
		STATUS	故障代码
		NDR	新数据就绪： 0：请求尚未启动或仍在运行 1：已成功完成任务
		ERROR	是否出错：0 表示无错误，1 表示有错误

> **注意** ① S7 通信是西门子公司产品的专用保密协议，不与第三方产品（如三菱 PLC）通信，是非实时通信。
> ② 与第三方 PLC 进行以太网通信常用 OUC（即开放用户通信，包括 TCP/IP、ISO、UDP 和 ISO_on_TCP 等），是非实时通信。

7.2.2　S7-1500 PLC 与 S7-1200 PLC 之间的 S7 通信

在工程中，西门子 CPU 模块之间的通信通常采用 S7 通信。以下用一个例子介绍 S7-1500 PLC 与 S7-1200 PLC 之间的 S7 通信。

【例 7-1】有两台设备，要求从设备 1 上的 CPU1511T-1PN 的 MB10 发出 1 个字节到设备 2 的 CPU1211C 的 MB10，从设备 2 上的 CPU1211C 的 IB0 发出 1 个字节到设备 1 的 CPU1511T-1PN 的 QB0。

【解】（1）软硬件配置

S7-1500 PLC 与 S7-1200 PLC 间的 S7 通信硬件配置如图 7-9 所示，本例用到的软硬件如下。

① 2 台 CPU 1511T-1PN。

② 1 台 4 口交换机。

③ 2 根带 RJ45 接头的屏蔽双绞线（正线）。

④ 1 台个人电脑（含网卡）。

⑤ 1 套 TIA Portal V17。

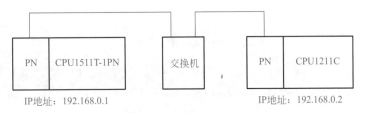

图 7-9　S7 通信硬件配置

（2）硬件组态

本例的硬件组态采用在线组态方法，也可以采用离线组态方法。

① 新建项目。先打开 TIA Portal V17，再新建项目，本例命名为"S7_1500to1200"，接着单击"项目视图"按钮，切换到项目视图，如图 7-10 所示。

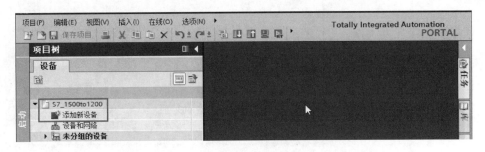

图 7-10　新建项目

② S7-1500 硬件配置。如图 7-10 所示，在 TIA Portal 软件项目视图的项目树中，双击"添加新设备"按钮，弹出如图 7-11 所示的界面，按图进行设置，最后单击"确定"按钮，弹出如图 7-12 所示的界面，单击"获取"，弹出如图 7-13 所示的界面，选中网口和有线网卡（标记①处），单击"开始搜索"按钮，选中搜索到的"plc_1"，单击"检测"按钮，检测出在线的硬件组态。

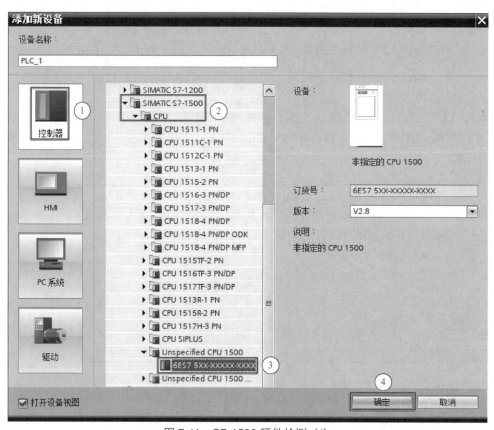

图 7-11　S7-1500 硬件检测（1）

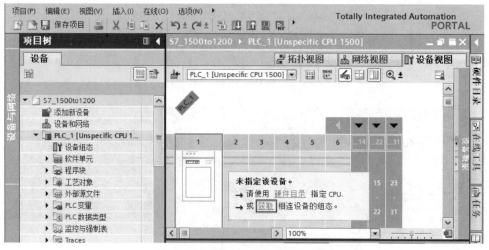

图 7-12　S7-1500 硬件检测（2）

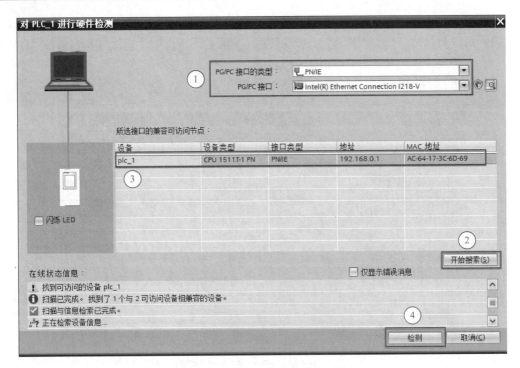

图 7-13　S7-1500 硬件检测（3）

③ 启用时钟存储器字节。先选中 PLC_1 的 "设备视图" 选项卡（标号①处），再选中常规选项卡中的 "系统和时钟存储器"（标号⑤处）选项，勾选 "启用时钟存储器字节"，如图 7-14 所示。

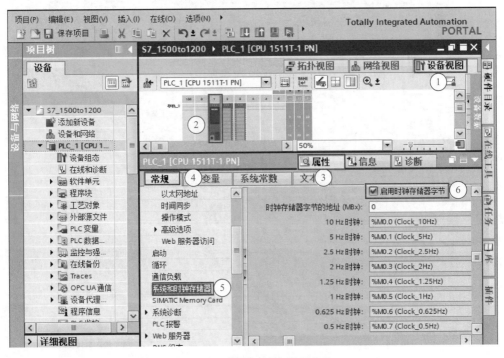

图 7-14　启用时钟存储器字节

④ IP 地址设置。先选中 PLC_1 的"设备视图"选项卡（标号①处），再选中 CPU1511T-1PN 模块（标号②处），选中"属性"（标号③处）选项卡，再选中"以太网地址"（标号④处）选项，设置 IP 地址（标号⑤处），如图 7-15 所示。

用同样的方法设置 PLC_2 的 IP 地址为 192.168.0.2。

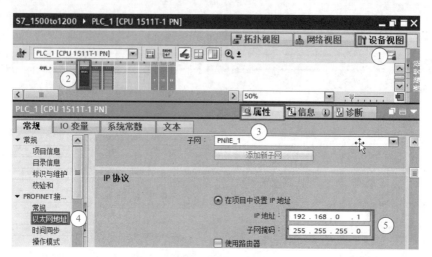

图 7-15　设置 PLC_1 的 IP 地址

⑤ S7-1200 硬件配置。如图 7-14 所示，在 TIA Portal 软件项目视图的项目树中，双击"添加新设备"按钮，弹出如图 7-16 所示的界面，按图进行设置，最后单击"确定"按钮，检测出在线的硬件组态，检测过程不详细介绍，检测完成后如图 7-17 所示。

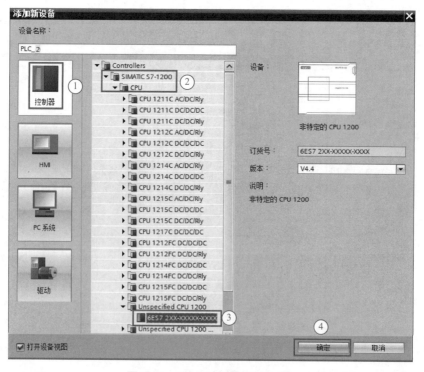

图 7-16　S7-1200 硬件检测（1）

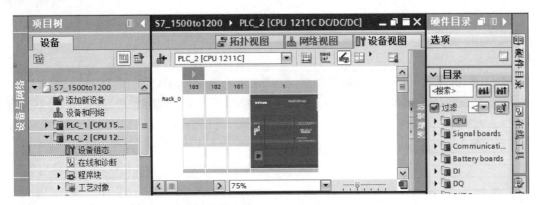

图 7-17　S7-1200 硬件检测（2）

⑥ 建立以太网连接。选中"网络视图"，再用鼠标把 PLC_1 的 PN（绿色）选中并按住不放，拖拽到 PLC_2 的 PN 口释放鼠标，如图 7-18 所示。

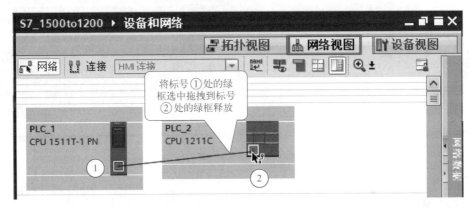

图 7-18　建立以太网连接

⑦ 调用函数块 PUT 和 GET。在 TIA Portal 软件项目视图的项目树中，打开"PLC_1"的主程序块，再选中"指令"→"S7 通信"，再将"PUT"和"GET"拖拽到主程序块，如图 7-19 所示。

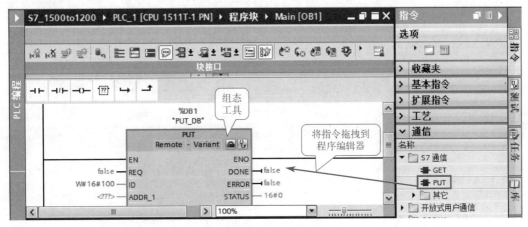

图 7-19　调用函数块 PUT 和 GET

⑧ 配置客户端连接参数。选中"属性"→"连接参数",如图 7-20 所示。先选择伙伴为 "PLC_2",其余参数选择默认生成的参数。

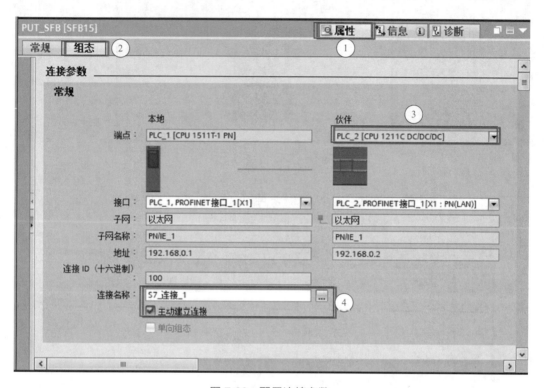

图 7-20   配置连接参数

⑨ 更改连接机制。选中"属性"→"常规"→"保护"→"连接机制",如图 7-21 所示,勾选"允许来自远程对象",服务器端和客户端都要进行这样的更改。

> **注意** 这一步很容易遗漏,如遗漏则不能建立有效的通信。

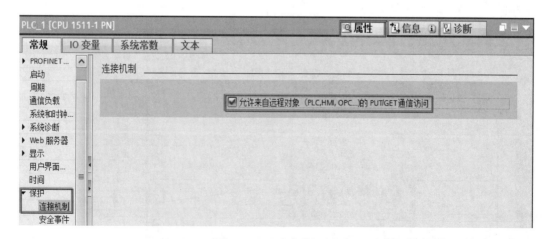

图 7-21   更改连接机制

⑩ 编写程序。客户端的 LAD 程序如图 7-22 所示，服务器端无需编写程序，这种通信方式称为单边通信，而前述章节的以太网通信为双边通信。

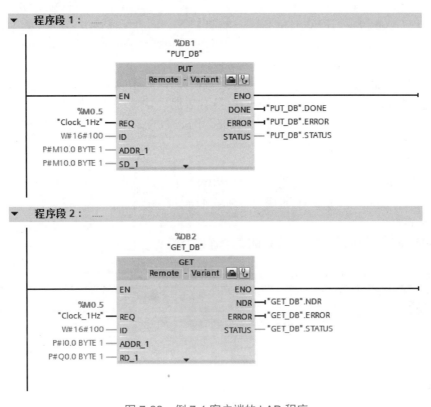

图 7-22　例 7-1 客户端的 LAD 程序

7.3　S7-1200/1500 PLC 的 OUC 通信及其应用

OUC 通信是非实时通信。西门子的 PLC、变频器等产品之间的通信可采用 OUC 通信，但 OUC 通信常见的应用场合是西门子设备（PLC）与第三方设备的通信，例如西门子的 PLC 与二维码扫码器的以太网通信常用 UDP 通信（OUC 通信的一种）。

7.3.1　OUC 通信介绍

OUC 通信（开放式用户通信）适用于 SIMATIC S7-1500/300/400 PLC 之间的通信、S7-PLC 与 S5-PLC 之间的通信、PLC 与个人计算机或第三方设备之间的通信。OUC 通信包含以下通信连接。

（1）ISO Transport（ISO 传输协议）

ISO 传输协议支持基于 ISO 的发送和接收，使得设备（例如 SIMATIC S5 或 PC）在工业以太网上的通信非常容易，该服务支持大数据量的数据传输（最大 64KB）。ISO 数据接收由通信方确认，通过功能块可以看到确认信息。用于 SIMATIC S5 和 SIMATIC S7 的工业以太网连接。

（2）ISO-on-TCP

ISO-on-TCP 支持第 4 层 TCP/IP 协议的开放数据通信。用于支持 SIMATIC S7 和 PC 以及非西门子支持的 TCP/IP 以太网系统。ISO-on-TCP 符合 TCP/IP，但相对于标准的 TCP/IP，还附加了 RFC 1006 协议。RFC 1006 是一个标准协议，该协议描述了如何将 ISO 映射到 TCP 上去。

（3）UDP

UDP（User Datagram Protocol，用户数据报协议），属于第 4 层协议，提供了 S5 兼容通信协议，适用于简单的交叉网络数据传输，没有数据确认报文，不检测数据传输的正确性。UDP 支持基于 UDP 的发送和接收，使得设备（例如 PC 或非西门子公司设备）在工业以太网上的通信非常容易。

（4）TCP/IP

TCP/IP 传输控制协议，支持第 4 层 TCP/IP 协议的开放数据通信。提供了数据流通信，但并不将数据封装成消息块，因而用户并不接收到每一个任务的确认信号。TCP 支持面向 TCP/IP 的 Socket。

S7-1500 PLC 系统以太网接口支持的通信连接类型见表 7-4。

表 7-4　S7-1500 PLC 系统以太网接口支持的通信连接类型

接口类型	连接类型			
	ISO	ISO-on-TCP	TCP/IP	UDP
CPU 集成接口 X1	×	√	√	√
CPU 集成接口 X2	×	√	√	√
CPU 集成接口 X3	×	√	√	√
CM1542-1	×	√	√	√
CP1543-1	√	√	√	√

注：√表示有此功能，× 表示没有此功能。

7.3.2　S7-1500 PLC 之间的 ISO-on-TCP 通信

【例 7-2】有两台设备，分别由一台 CPU1511-1PN 控制，要求从设备 1 上的 CPU1511-1PN 的 MB10 发出 1 个字节到设备 2 的 CPU1511-1PN 的 MB10。

【解】S7-1500 PLC 之间的 OUC 通信，可以采用很多连接方式，如 TCP/IP、ISO-on-TCP 和 UDP 等，以下仅介绍 ISO-on-TCP 连接方式。

（1）软硬件配置

S7-1500 PLC 间的 ISO-on-TCP 通信硬件配置如图 7-23 所示，本例用到的软硬件如下。

① 2 台 CPU1511-1PN。

② 1 台 4 口交换机。

③ 2 根带 RJ45 接头的屏蔽双绞线（正线）。

④ 1 台个人电脑（含网卡）。

⑤ 1 套 TIA Portal V17。

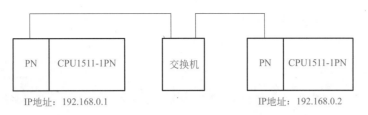

图 7-23　S7-1500 PLC 间的 ISO-on-TCP 通信硬件配置图

（2）硬件组态

本例的硬件组态采用离线组态方法，也可以采用在线组态方法。

① 新建项目。先打开 TIA Portal V17，再新建项目，本例命名为"ISO_on_TCP"，接着单击"项目视图"按钮，切换到项目视图，如图 7-24 所示。

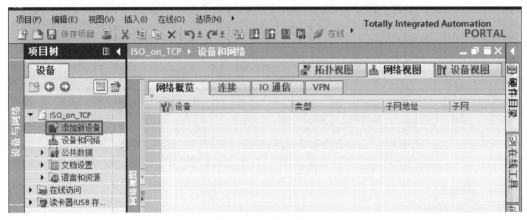

图 7-24　新建项目

② 硬件配置。如图 7-24 所示，在 TIA Portal 软件项目视图的项目树中，双击"添加新设备"按钮，先添加 CPU 模块"CPU1511-1PN"两次，并启用时钟存储器字节，如图 7-25 所示。

图 7-25　硬件配置

③ IP 地址设置。选中 PLC_1 的"设备视图"选项卡（标号①处），再选中 CPU1511-1PN 模块绿色的 PN 接口（标号②处），选中"属性"（标号③处）选项卡，再选中"以太网地址"

（标号④处）选项，设置 IP 地址（标号⑤处），如图 7-26 所示。

用同样的方法设置 PLC_2 的 IP 地址为 192.168.0.2。

图 7-26　配置 IP 地址（客户端）

④ 调用函数块 TSEND_C。在 TIA Portal 软件项目视图的项目树中，打开"PLC_1"的主程序块，再选中"指令"→"通信"→"开放式用户通信"，将"TSEND_C"拖拽到主程序块，如图 7-27 所示。

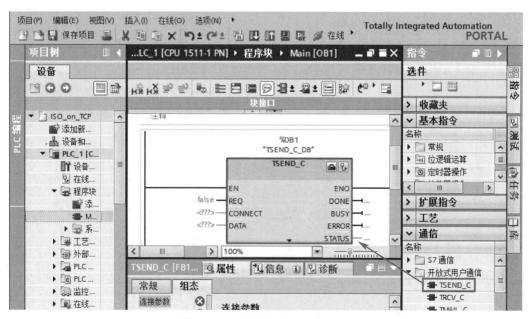

图 7-27　调用函数块 TSEND_C

⑤ 配置客户端连接参数。选中"属性"→"组态"→"连接参数",如图 7-28 所示。先选择连接类型为"ISO_on_TCP",组态模式选择"使用组态的连接",在连接数据中,单击"新建",伙伴选择为"PLC_2"。

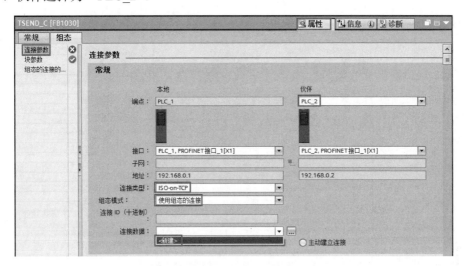

图 7-28　配置连接参数

⑥ 配置客户端块参数。按照如图 7-29 所示配置参数。每一秒激活一次发送请求,每次将 MB10 中的信息发送出去。

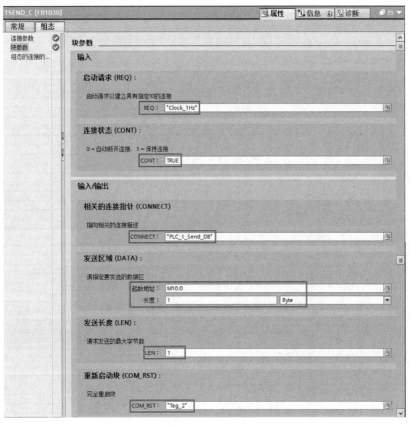

图 7-29　配置块参数

⑦ 调用函数块 TRCV_C。在 TIA Portal 软件项目视图的项目树中，打开"PLC_2"主程序块，再选中"指令"→"通信"→"开放式用户通信"，再将"TRCV_C"拖拽到主程序块，如图 7-30 所示。

图 7-30　调用函数块 TRCV_C

⑧ 配置服务器端连接参数。选中"属性"→"组态"→"连接参数"，如图 7-31 所示。先选择连接类型为"ISO_on_TCP"，组态模式选择"使用组态的连接"，连接数据选择"ISOonTCP_连接_1"，伙伴选择为"PLC_1"，且"PLC_1"为主动建立连接，也就是主控端，即客户端。

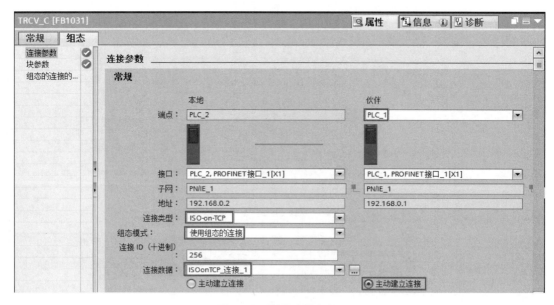

图 7-31　配置连接参数

⑨ 配置服务器端块参数。按照如图 7-32 所示配置参数。每一秒激活一次接收操作，每次将伙伴站发送来的数据存储在 MB10 中。

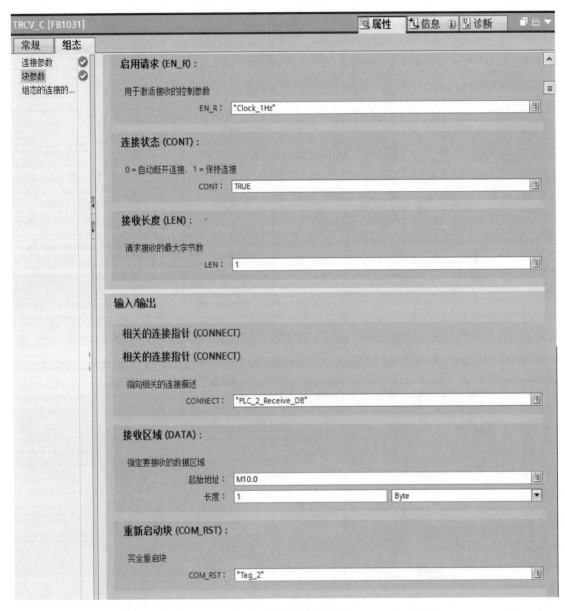

图 7-32 配置块参数

⑩ 指令说明。

a. TSEND_C 指令。TCP 和 ISO_on_TCP 通信均可调用此指令，TSEND_C 可与伙伴站建立 TCP 或 ISO_on_TCP 通信连接，发送数据，并且可以终止该连接。设置并建立连接后，CPU 会自动保持和监视该连接。TSEND_C 指令输入 / 输出参数见表 7-5。

b. TRCV_C 指令。TCP 和 ISO_on_TCP 通信均可调用此指令，TRCV_C 可与伙伴 CPU 建立 TCP 或 ISO_on_TCP 通信连接，可接收数据，并且可以终止该连接。设置并建立连接后，CPU 会自动保持和监视该连接。TRCV_C 指令输入 / 输出参数见表 7-6。

表 7-5　TSEND_C 指令的参数表

LAD	SCL	输入 / 输出	说明
		EN	使能
		REQ	在上升沿时，启动相应作业以建立 ID 所指定的连接
		CONT	控制通信连接： 0：数据发送完成后断开通信连接 1：建立并保持通信连接
TSEND_C EN　ENO REQ　DONE CONT　BUSY LEN　ERROR CONNECT　STATUS DATA ADDR COM_RST	"TSEND_C_DB"(req:=_bool_in_, cont:=_bool_in_, len:=_uint_in_, done=>_bool_out_, BUSy=>_bool_out_, error=>_bool_out_, STATUS=>_word_out_, connect:=_struct_inout_, data:=_variant_inout_, com_rst:=_bool_inout_) ;	LEN	通过作业发送的最大字节数
		CONNECT	指向连接描述的指针
		DATA	指向发送区的指针
		BUSY	状态参数，可具有以下值： 0：发送作业尚未开始或已完成 1：发送作业尚未完成，无法启动新的发送作业
		DONE	上一请求已完成且没有出错后，DONE 位将保持为 TRUE 一个扫描周期时间
		STATUS	故障代码
		ERROR	是否出错：0 表示无错误，1 表示有错误

表 7-6　TRCV_C 指令的参数

LAD	SCL	输入 / 输出	说明
		EN	使能
		EN_R	启用接收
		CONT	控制通信连接： 0：数据接收完成后断开通信连接 1：建立并保持通信连接
TRCV_C EN　ENO EN_R　DONE CONT　BUSY LEN　ERROR ADHOC　STATUS CONNECT　RCVD_LEN DATA ADDR COM_RST	"TRCV_C_DB"(en_r:=_bool_in_, cont:=_bool_in_, len:=_uint_in_, adhoc:=_bool_in_, done=>_bool_out_, BUSy=>_bool_out_, error=>_bool_out_, STATUS=>_word_out_, rcvd_len=>_uint_out_, connect:=_struct_inout_, data:=_variant_inout_, com_rst:=_bool_inout_) ;	LEN	通过作业接收的最大字节数
		CONNECT	指向连接描述的指针
		DATA	指向接收区的指针
		BUSY	状态参数，可具有以下值： 0：接收作业尚未开始或已完成 1：接收作业尚未完成，无法启动新的接收作业
		DONE	上一请求已完成且没有出错后，DONE 位将保持为 TRUE 一个扫描周期时间
		STATUS	故障代码
		RCVD_LEN	实际接收到的数据量（字节）
		ERROR	是否出错：0 表示无错误，1 表示有错误

⑪ 编写程序。客户端的 LAD 和 SCL 程序如图 7-33 所示，服务器端的 LAD 和 SCL 程序（二者只选其一，且变量地址相同）如图 7-34 所示。

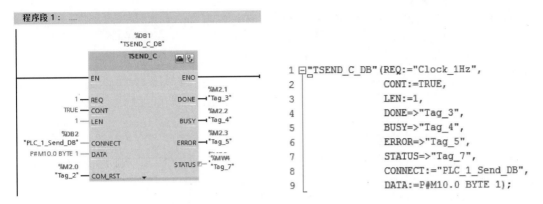

图 7-33   例 7-2 客户端的 LAD 和 SCL 程序

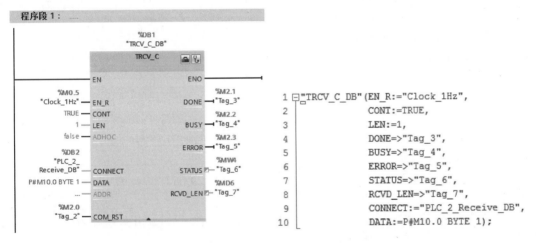

图 7-34   例 7-2 服务器端的 LAD 和 SCL 程序

7.4 S7-1500 PLC 的 Modbus-TCP 通信及其应用

Modbus-TCP 通信是非实时通信。西门子的 PLC、变频器等产品之间的通信一般不采用 Modbus-TCP 通信，Modbus-TCP 通信通常用于西门子 PLC 与第三方支持 Modbus-TCP 通信协议的设备，典型的应用如：西门子 PLC 与施耐德 PLC 的通信、西门子 PLC 与国产机器人的通信。Modbus-TCP 也归类于 OUC 通信。

S7-1500 PLC 与机器人之间的 Modbus-TCP 通信

7.4.1   Modbus-TCP 通信基础

TCP 是简单的、中立厂商的用于管理和控制自动化设备的系列通信协议的派生产品，它覆盖了使用 TCP/IP 协议的"Intranet"和"Internet"环境中报文的用途。协议的最通用用途是为诸如 PLC、I/O 模块，以及连接其他简单域总线或 I/O 模块的网关服务。

（1）TCP 的以太网参考模型

Modbus-TCP 传输过程中使用了 TCP/IP 以太网参考模型的 5 层。

第 1 层：物理层，提供设备物理接口，与市售介质 / 网络适配器相兼容。

第 2 层：数据链路层，格式化信号到源 / 目硬件址数据帧。

第 3 层：网络层，实现带有 32 位 IP 址 IP 报文包。

第 4 层：传输层，实现可靠性连接、传输、查错、重发、端口服务、传输调度。

第 5 层：应用层，Modbus 协议报文。

（2）Modbus-TCP 数据帧

Modbus 数据在 TCP/IP 以太网上传输，支持 Ethernet Ⅱ 和 802.3 两种帧格式，Modbus-TCP 数据帧包含报文头、功能代码和数据 3 部分，MBAP 报文头（MBAP、Modbus Application Protocol、Modbus 应用协议）分 4 个域，共 7 个字节。

（3）Modbus-TCP 使用的通信资源端口号

在 Moodbus 服务器中按缺省协议使用 Port502 通信端口，在 Modbus 客户端程序中设置任意通信端口，为避免与其他通信协议的冲突一般建议从 2000 开始可以使用。

（4）Modbus-TCP 使用的功能代码

按照使用的用途区分，共有 3 种类型，分别为：

① 公共功能代码，已定义好功能码，保证其唯一性，由 Modbus.org 认可。

② 用户自定义功能代码，有两组，分别为 65 ～ 72 和 100 ～ 110，无需认可，但不保证代码使用唯一性，如变为公共代码，需交 RFC 认可。

③ 保留功能代码，由某些公司使用某些传统设备代码，不可作为公共用途。

按照应用深浅，可分为 3 个类别：

① 类别 0，客户机 / 服务器最小可用子集：读多个保持寄存器 (fc.3)；写多个保持寄存器 (fc.16)。

② 类别 1，可实现基本互易操作常用代码：读线圈 (fc.1)；读开关量输入 (fc.2)；读输入寄存器 (fc.4)；写线圈 (fc.5)；写单一寄存器 (fc.6)。

③ 类别 2，用于人机界面、监控系统例行操作和数据传送功能：强制多个线圈 (fc.15)；读通用寄存器 (fc.20)；写通用寄存器 (fc.21)；屏蔽写寄存器 (fc.22)；读写寄存器 (fc.23)

7.4.2　S7-1500 PLC 与第三方 PLC 之间的 Modbus-TCP 通信

由于 Modbus-TCP 通信的市场占有率高，支持的设备广泛，因此，西门子的 S7-1200/1500 PLC 与第三方 PLC、仪表进行以太网通信时，Modbus-TCP 通信很常用。以下用一个例子介绍 S7-1500 PLC 与第三方 PLC 模块之间的 Modbus-TCP 通信应用。

【例 7-3】用一台 CPU1512SP-1PN 与第三方 PLC 模块（本例采用艾莫讯分布式模块：ETH-MODBUS-IO5R）进行 Modbus-TCP 通信，采集第三方 PLC 模块的数字量输入点的信息，要求设计解决方案。

【解】（1）硬件组态

① 新建项目。先打开 TIA Portal V17 软件，新建项目，本例命名为"Modbus_TCP1"，再添加"CPU1512SP-1PN"模块，如图 7-35 所示。

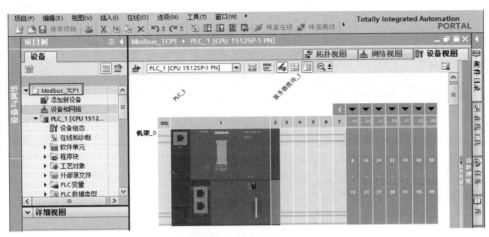

图 7-35　新建项目

② 新建数据块。在项目树的 PLC_1 中，单击"添加新块"按钮，新建数据块 DB1 和 DB2。在数据块 DB1 中，创建变量如图 7-36 所示，并将数据块的属性改为"非优化访问"。在数据块 DB2 中，创建变量即 DB2.Send，其数据类型为"TCON_IP_v4"（此数据类型无下拉菜单选取，手动输入），其起始值按照如图 7-37 所示进行设置。

> **注意** 数据块创建或修改完成后，需进行编译。

		名称	数据类型	偏移量	起始值	保持	从 HMI/OPC...	从 H...	在 HMI ...	设定值
1	⬤ ▼	Static				☐				☐
2	⬤ ■	Data	Int	0.0	32767	☐	☑	☑	☑	☐
3	⬤ ■	Done	Bool	2.0	false	☐	☑	☑	☑	☐
4	⬤ ■	Busy	Bool	2.1	false	☐	☑	☑	☑	☐
5	⬤ ■	Error	Bool	2.2	false	☐	☑	☑	☑	☐

图 7-36　数据块 DB1

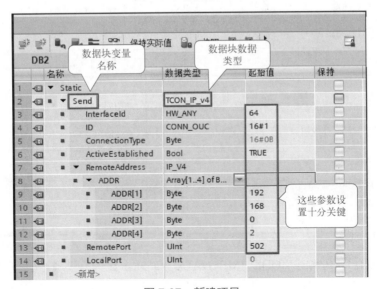

图 7-37　新建项目

图 7-37 中的参数含义见表 7-7。

表 7-7　客户端 "TCON_IP_v4" 的数据类型的各参数设置

序号	TCON_IP_v4 数据类型引脚定义	含义	本例中的情况
1	Interfaced	接口，固定为 64	64
2	ID	连接 ID，每个连接必须独立	16#1
3	ConnectionType	连接类型，TCP/IP=16#0B；UDP=16#13	16#0B
4	ActiveEstablished	是否主动建立连接，True= 主动	True
5	RemoteAddress	通信伙伴 IP 地址	192.168.0.2
6	RemotePort	通信伙伴端口号	502
7	LocalPort	本地端口号，设置为 0 将由软件自己创建	0

（2）编写客户端程序

① 在编写客户端的程序之前，先要掌握 "MB_CLIENT"，其参数含义见表 7-8。

表 7-8　"MB_CLIENT" 的参数引脚含义

序号	"MB_CLIENT" 的引脚参数	参数类型	数据类型	含义
1	REQ	输入	BOOL	与 Modbus-TCP 服务器之间的通信请求，上升沿激发通信请求
2	DISCONNECT	输入	BOOL	控制与 Modbus 服务器建立和终止连接： 0：与通过 CONNECT 参数组态的连接伙伴建立通信连接 1：断开通信连接
3	MB_MODE	输入	USINT	选择 Modbus 请求模式（0= 读取；1= 写入或诊断）
4	MB_DATA_ADDR	输入	UDINT	由 "MB_CLIENT" 指令所访问数据的起始地址
5	MB_DATA_LEN	输入	UINT	数据长度：数据访问的位数或字数
6	DONE	输出	BOOL	只要最后一个作业成功完成，立即将输出参数 DONE 的位置位为 "1"
7	BUSY	输出	BOOL	0= 无 Modbus 请求在进行中 1= 正在处理 Modbus 请求
8	ERROR	输出	BOOL	0= 无错误；1= 出错。出错原因由参数 STATUS 指示
9	STATUS	输出	WORD	指令的详细状态信息

"MB_CLIENT" 中 MB_MODE、MB_DATA_ADDR 的组合可以定义消息中所使用的功能码及操作地址，见表 7-9。

表 7-9　通信对应的功能码及地址

MB_MODE	MB_DATA_ADDR	功能	功能和数据类型
0	起始地址：1～9999	01	读取输出位
0	起始地址：10001～19999	02	读取输入位
0	起始地址： 40001～49999 400001～465535	03	读取保持存储器
0	起始地址：30001～39999	04	读取输入字
1	起始地址：1～9999	05	写入输出位
1	起始地址： 40001～49999 400001～465535	06	写入保持存储器
1	起始地址：1～9999	15	写入多个输出位
1	起始地址： 40001～49999 400001～465535	16	写入多个保持存储器
2	起始地址：1～9999	15	写入一个或多个输出位
2	起始地址： 40001～49999 400001～465535	16	写入一个或多个保持存储器

②　编写完整梯形图程序。如图 7-38 所示，当 REQ（即 M0.7）上升沿，MB_MODE=0 和 MB_DATA_ADDR=30001 时，客户端（即 CPU1512SP-1PN）把远程 IO 数字量输入端的信息接收后，存在 DB1.DBW0（即 P#DB1.DBX0.0 INT 1）中。本例的远程 IO 模块并不需要编写程序。

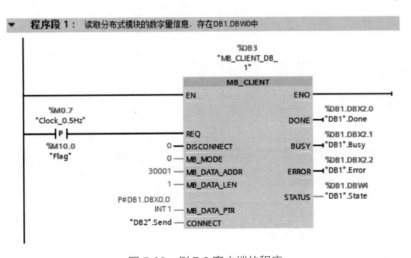

图 7-38　例 7-3 客户端的程序

（3）调试

使用第三方 PLC 模块时，调试往往要麻烦一些，有时需要用到一些专用工具。例如本例，需要用到专用工具修改模块的 IP 地址，此工具一般由设备提供商提供。修改 IP 地址方法如下：

如图 7-39 所示，首先选择通信接口，本例为"MODBUS TCP"，单击"开始扫描"按钮，单击此按钮后，按钮的文字变为"停止扫描"，指示灯由黑色变为红色，表明此软件工具已经与模块连接上了。输入需要修改的 IP 地址（本例为 192.168.0.2），单击"设置"按钮即可，最好将模块断电重启。

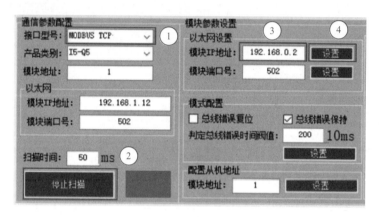

图 7-39　修改 IP 地址

在程序编辑器中，对程序进行在线监视如图 7-40 所示，监视到"STATUS"的状态值是 16#7006，查看 TIA Portal 软件的在线帮助，其含义是正在接收数据，表明通信是成功的。

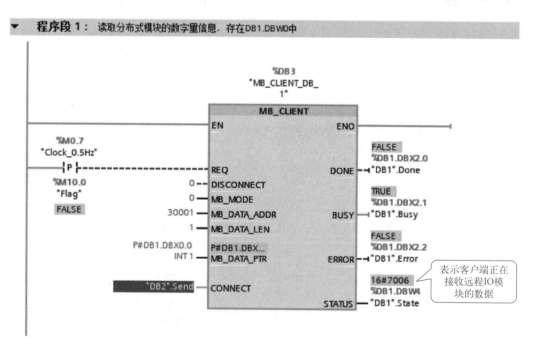

图 7-40　在线监视

7.5 工业以太网通信系统集成工程实例

工业以太网通信在工程应用极为广泛，已经成为现场总线通信的主流。这里讲解的工业以太网通信，主要指 OUC 通信、S7 通信和 PROFINET 通信，以下用一个例子介绍典型工程应用方案，但不编写程序。

【例 7-4】某钢厂的堆垛机控制系统，中控室需要监控现场参数，现场有数字输入点 266 个，数字输出点 118 个，变频器 17 台，伺服驱动器 2 台，现场的设备较分散，要求使用 S7-1200/1500 PLC 作为主 PLC。完成控制系统方案设计。

【解】分析题目：本控制系统，数字输入点 266 个，数字输出点 118 个，变频器 17 台，伺服驱动器 2 台，现场的设备较分散。显然本例是一个典型的中小控制规模的分布式控制系统，采用 S7-1200 PLC 即可，一台 S7-1200 PLC 主要负责堆垛机的运动控制部分，另一台 S7-1200 PLC 负责产线的逻辑控制部分，两台 S7-1200 PLC 采用 S7 通信。中控室需要对现场进行监控，通常上位机使用 WinCC 软件，上位机与 S7-1200 PLC 采用 S7 以太网通信。S7-1200 PLC 与现场的分布式模块、伺服驱动器和变频器采用 PROFINET 通信。

设计控制系统的网络拓扑图如图 7-41 所示，这是一种经济的方案，这两台 S7-1200 PLC 可以用 S7-1500 PLC 代替。本例所有设备都在统一网段。

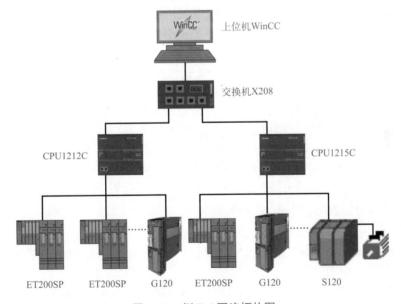

图 7-41　例 7-4 网络拓扑图

第8章

PROFINET 通信及应用

PROFINET 通信是工业以太网通信的一种，由于其重要地位，因此单独成章。本章主要介绍了 PROFINET IO 通信基础、S7-1200/1500 PLC 与分布式模块的 PROFINET IO 通信和 DCS 与 S7-1200/1500 PLC 的 PROFINET IO 通信。本章是 PLC 通信学习中的重中之重的内容。

8.1 PROFINET IO 通信基础

PROFINET IO 通信是实时通信，西门子的 PLC 可与西门子的产品以及支持 PROFINET IO 通信协议的第三方产品通信，其典型应用有西门子 S7-1200/1500 与西门子 ET200MP 的 PROFINET IO 通信、西门子 S7-1200/1500 与汇川伺服系统的 PROFINET IO 通信等。

（1）PROFINET IO 简介

PROFINET IO 通信主要用于模块化、分布式控制，通过以太网直接连接现场设备（IO-Device）。PROFINET IO 通信是全双工点到点方式通信。一个 IO 控制器（IO-Controller）最多可以和 512 个 IO 设备进行点到点通信，按照设定的更新时间，双方对等发送数据。一个 IO 设备的被控对象只能被一个控制器控制。在共享 IO 控制设备模式下，一个 IO 站点上不同的 IO 模块、同一个 IO 模块中的通道都可以最多被 4 个 IO 控制器共享，但输出模块只能被一个 IO 控制器控制，其他控制器可以共享信号状态信息。

由于访问机制是点到点的方式，S7-1200 PLC 的以太网接口可以作为 IO 控制器连接 IO 设备，又可以作为 IO 设备连接到上一级控制器。

（2）PROFINET IO 的特点

① 现场设备（IO-Devices）通过 GSD 文件的方式集成在 TIA Portal 软件中，其 GSD 文件以 XML 格式形式保存。

② PROFINET IO 控制器可以通过 IE/PB LINK（网关）连接到 PROFIBUS-DP 从站。

（3）PROFINET IO 三种执行水平

① 非实时数据通信（NRT）。PROFINET 是工业以太网，采用 TCP/IP 标准通信，响应时间为 100ms，用于工厂级通信。组态和诊断信息、上位机通信时可以采用。

② 实时（RT）通信。对于现场传感器和执行设备的数据交换，响应时间约为 5～10ms（DP满足）。PROFINET 提供了一个优化的、基于第二层的实时通道，解决了实时性问题。

PROFINET 的实时数据优先级传递，标准的交换机可保证实时性。

③ 等时同步实时（IRT）通信。在通信中，对实时性要求最高的是运动控制。100 个节点以下要求响应时间是 1μs，抖动误差不大于 1μs。等时数据传输需要特殊交换机（如 SCALANCE X-200 IRT）。

（4）PROFINET 的分类

PROFINET 分为 PROFINET IO 和 PROFINET CBA。PROFINET IO 仍在广泛使用；PROFINET CBA 已趋于淘汰，S7-1200/1500 不再支持。

8.2 S7-1200/1500 PLC 与分布式模块 ET200SP 之间的 PROFINET 通信

S7-1200/1500 PLC 与分布式模块 ET200SP（或 ET200MP）之间的 PROFINET 通信在工程实践中极为常见，读者必须要掌握，这种通信是典型的分布式控制，其使用减少了电缆的敷设，减少了安装、调试和维护的工作量。

以下仅以 S7-1500 PLC 与分布式模块 ET200SP 之间的 PROFINET 通信为例进行讲解，S7-1200 PLC 与分布式模块 ET200SP 之间的 PROFINET 通信与以下内容类似，不再赘述，可扫二维码学习。

【例 8-1】用 S7-1500 PLC 与分布式模块 ET200SP，实现 PROFINET 通信。某系统的控制器由 CPU1511T -1PN、IM155-6PN、SM521 和 SM522 组成，要求用 CPU1511T -1PN 上的 2 个按钮控制远程站上的一台电动机的启停。

【解】（1）软硬件配置

① 1 台 CPU1511T-1PN。

② 1 台 IM155-6PN。

③ 1 台 SM521 和 SM522。

④ 1 台个人电脑（含网卡）。

⑤ 1 套 TIA Portal V17。

S7-1200PLC
与分布式模块
ET200SP 之间
的 PROFINET
通信

⑥ 1 根带 RJ45 接头的屏蔽双绞线（正线）。

电气原理图如图 8-1 所示。以太网口 X1P1 由网线连接。

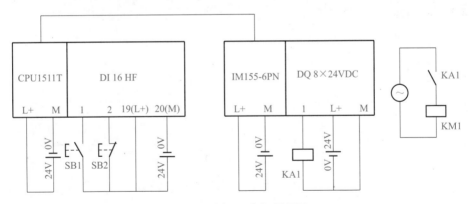

图 8-1　例 8-1 电气原理图

（2）编写控制程序

① 新建项目。先打开 TIA Portal V17，再新建项目，本例命名为"ET200SP"，单击"项目视图"按钮，切换到项目视图。

② 硬件配置。在 TIA Portal 软件项目视图的项目树中，双击"添加新设备"按钮，添加 CPU 模块，如图 8-2 所示。

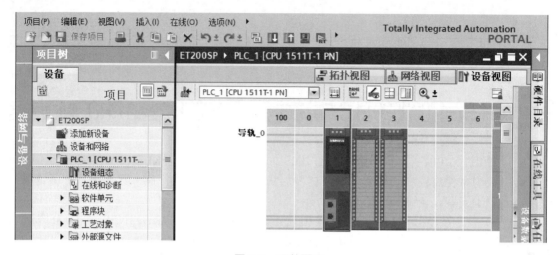

图 8-2 硬件配置

③ IP 地址设置。选中 PLC_1 的"设备视图"选项卡（标号①处）→ CPU1511T-1PN 模块（标号②处）→"属性"（标号③处）选项卡→"常规"（标号④处）选项卡→"以太网地址"（标号⑤处）选项，最后设置 IP 地址（标号⑥处），如图 8-3 所示。

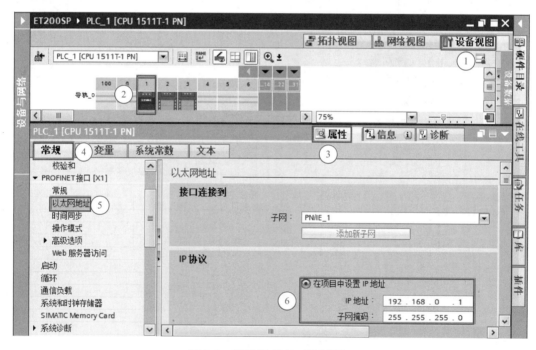

图 8-3 配置 IP 地址（控制器）

④ 在线检测 IM155-6 PN 模块。在 TIA Portal 软件项目视图的项目树中，单击"在线"→"硬件检测"→"网络中的 PROFINET 设备"，如图 8-4 所示，弹出如图 8-5 所示的界面，先选中网口和有线网卡，单击"开始搜索"按钮，勾选检测到的需要使用的设备（本例为 io1），单击"添加设备"按钮，io1 设备被添加到网络视图中。

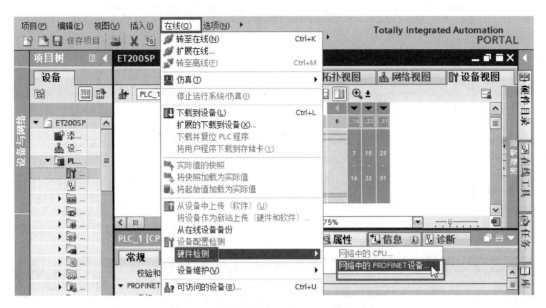

图 8-4　在线检测 IM155-6 PN 模块（1）

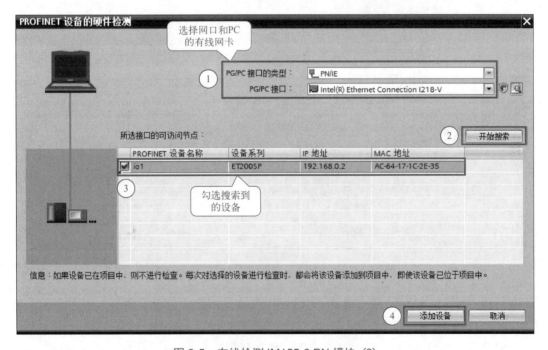

图 8-5　在线检测 IM155-6 PN 模块（2）

⑤ 建立 IO 控制器（本例为 CPU 模块）与 IO 设备的连接。选中"网络视图"（标号①处）选项卡，再用鼠标把 PLC_1 的 PN 口（标号②处）选中并按住不放，拖拽到 io1 的 PN口（标号③处）释放鼠标，如图 8-6 所示。

⑥ 启用电位组，查看数字量输出模块地址。在"设备视图"中，选中模块（标号②处），再选中"电位组"中的"启用新的电位组"。注意所有的浅色底板都要启用电位组。数字量输出模块的地址为 QB2，如图 8-7 所示，编写程序时，要与此处的地址匹配。

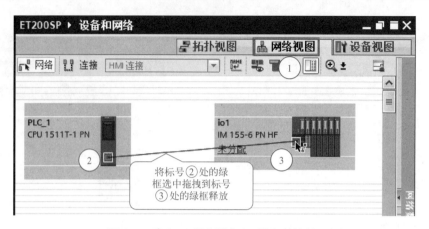

图 8-6　建立 IO 控制器与 IO 设备的连接

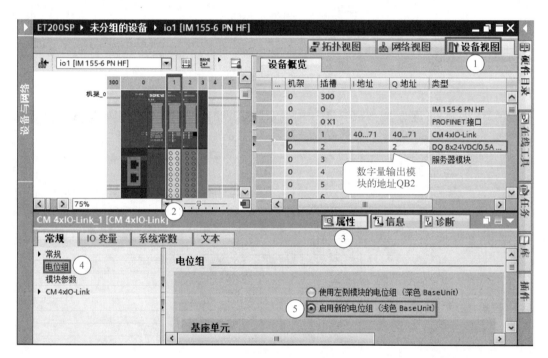

图 8-7　启用电位组，查看数字量输出模块地址

⑦ 分配 IO 设备名称。在线组态一般不需要分配 IO 设备名称，通常离线组态需要此项操作。选中"网络视图"选项卡，再用鼠标选中 PROFINET 网络（标号②处），右击鼠标，弹出快捷菜单，如图 8-8 所示，单击"分配设备名称"命令。

如图 8-9 所示，单击"更新列表"按钮，系统自动搜索 IO 设备，当搜索到 IO 设备后，再单击"分配名称"按钮。

⑧ 编写程序。只需要在 IO 控制器（CPU 模块）中编写程序，如图 8-10 所示，而 IO 设备中并不需要编写程序。

小结：

① 用 TIA Portal 软件进行硬件组态时，使用拖拽功能，能大幅提高工程效率，必须学会。

② 在下载程序后，如发现总线故障（BF 灯红色），一般情况是组态时，IO 设备的设备名或 IP 地址与实际设备的 IO 设备的设备名或 IP 地址不一致。此时，需要重新分配 IP 地址或设备名。

③ 分配 IO 设备的设备名和 IP 地址，应在线完成，也就是说必须有在线的硬件设备。

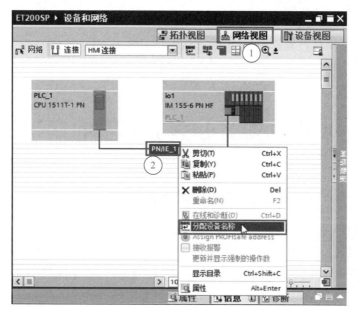

图 8-8　分配 IO 设备名称（1）

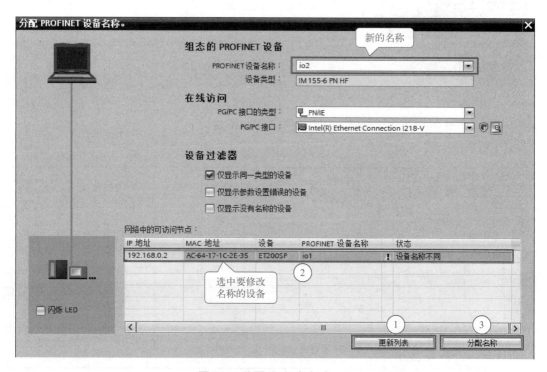

图 8-9　分配 IO 设备名称（2）

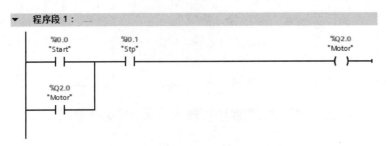

图 8-10　例 8-1 IO 控制器中的程序

8.3　S7-1200/1500 PLC 与扫码器的 PROFINET 通信

8.3.1　康耐视 DM60 扫码器通信基础

（1）认识扫码器

扫码器是一种进行数字转化工作的设备。利用发射红外线光源，然后根据反射的结果，使用芯片来进行译码，最后再反馈条形码所代表的正常字符。条码数据采集设备是制造业自动化生产线必备的生产线自动控制设备之一，能够摆脱繁重的人工抄写录入工作，减少人为差错，提高生产线的工作效率，并为产品及生产线的数据统计提供准确而详细的资料。

图 8-11　康耐视 DM60 扫码器的外形

被扫描物体靠近扫描窗口时，设备瞬间启动并进行快速识读。康耐视 DM60 扫码器的外形如图 8-11 所示。此扫码器配有 RS-232C 接口和以太网口，支持自由口通信协议和 PROFINET 通信协议。

（2）康耐视 DM60 扫码器的接线

DM60 扫码器有一个 DB15 针的接头，与个人计算机的 VGA 接头一致。接线时根据引脚的定义接线，重要的引脚定义见表 8-1。

表 8-1　信号线定义

DB15 针接头	引脚号	信号线颜色	定义	引脚号	信号线颜色	定义
	1	棕色	保留	5	红色 / 黑色	+5 ～ 24V 电源
	2	绿色	TxD	6	蓝色	RTS
	3	绿色 / 黑色	RxD	10	浅蓝	CTS
	4	红色和棕色 / 白色	GND			

8.3.2 S7-1200/1500 PLC 与康耐视 DM60 扫码器的 PROFINET 通信

以下用一个例子介绍 S7-1200/1500 PLC 与康耐视 DM60 扫码器的 PROFINET 通信。由于 S7-1200 和 S7-1500 的程序是相同的，所以仅仅以 S7-1200 为例进行介绍。

【例 8-2】用 S7-1200 PLC 通过 PROFINET 通信读取康耐视 DM60 扫码器的扫码信息，并显示到 HMI 上。

【解】（1）软硬件配置

① 1 台 CPU1215C。

② 1 台 DM60 扫码器。

③ 1 套 TIA Portal V17。

④ 1 台个人电脑（含网卡）。

⑤ 2 根带 RJ45 接头的屏蔽双绞线（正线）。

电气原理图如图 8-12 所示。以太网口 X1P1 由网线连接。

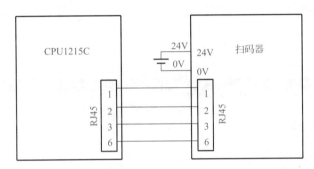

图 8-12　例 8-2 电气原理图

（2）硬件和网络组态

① 新建项目。先打开 TIA Portal V17，再新建项目，本例命名为"DM60"，接着单击"项目视图"按钮，切换到项目视图，并添加新设备"CPU1215C"模块，如图 8-13 所示。

图 8-13　新建项目

② 网络组态。如图 8-14 所示，先将标记①处的"DataMan60"拖拽到标记②处，再将标记③处的绿色小窗按住不放，拖拽到标记④处的绿色小窗，即 PROFINET 网络连接。双击②处的 DataMan60 扫码器的图标，弹出如图 8-15 所示的界面，采集控制字、采集状态字和采集的数据结果如图 8-15 所示。

注意 在网络组态前，必须安装"DataMan60"的 GSDML，或者打开含有此 GSDML 文件的程序也可以。

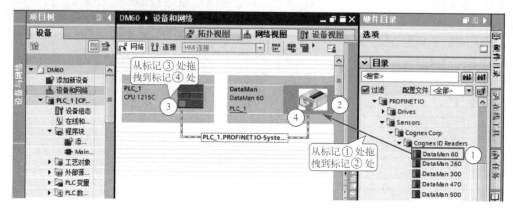

图 8-14　网络组态（1）

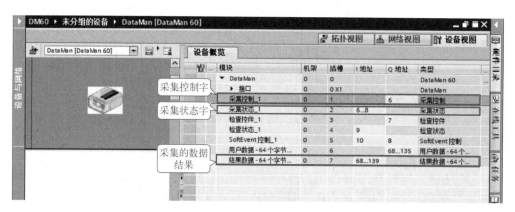

图 8-15　网络组态（2）

（3）编写程序

① 采集控制字说明　见表 8-2。

表 8-2　采集控制字说明

序号	位号	说明
1	Bit0	准备命令
2	Bit1	触发命令
3	Bit2 ~ Bit6	预留
4	Bit7	脱机命令

参照图 8-15，控制字是 QB6，所以 Q6.1 扫码触发命令。

② 采集状态字说明　见表 8-3。

表 8-3 采集状态字说明

序号	位号	说明
1	Bit0	准备完成
2	Bit1	采集完成
3	Bit2	
4	Bit3	
5	Bit4 ～ Bit6	脱机原因代码
6	Bit7	联机状态
7	Bit8 ～ Bit23	

参照图 8-15，状态字是 IB6 ～ IB8，所以 I6.1 采集完成命令。

③ 采集的数据结果说明　见表 8-4。

表 8-4 采集的数据结果说明

序号	位号	说明
1	Byte0 ～ Byte1	完成计数
2	Byte2 ～ Byte7	预留
3	Byte8 ～ Byte259	扫码数据存放地址

参照图 8-15，采集的数据结果（扫码结果）保存在 IB76 ～ IB139（注意，IB68 ～ IB139 中前 7 个字节的用途见表 8-4）。

④ 编写程序　FB1 程序如图 8-16 所示，OB1 程序如图 8-17 所示。

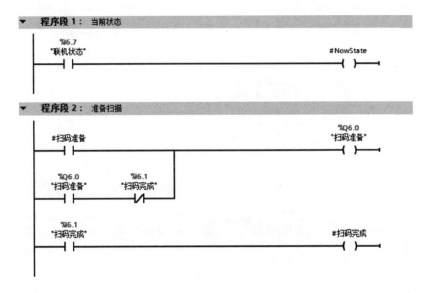

图 8-16

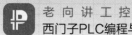
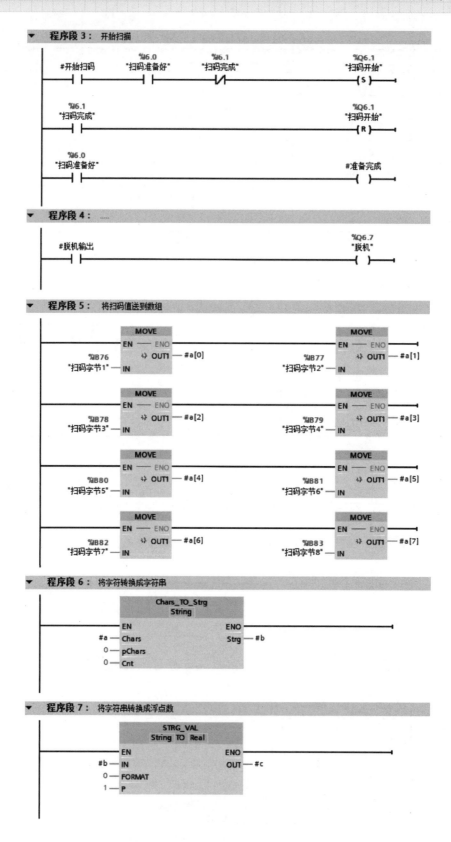

图 8-16 例 8-2 FB1 中的程序

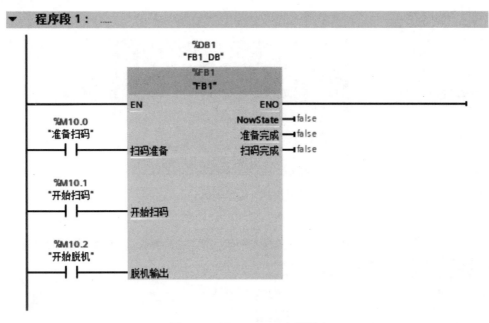

图 8-17　例 8-2 OB1 中的程序

（4）扫码器的设置

在康耐视的官方网站上免费下载设置软件"DataMan"，并安装。此软件可以设置扫码器的 IP 地址、修改设备名、设置扫码方式等，具体可参考 DataMan60 的说明书。

8.4 S7-1200/1500 PLC 与 DCS 的 PROFINET 通信

在前面的章节介绍过 S7-1200/1500 PLC 与 DCS 的 PROFIBUS 通信，读者应该对 DCS 已经有一定的认识。由于技术的发展，PROFINET 逐步取代 PROFIBUS 通信是个不争的事实，因此以下用一个例子介绍 DCS 与 S7-1200/1500 PLC 的 PROFINET 通信。

【例 8-3】在某制药厂，中控室的 DCS 采用 PROFINET 通信，监控一台 CPU1215C，监视和控制字长都为 10 个字节，要求实现此任务。

【解】（1）主要软硬件配置

① 1 套 TIA Portal V17。

② 1 台 CPU1215C。

③ 2 根以太网网线。

（2）硬件组态

本例的硬件组态采用在线组态方法，也可以采用离线组态方法。

① 新建项目。先打开 TIA Portal V17，再新建项目，本例命名为"DCS_PN"，接着单击"项目视图"按钮，切换到项目视图，如图 8-18 所示。

② 从站硬件配置。如图 8-19 所示，在 TIA Portal 软件项目视图的项目树中，双击"添加新设备"按钮，在"添加新设备"中，展开"CPU"，再选择"6ES7 2XX-XXXXX-XXXX"，单击"确定"按钮。在弹出的界面中，单击"获取"按钮，弹出如图 8-20 所示的界面。

图 8-18　新建项目

图 8-19　添加新设备

按照图 8-20 设置"PG/PC 接口",再单击"开始搜索"按钮,选中搜索到的设备,本例为"plc_1",单击"检测"按钮,所有的模块都自动检测到"PG/PC"中,弹出如图 8-21 所示的界面。

③ 添加新子网。如图 8-21 所示,选择"PROFINET 接口 [X1]"→"以太网地址",单击"添加新子网"按钮,添加新的 PROFINET 子网。

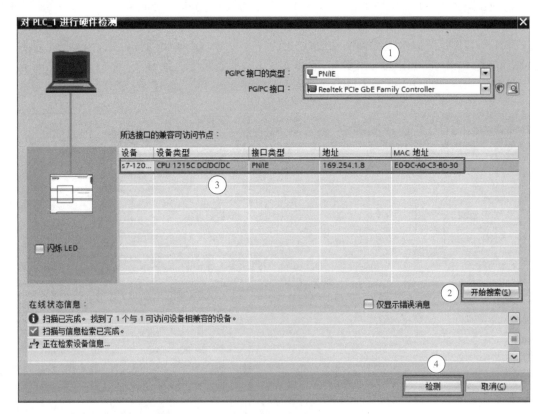

图 8-20　检测

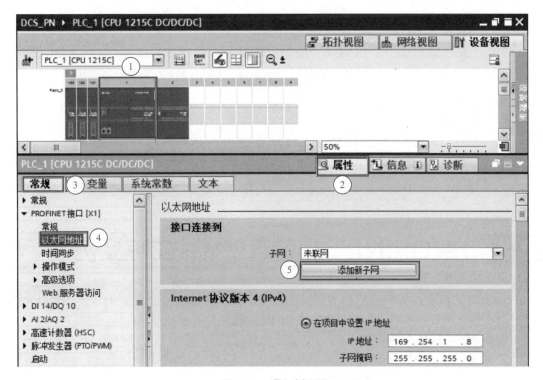

图 8-21　添加新子网

④ 创建输入 / 输出通信数据传输区。如图 8-22 所示，选中"智能设备通信"→勾选"IO 设备"→单击"新增"按钮两次，创建两个传输区→单击标记④处的方向箭头，改变传输方向→修改标记⑤处，把传输数据的长度改为 10 字节。输入 / 输出通信数据传输区创建完成，结果是 CPU1215C 的 QB200～QB209 区间的 10 个字节循环送到 DCS，而 DCS 把控制信号传输到 CPU1215C 的 IB200～IB209 区间。

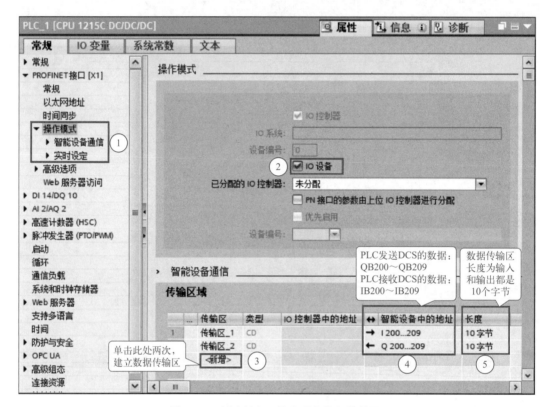

图 8-22　创建输入 / 输出通信数据传输区

说明

DCS 与 S7-1200/1500 PLC 的 PROFINET 通信，如 DCS 作控制器站，则 PLC 侧作 IO 设备站，可以不编写程序，只要正确地组态即可，十分简便，在工程中比较常用。

8.5 PROFINET 通信系统集成工程实例

PROFINET 工业以太网通信在工程应用极为广泛，其市场份额领先于其他工业以太网。以下用 2 个例子介绍典型工程应用方案，但不编写程序。

【例 8-4】某平衡机的控制系统，上位机 HMI 监控现场参数，现场有数字输入点 166 个，数字输出点 108 个，变频器 17 台，伺服驱动器 2 台，现场的设备较分散，要求使用 S7-1200/1500 PLC 作为主 PLC。完成控制系统方案设计。

【解】分析题目：本控制系统，数字输入点 166 个，数字输出点 108 个，FESTO 阀岛 1 个，康耐视扫码器 1 台，用于记录流水信息，伺服驱动器 2 台，现场的设备较分散，业主要求使用 S7-1200/1500 PLC。显然本例是一个典型的中小控制规模的分布式控制系统，采用分布式 CPU 模块 CPU1512SP-1PN 即可，这块 CPU 模块的扩展模块与 ET200SP 的扩展模块相同，性价比高，广泛用于工控现场。本例的上位机使用西门子的 TP700 型 HMI，上位机与 CPU1512SP-1PN 采用以太网通信。CPU1512SP-1PN 与现场的分布式模块、伺服驱动器、FESTO 阀岛和康耐视扫码器采用 PROFINET 通信。

阀岛的使用减少了现场接线，通常仅需要连接电源电缆和通信电缆，本例的阀岛实际就是一个 PROFINET 设备站，阀岛不占用 PLC 的 I/O 点，使用会越来越多。

设计控制系统的网络拓扑图如图 8-23 所示，CPU1512SP-1PN 可以用 S7-1200 PLC 代替。本例所有设备都在统一网段。

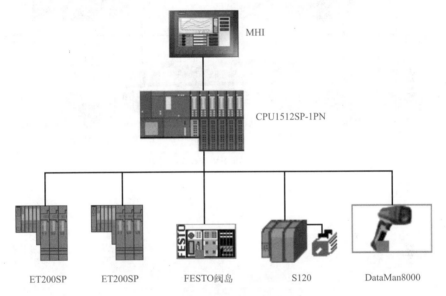

图 8-23　例 8-4 网络拓扑图

【例 8-5】某药厂有 10 台离心机，上位机 DCS 监控现场参数，每台离心机有数字输入点 23 个，数字输出点 18 个，变频器 5 台，离心机分散在车间需要的地方，要求使用 S7-1200/1500 PLC 作为主 PLC。完成控制系统方案设计。

【解】分析题目：本控制系统，数字输入点 23 个，数字输出点 18 个，变频器 5 台，现场的设备较分散，业主要求使用 S7-1200/1500 PLC。从单台设备看本例是一个典型的小控制规模的分布式控制系统，采用 S7-1200 PLC 即可。

数据流向（以数据流向 DCS 为例）：本例的每台离心机的 CPU1214C 和变频器进行 PROFINET 通信，G120 变频器的数据流向 CPU1214C。所有的离心机通过 CP1243-1 模块和 CPU1211C 左侧的 CP1243-1 模块进行 S7 通信，所有 CPU1214C 的数据流向 CPU1211C。上位机使用和利时的 DCS，DCS 与 CPU1211C 采用 PROFINET 通信，其中 DCS 作为控制器站，CPU1211C 作为设备站，CPU1211C 的数据流向 DCS。

设计控制系统的网络拓扑图如图 8-24 所示。本例所有 CPU1214C 的 IP 地址都在统一网段，所有 CP1243-1 的 IP 地址都在统一网段，CPU1211C 与 DCS 的 IP 地址在同一网段。

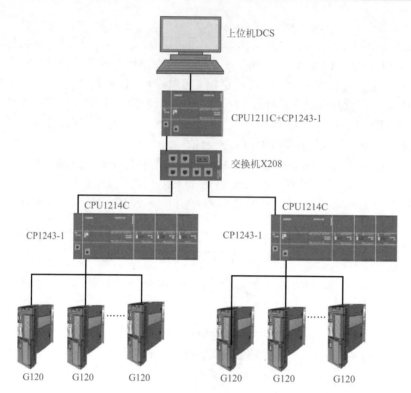

图 8-24　例 8-5 网络拓扑图

第9章
自由口通信及应用

自由口通信通常是控制器与第三方设备的通信，需要阅读第三方设备说明书的通信协议 / 通信报文。本章主要介绍自由口通信的概念、S7-200 SMART PLC 和 S7-1200/1500 PLC 的自由口通信。本章内容是难点。

9.1 自由口通信概述

（1）自由口通信协议的概念

自由口通信协议就是通信对象之间采用的不是如 PROFIBUS 和 MODBUS 等标准的通信协议，而是根据产品需求自定义的协议，任何对象要与之通信，则必须遵循该通信协议。有的文献也称为无协议。

常见的自由口协议的物理层是 RS-232C 或者 RS-485/422。

（2）自由口通信协议的应用场合

一般而言，在 PLC 的通信中，自由口通信常用于 PLC 与第三方设备的通信。例如 PLC 与一维和二维码扫描器、打印机、仪表、第三方的变频器和第三方 PLC 等。通常编程者让 PLC 遵循第三方的设备的协议，编写控制程序。例如 PLC 与二维码扫描器进行自由口通信时，PLC 遵守二维码扫描器自定义的协议。

9.2 S7-200 SMART PLC 的自由口通信及应用

9.2.1 S7-200 SMART PLC 自由口通信基础

S7-200 SMART PLC 的自由口通信是基于 RS-485 或 RS-232 通信基础的通信，西门子 S7-200 SMART PLC 拥有自由口通信功能，顾名思义，就是没有标准的通信协议，用户可以自己规定协议。第三方设备大多支持 RS-485 串口通信，西门子 S7-200 SMART PLC 可以通过自由口通信模式控制串口通信。最简单的使用案例就是只用发送指令（XMT）向打印机或者变频器等第三方设备发送信息。不管任何情况，都通过 S7-200 SMART PLC 编写程序实现。

自由口通信的核心就是发送（XMT）和接收（RCV）两条指令，以及相应的特殊寄存器控制。当 S7-200 SMART CPU 通信端口是 RS-485 半双工通信口时，发送和接收不能同时处于激活状态。RS-485 半双工通信串行字符通信的格式可以包括一个起始位、7 位或 8 位字符（数据字节）、一个奇 / 偶校验位（或者没有校验位）、一个停止位。

自由口通信波特率可以设置为 1200bit/s、2400bit/s、4800bit/s、9600bit/s、19200bit/s、38400bit/s、57600bit/s 或 115200bit/s。凡是符合这些格式的串行通信设备，理论上都可以和 S7-200 SMART CPU 通信。自由口模式可以灵活应用。STEP7-Micro/WIN SMART 的两个指令库（USS 和 Modbus RTU）就是使用自由口模式编程实现的。

S7-200 SMART CPU 使用 SMB30（对于 Port0）和 SMB130（对于 Port1）定义通信口的工作模式，控制字节的定义如图 9-1 所示。

图 9-1 控制字节的定义

① 通信模式由控制字的最低的两位"mm"决定。
- mm=00：PPI 从站模式。
- mm=01：自由口模式 。
- mm=10，11：保留（默认 PPI 从站模式）。

所以，只要将 SMB30 或 SMB130 赋值为 2 # 01，即可将通信口设置为自由口模式。

② 控制位的"pp"是奇偶校验选择。
- pp=00：无校验。
- pp=01：偶校验。
- pp=10：无校验。
- pp=11：奇校验 。

③ 控制位的"d"是每个字符的位数。
- d=0：每个字符 8 位。
- d=1：每个字符 7 位。

④ 控制位的"bbb"是波特率选择。
- bbb=000： 38400bit/s。
- bbb=001： 19200bit/s。
- bbb=010： 9600bit/s。
- bbb=011： 4800bit/s。
- bbb=100： 2400bit/s。
- bbb=101： 1200bit/s。
- bbb=110： 115200bit/s。
- bbb=111： 57600bit/s。

（1）发送指令

以字节为单位，XMT 向指定通信口发送一串数据字符，要发送的字符由数据缓冲区指定，一次发送的字符最多为 255 个。

发送完成后，会产生一个中断事件，对于 Port0 口为中断事件 9，而对于 Port1 口为中断事件 26。当然也可以不通过中断，而通过监控 SM4.5（对于 Port0 口）或者 SM4.6（对于 Port1 口）的状态来判断发送是否完成，如果状态为 1，说明完成。XMT 指令缓冲区格式见表 9-1。

表 9-1　XMT 指令缓冲区格式

序号	字节编号	内容
1	T+0	发送字节的个数
2	T+1	数据字节
3	T+2	数据字节
…	…	…
256	T+255	数据字节

（2）接收指令

以字节为单位，RCV 通过指定通信口接收一串数据字符，接收的字符保存在指定的数据缓冲区，一次接收的字符最多为 255 个。

接收完成后，会产生一个中断事件，对于 Port0 口为中断事件 23，而对于 Port1 口为中断事件 24。当然也可以不通过中断，而通过监控 SMB86（对于 Port0 口）或者 SMB186（对于 Port1 口）的状态来判断发送是否完成，如果状态为非零，说明完成。SMB86 和 SMB186 含义见表 9-2，SMB87 和 SMB187 含义见表 9-3。

表 9-2　SMB86 和 SMB186 含义

对于 Port0 口	对于 Port1 口	控制字节各位的含义
SM86.0	SM186.0	为 1 说明奇偶校验错误而终止接收
SM86.1	SM186.1	为 1 说明接收字符超长而终止接收
SM86.2	SM186.2	为 1 说明接收超时而终止接收
SM86.3	SM186.3	为 0
SM86.4	SM186.4	为 0
SM86.5	SM186.5	为 1 说明是正常收到结束字符
SM86.6	SM186.6	为 1 说明输入参数错误或者缺少起始和终止条件而结束接收
SM86.7	SM186.7	为 1 说明用户通过禁止命令结束接收

表 9-3　SMB87 和 SMB187 含义

对于 Port0 口	对于 Port1 口	控制字节各位的含义
SM87.0	SM187.0	0
SM87.1	SM187.1	1：使用中断条件　0：不使用中断条件
SM87.2	SM187.2	1：使用 SM92 或者 SM192 时间段结束接收 0：不使用 SM92 或者 SM192 时间段结束接收
SM87.3	SM187.3	1：定时器是信息定时器　0：定时器是内部字符定时器
SM87.4	SM187.4	1：使用 SM90 或者 SM190 检测空闲状态 0：不使用 SM90 或者 SM190 检测空闲状态

续表

对于 Port0 口	对于 Port1 口	控制字节各位的含义
SM87.5	SM187.5	1：使用 SM89 或者 SM189 终止符检测终止信息 0：不使用 SM89 或者 SM189 终止符检测终止信息
SM87.6	SM187.6	1：使用 SM88 或者 SM188 起始符检测起始信息 0：不使用 SM88 或者 SM188 起始符检测起始信息
SM87.7	SM187.7	0：禁止接收　1：允许接收

与自由口通信相关的其他重要特殊控制字 / 字节见表 9-4。

表 9-4　其他重要特殊控制字 / 字节

对于 Port0 口	对于 Port1 口	控制字节或者控制字的含义
SMB88	SMB188	信息字符的开始
SMB89	SMB189	信息字符的结束
SMW90	SMW190	空闲线时间段，按毫秒设定。空闲线时间用完后接收的第一个字符是新消息的开始
SMW92	SMW192	中间字符 / 消息定时器溢出值，按毫秒设定。如果超过这个时间段，则终止接收消息
SMW94	SMW194	要接收的最大字符数（1 ~ 255 字节）。此范围必须设置为期望的最大缓冲区大小，即使不使用字符计数消息终端

RCV 指令缓冲区格式见表 9-5。

表 9-5　RCV 指令缓冲区格式

序号	字节编号	内容
1	T+0	接收字节的个数
2	T+1	起始字符（如果有）
3	T+2	数据字节
4	T+3	数据字节
…	…	…
256	T+255	结束字符（如果有）

9.2.2　S7-200 SMART PLC 与 FX3U PLC 的自由口通信

除了 S7-200 SMART PLC 之间可以进行自由口通信，S7-200 SMART PLC 还可以与其他品牌的 PLC、变频器、仪表和打印机等进行通信，要完成通信，这些设备应有 RS-232C 或者 RS-485 等形式的串口。西门子 S7-200 SMART PLC 与三菱的 FX3U 通信时，采用自由口通信，而三菱公司称这种通信为"无协议通信"，实际上内涵是一样的。

以下以 CPU ST40 与三菱 FX3U-32MR 自由口通信为例，讲解 S7-200 SMART PLC 与其

他品牌 PLC 或者设备之间的自由口通信。

【例 9-1】有两台设备，设备 1 的控制器是 CPU ST40，设备 2 的控制器是 FX3U-32MR，两者之间为自由口通信，实现设备 1 的 SB1 启动设备 2 的电动机，设备 1 的 SB2 停止设备 2 的电动机的转动，请设计解决方案。

【解】（1）主要软硬件配置

① 1 套 STEP 7-Micro/WIN SMART V2.6 和 GX Works2。

② 1 台 CPU ST40 和 1 台 FX3U-32MR。

③ 1 根屏蔽双绞电缆（含 1 个网络总线连接器）。

④ 1 台 FX3U-485-BD。

⑤ 1 根网线。

电气原理图如图 9-2 所示。

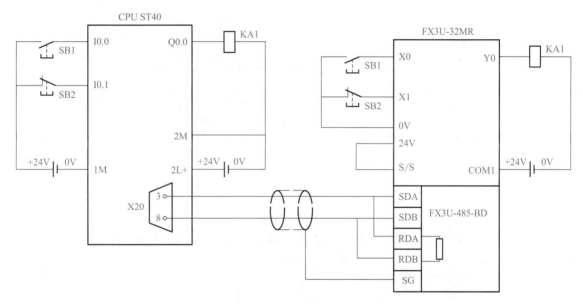

图 9-2　例 9-1 电气原理图

关键点

网络的正确接线至关重要，具体有以下几方面。

① CPU ST40 的 X20 口可以进行自由口通信，其 9 针的接头中，1 号引脚接地，3 号引脚为 RXD+/TXD+（发送 +/ 接收 +）公用，8 号引脚为 RXD-/TXD-（发送 -/ 接收 -）公用。

② FX3U-32MR 的编程口不能进行自由口通信，因此本例配置了一块 FX3U-485-BD 模块，此模块可以进行双向 RS-485 通信（可以与两对双绞线相连），但由于 CPU ST40 只能与一对双绞线相连，因此 FX3U-485-BD 模块的 RDA（接收 +）和 SDA（发送 +）短接，SDB（接收 -）和 RDB（发送 -）短接。

③ 由于本例采用的是 RS-485 通信，所以两端需要接终端电阻，均为 110Ω，CPU ST40 端未画出（由于和 X20 相连的网络连接器自带终端电阻），若传输距离较近时，终端电阻可不接入。

（2）编写 CPU ST40 的程序

CPU ST40 中的主程序如图 9-3 所示，子程序如图 9-4 所示，中断程序如图 9-5 所示。

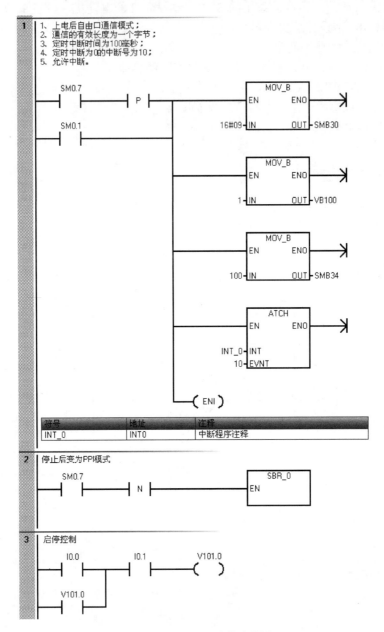

图 9-3　CPU ST40 中的主程序

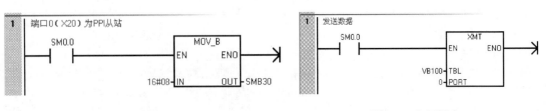

图 9-4　子程序　　　　　　　　　　　　图 9-5　中断程序

　　自由口通信每次发送的信息最少是一个字节，本例中将启停信息存储在 VB101 的 V101.0 位发送出去。VB100 存放的是发送有效数据的字节数。

　　(3) 编写 FX3U-32MR 的程序

　　1) 无协议通信简介

　　① RS 指令格式如图 9-6 所示。

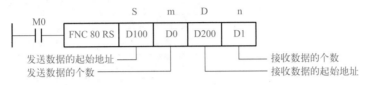

图 9-6　RS 指令格式

　　② 无协议通信中用到的软元件见表 9-6。

表 9-6　无协议通信中用到的软元件

元件编号	名称	内容	属性
M8122	发送请求	置位后，开始发送	读 / 写
M8123	接收结束标志	接收结束后置位，此时不能再接收数据，需人工复位	读 / 写
M8161	8 位处理模式	在 16 位和 8 位数据之间切换接收和发送数据，为 ON 时为 8 位模式，为 OFF 时为 16 位模式	写

　　③ D8120 的通信格式见表 9-7。

表 9-7　D8120 的通信格式

位编号	名称	内容	
		0（为 OFF）	1（为 ON）
b0	数据长度	7 位	8 位
b1b2	奇偶校验	b2, b1 (0, 0)：无 (0, 1)：奇校验（ODD） (1, 1)：偶校验（EVEN）	
b3	停止位	1 位	2 位
b4b5b6b7	波特率 /bps	b7, b6, b5, b4 (0, 0, 1, 1)：300 (0, 1, 0, 0)：600 (0, 1, 0, 1)：1200 (0, 1, 1, 0)：2400	b7, b6, b5, b4 (0, 1, 1, 1)：4800 (1, 0, 0, 0)：9600 (1, 0, 0, 1)：19200
b8	报头	无	有

续表

位编号	名称	内容	
		0（为 OFF）	1（为 ON）
b9	报尾	无	有
b10b11	控制线	无协议 b11, b10 (0, 0)：无 <RS-232C 接口 > (0, 1)：普通模式 <RS-232C 接口 > (1, 0)：相互链接模式 <RS-232C 接口 > (1, 1)：调制解调器模式 <RS-232C/ RS-485/422 接口 > 计算机链接 (1, 1)：调制解调器模式 <RS-232C 接口 > (0, 0)：RS-485 通信 < RS-485/422 接口 >	
b12	不可用		
b13	和校验	不附加	附加
b14	协议	无协议	专用协议
b15	控制顺序（CR、LF）	不使用 CR，LF（格式 1）	使用 CR，LF（格式 4）

2）编写程序　FX3U-32MR 中的程序如图 9-7 所示。

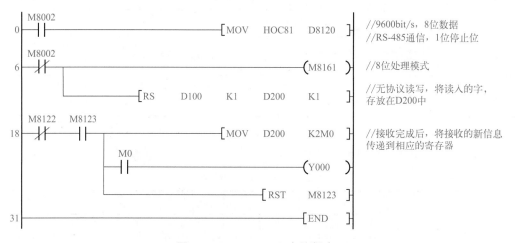

图 9-7　FX3U-32MR 中的程序

实现不同品牌的 PLC 的通信，确实比较麻烦，要求读者对两种品牌的 PLC 的通信都比较熟悉。其中有两个关键点，一是读者一定要把通信线接对，二是与自由口（无协议）通信相关的指令必须要弄清楚，否则通信是很难成功的。

关键点

　　以上的程序是单向传递数据，即数据只从 CPU ST40 传向 FX3U-32MR，因此程序相对而言比较简单，若要数据双向传递，则必须注意 RS-485 通信是半双工的，编写程序时要保证在同一时刻同一个站点只能接收或者发送数据。

9.3 S7-1200/1500 PLC 的自由口通信及应用

9.3.1 S7-1200/1500 PLC 自由口通信基础

(1) S7-1200 PLC 的自由口通信口

S7-1200 PLC 的自由口通信是基于 RS-485/422/232C 通信基础的通信，西门子 S7-1200 PLC 拥有自由口通信功能。利用 S7-1200 PLC 进行自由口通信，需要配置 CM1241（RS-485/422）或者 CM1241（RS-232）通信模块。每个 CPU 模块最多可以配置 3 块通信模块。当采用 CM1241（RS-232）通信模块时，其接头的引脚定义见表 9-8，这个引脚定义对接线非常重要，一般使用引脚 2、3 和 5。

表 9-8　CM1241（RS-232）通信模块的引脚定义

引脚	说明	连接器（插头式）	引脚	说明
1 DCD	数据载波检测：输入		6 DSR	数据设备就绪：输入
2 RxD	从 DCE 接收数据：输入		7 RTS	请求发送：输出
3 TxD	传送数据到 DCE：输出		8 CTS	允许发送：输入
4 DTR	数据终端就绪：输出		9 RI	振铃指示器（未用）
5 GND	逻辑地		SHELL	机壳接地

(2) S7-1500 PLC 的自由口通信口

利用 S7-1500 PLC 进行自由口通信，需要配置如 CM PtP RS-422/485 或 CM PtP RS-232 通信模块。当模块为 CM PtP RS-422/485 时，其引脚定义见表 9-9。通常使用引脚 2、4、9 和 11。

表 9-9　CM PtP RS-422/485 通信模块的引脚定义

RS-422/485 母头连接器	引脚	标识	输入 / 输出	含义
	1	—	—	—
	2	T（A）-	输出	发送数据（四线制模式）
	3	—	—	—
	4	R（A）/T（A）-	输入 输入 / 输出	接收数据（四线制模式） 接收 / 发送数据（两线制模式）
	8	GND	—	功能性接地（隔离）
	9	T（B）+	输出	发送数据（四线制模式）
	10	—	—	—
	11	R（B）/T（B）+	输入 输入 / 输出	接收数据（四线制模式） 接收 / 发送数据（两线制模式）

（3）常用自由口通信指令

SEND_PTP 是自由口通信的发送指令，当 REQ 端为上升沿时，通信模块发送消息，数据传送到数据存储区 BUFFER 中，PORT 中规定使用的是 RS-232 还是 RS-485 模块。SEND _PTP 指令的参数含义见表 9-10。

表 9-10　SEND _PTP 指令的参数含义

LAD	输入 / 输出	说　明	数据类型
	EN	使能	BOOL
	REQ	发送请求信号，每次上升沿发送一个消息帧	BOOL
SEND_PTP EN　ENO REQ　DONE PORT　ERROR BUFFER　STATUS LENGTH PTRCL	PORT	通信模块的标识符，有 RS232_1[CM] 和 RS485_1[CM]	PORT
	BUFFER	指向发送缓冲区的起始地址	VARIANT
	PTRCL	FALSE 表示用户定义协议	BOOL
	ERROR	是否有错	BOOL
	STATUS	错误代码	WORD
	LENGTH	发送的消息中包含字节数	UINT

RCV_PTP 指令用于自由口通信，可启用已发送消息的接收。RCV _PTP 指令的参数含义见表 9-11。

表 9-11　RCV _PTP 指令的参数含义

LAD	输入 / 输出	说　明	数据类型
	EN	使能	BOOL
	EN_R	在上升沿启用接收	BOOL
RCV_PTP EN　ENO EN_R　NDR PORT　ERROR BUFFER　STATUS LENGTH	PORT	通信模块的标识符，有 RS232_1[CM] 和 RS485_1[CM]	PORT
	BUFFER	指向接收缓冲区的起始地址	VARIANT
	ERROR	是否有错	BOOL
	STATUS	错误代码	WORD
	LENGTH	接收的消息中包含字节数	UINT

9.3.2　S7-1200/1500 PLC 与二维码扫描仪的自由口通信

以下用一个例子介绍 S7-1200 PLC 与二维码扫描仪的自由口通信。

【例 9-2】有一台设备，控制器是 CPU1211C，扫码器是 NLS-NVF200，自带 RS-232C 接口，CPU1211C 和扫码器之间进行自由口通信，实现扫码器向 CPU1211C 发送条形码字符，当扫描到条形码字符为 "9787040496659" 时，指示灯亮。设计解决方案。

【解】（1）主要软硬件配置

① 1 套 TIA Portal V17。

② 1 台 CPU 1211C 和 1 台 NLS-NVF200 扫码器。

③ 1 台 CM1241（RS-232）。

④ 1 根网线。

原理图如图 9-8 所示，注意 CM1241（RS-232）模块和扫码器连接时，应采用交叉线接线，即串行模块的发送端接扫码器的接收端，反之亦然。此外，串行模块的 5 号端子 GND 与扫码器的 0V 短接。

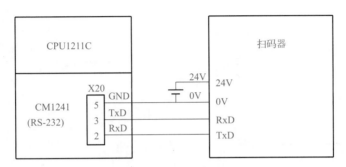

图 9-8 例 9-2 原理图

（2）硬件组态

① 新建项目。新建项目"Scanner"，如图 9-9 所示，添加一台 CPU 1211C 和两台 CM1241（RS-232）通信模块。

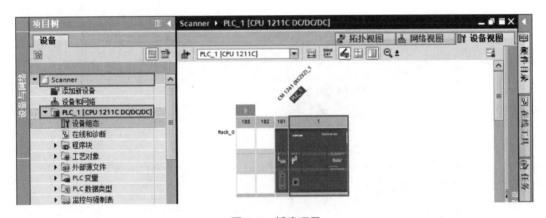

图 9-9 新建项目

② 启用系统时钟。选中 PLC_1 中的 CPU1211C，再选中"系统和时钟存储器"，勾选"启用系统存储器字节"和"启用时钟存储器字节"，如图 9-10 所示。

③ 设置串口通信参数。设置串口通信参数如图 9-11 所示，注意这里设置的参数必须与扫码器中设置的参数一致。

④ 添加数据块。在 PLC_1 的项目树中，展开程序块，单击"添加新块"按钮，弹出界面如图 9-12 所示。选中数据块，命名为"DB2"，再单击"确定"按钮。

⑤ 创建数组。打开 PLC_1 中的数据块，创建数组 a[0..40]，数组中有 41 个字节 a[0] ～ a[40]，如图 9-13 所示。同时要取消其属性中的"优化访问"。

图 9-10　启用系统时钟

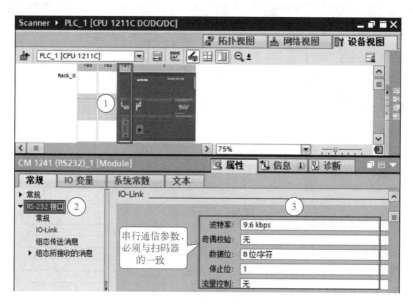

图 9-11　设置串口通信参数

（3）编写 S7-1200 的程序

OB100 中的程序如图 9-14 所示。

OB1 中的程序如图 9-15 所示。程序说明如下。

程序段 1：扫码数值是 ASCII 码接收到数组 DB2.a，是字符形式保存。

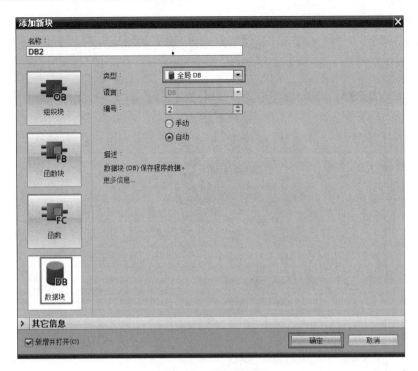

图 9-12　添加数据块

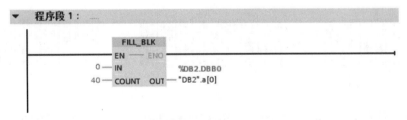

图 9-13　创建数组

▼　程序段 1:

```
              FILL_BLK
             EN    ENO
     0 — IN
                   OUT  %DB2.DBB0
    40 — COUNT          "DB2".a[0]
```

图 9-14　OB100 中的程序

程序段 2：将单个的字符转换成字符串。

程序段 3：进行字符串比较，当字符串等于"9787040496659"时，指示灯亮。

（4）设置条形码扫描仪的通信参数

S7-1200/1500 PLC 与二维码扫描仪的自由口通信，S7-1200/1500 PLC 与二维码扫描仪的通信参数必须一致。

NLS-NVF200 扫描仪的参数设置有两种方法，简易的设置方法只要用扫码仪扫设置参数用的条形码即可，这些用于设置的条形码，在说明书可以找到。以下介绍最常用的 5 个条形码，如图 9-16 所示，分别是恢复出厂值、设置波特率为 9600bit/s、无校验、7 个数据位、一个停止位和退出设置。

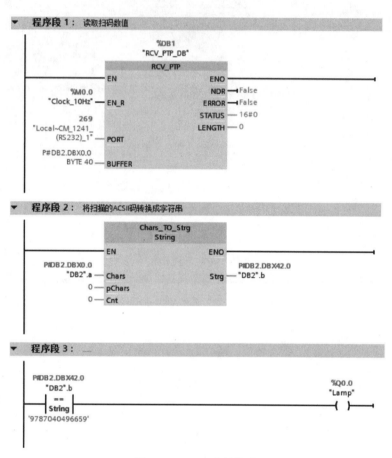

图 9-15　OB1 中的程序

@FACDEF
【加载出厂默认设置】

@232BAD3
**【9600】

@232PAR0
**【无校验】

@232DAT1
【7个数据位】

@232STP0
**【一个停止位】

#SETUPE0
【退出设置】

图 9-16　5 个条形码（设置参数用）

　　NLS-NVF200 扫描仪的参数设置还可以采用专门的软件设置，即 EasySet 软件，可以在商家的网站上免费下载。

第 3 篇

西门子PLC与机器人、机器视觉、RFID、智能仪表和变频器的系统集成

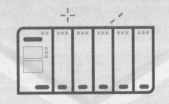

第10章
西门子 PLC 与机器人的通信及系统集成

机器人的通信应用非常广泛，本章主要介绍 S7-1200/1500 PLC 与机器人的 Modbus-TCP 通信和 PROFINET 通信。

10.1 S7-1200/1500 PLC 与埃夫特机器人之间的 Modbus-TCP 通信

埃夫特机器人是国产机器人的骄傲。Modbus-TCP 通信的基础部分在前面已经介绍过了，以下用一个例子介绍 S7-1500 PLC 与埃夫特机器人之间的 Modbus-TCP 通信应用。S7-1200 PLC 与埃夫特机器人之间的 Modbus-TCP 通信与以下内容类似，仅硬件组态稍有区别，程序相同，故不再赘述。

【例 10-1】用一台 CPU1511T-1PN 与埃夫特机器人通信（Modbus-TCP），当机器人收到信号 100 时机器人启动，并按照机器人设定的程序运行。要求设计解决方案。

【解】（1）软硬件配置

S7-1500 PLC 与埃夫特机器人间的以太网通信硬件配置如图 10-1 所示，本例用到的软硬件如下。

① 1 台 CPU 1511T-1PN。

② 1 套 TIA Portal V17。

③ 2 根带 RJ45 接头的屏蔽双绞线（正线）。

④ 1 台个人电脑（含网卡）。

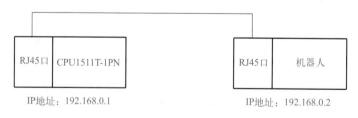

图 10-1　以太网通信硬件配置

（2）硬件组态

① 新建项目。先打开 TIA Portal V17 软件，新建项目，本例命名为"Modbus TCP"，再添加"CPU1511T-1PN"和"SM521"模块，如图 10-2 所示。

② 新建数据块。在项目树的 PLC_1 中，单击"添加新块"按钮，新建数据块 DB1 和

DB2。在数据块 DB1 中，创建变量即 DB1.Signal，其数据类型为"Word"，其起始值为 100，如图 10-3 所示，并将数据块的属性改为"非优化访问"。在数据块 DB2 中，创建变量即 DB2.Send，其数据类型为"TCON_IP_v4"（手动输入），其起始值按照图 10-4 所示进行设置。

> **注意** 数据块创建或修改完成后，需进行编译。

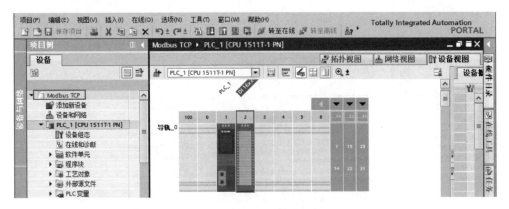

图 10-2　新建项目

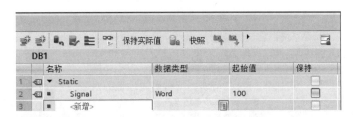

图 10-3　数据块 DB1

图 10-4 中的参数含义参见表 7-7，理解此表格的参数，对编写程序至关重要。

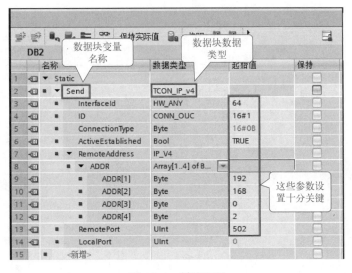

图 10-4　新建项目

（3）编写客户端程序

① 在编写客户端的程序之前，先要掌握"MB_CLIENT"，其参数含义参见表7-8。

"MB_CLIENT"中 MB_MODE、MB_DATA_ADDR 的组合可以定义消息中所使用的功能码及操作地址，见表7-9。

② 编写完整梯形图程序。如图10-5所示，当 REQ 为 1（即 I0.0=1），MB_MODE=1 和 MB_DATA_ADDR=40001 时，客户端把 DB1.DBW0 的数据向机器人传送。

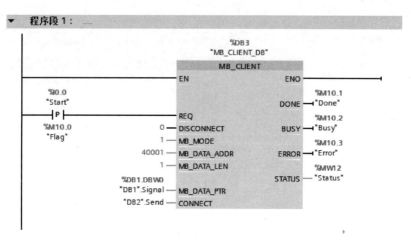

图 10-5　客户端的程序

（4）编写埃夫特机器人程序

PLC 与埃夫特机器人地址的对应关系见表10-1。

表 10-1　PLC 与埃夫特机器人地址的对应关系

序号	PLC 发送地址	机器人接收地址
1	40001	ER_ModbusGet.IIn[0]
2	40002	ER_ModbusGet.IIn[1]
3	40003	ER_ModbusGet.IIn[2]
4	40004	ER_ModbusGet.IIn[3]

以下是一段简单的程序，当机器人接收到数据 100 后，从点 cp0 运行到 ap0。

```
WHILE TRUE DO
    IF IoIIn[0] = 100 THEN
        Lin (cp0)
        PTP (ap0)
        WaitIsFinished ()
        IoIOut[2] : = 200
    END_IF
END_WHILE
```

10.2 S7-1200/1500 PLC 与 ABB 机器人之间的 PROFINET 通信

PROFINET 通信的基础部分在前面已经介绍过了,以下用一个例子介绍 S7-1200 PLC 与 ABB 机器人之间的 PROFINET 通信应用。S7-1500 PLC 与 ABB 机器人之间的 PROFINET 通信与以下内容类似,仅硬件组态稍有区别,程序相同,将不再赘述。

【例 10-2】用一台 CPU1214C 与 ABB 机器人通信(PROFINET),当压下启动按钮时机器人启动,并按照机器人设定的程序运行。要求设计解决方案。

【解】(1)软硬件配置

S7-1200 PLC 与 ABB 机器人间的以太网通信电气原理图如图 10-6 所示,本例用到的软硬件如下。

① 1 台 CPU1214C。

② 1 套 TIA Portal V17。

③ 2 根带 RJ45 接头的屏蔽双绞线(正线)。

④ 1 台个人电脑(含网卡)。

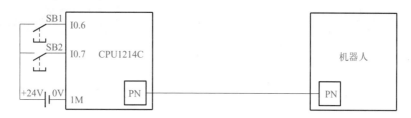

图 10-6 例 10-2 电气原理图

(2)硬件和网络组态

① 新建项目。先打开 TIA Portal V17 软件,新建项目,本例命名为"Robot_PN",再添加"CPU1214C"模块,如图 10-7 所示。

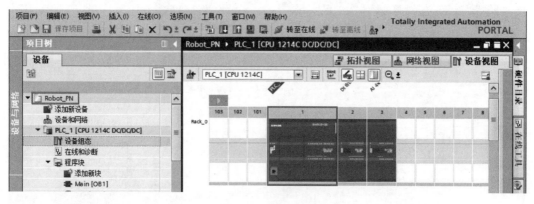

图 10-7 新建项目

② 网络组态。如图 10-8 所示,先将标记①处的"BASIC V1.2"拖拽到标记②处,再将标记③处的绿色小窗按住不放,拖拽到标记④处的绿色小窗,即 PROFINET 网络连接。双击②处的 BASIC V1.2 机器人的图标,弹出如图 10-9 所示的界面。

> **注意** 在网络组态前，必须安装 ABB 机器人的 GSDML 文件，或者打升含有此 GSDML 文件的程序也可以。

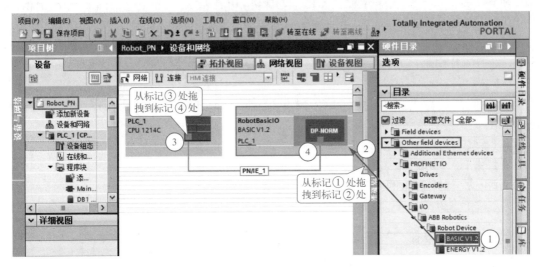

图 10-8　网络组态（1）

如图 10-9 所示，先将标记①处的"DI 8 bytes"（8 个字节）拖拽到标记③处，即 PLC 接收来自机器人的状态信息的存储区域，例如机器人的电动机已经启动的信号。再将标记②处的"DO 8 bytes"（8 个字节）拖拽到标记④处，即 PLC 向机器人发送控制信息的存储区域，例如向机器人发送伺服使能信号。

注意机器人的 PROFINET 网络名称是"RobotBasicIO"，这个名称要与真实机器人的网络名称一致。

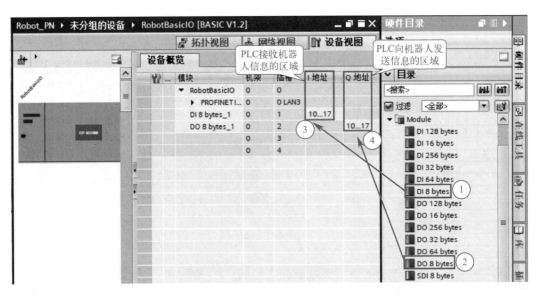

图 10-9　网络组态（2）

（3）机器人的设置

机器人的设置至关重要，如设置不正确，机器人是无法与 PLC 进行通信的。

① 修改机器人的 PROFINET 网络名称。打开 RobotStudio 软件，修改机器人的 PROFINET 网络名称，如图 10-10 所示。

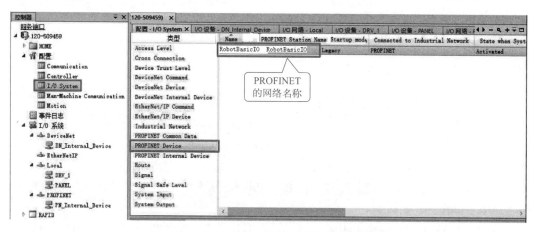

图 10-10　修改机器人的 PROFINET 网络名称

② 修改机器人的 PROFINET 网络 IP 地址。在 RobotStudio 软件中，修改机器人的 PROFINET 网络 IP 地址和子网掩码，如图 10-11 所示。

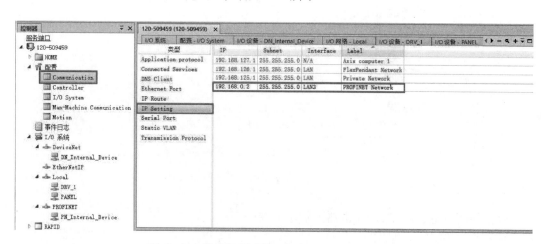

图 10-11　修改机器人的 PROFINET 网络 IP 地址

③ 控制变量与机器人动作关联。在 RobotStudio 软件中，把 PLC 的输出变量与机器人的动作关联，如图 10-12 所示。

- 控制变量 q100（对应地址 Q10.0）与机器人的 Stop（停止）关联。
- 控制变量 q102（对应地址 Q10.2）与机器人的 Motors On（电动机启动）关联。
- 控制变量 q103（对应地址 Q10.3）与机器人的 Start at Main Cycle（机器人程序循环开始）关联。
- 控制变量 q105（对应地址 Q10.5）与机器人的 Motors Off（电动机停止）关联。

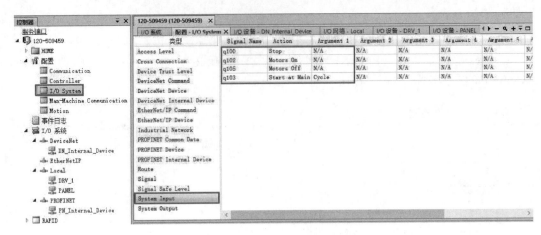

图 10-12　控制变量与机器人动作关联

④ 状态变量与机器人状态关联。在 RobotStudio 软件中，把 PLC 的输入变量与机器人的状态关联，如图 10-13 所示。

状态变量 i144（对应地址 I10.4）与机器人的状态 Motors On（电动机启动）关联。

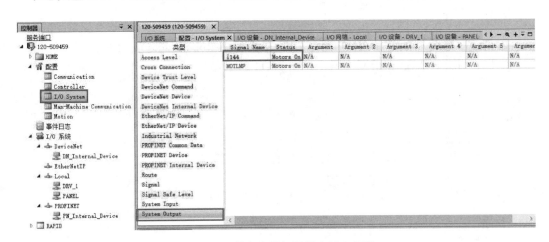

图 10-13　状态变量与机器人状态关联

以上的配置也可以在 ABB 机器人的示教器中完成。

（4）编写 PLC 运行程序

编写 PLC 的控制程序，如图 10-14 所示。当 I0.6 闭合，Q10.2 得电，伺服电动机启动，当检测反馈伺服电动机已经启动，机器人开始执行循环程序。当 I0.7 闭合，Q10.2 断电，伺服电动机使能复位，Q10.3 断电，执行循环程序复位，电动机停机，当检测反馈伺服电动机已经停机，机器人停止运行。

（5）编写机器人运行程序

以下是机器人运行程序的控制程序，从原始位置运行到 p10 点的位置。

```
PROC main ( )
    MoveAbsJ jpos10/NoEoffs, v100, fine, tool10;
    MovJ p10, v100, fine, tool10;
```

```
    MoveAbsJ jpos10/NoEoffs, v100, fine, tool10;
    stop;
ENDPROC
```

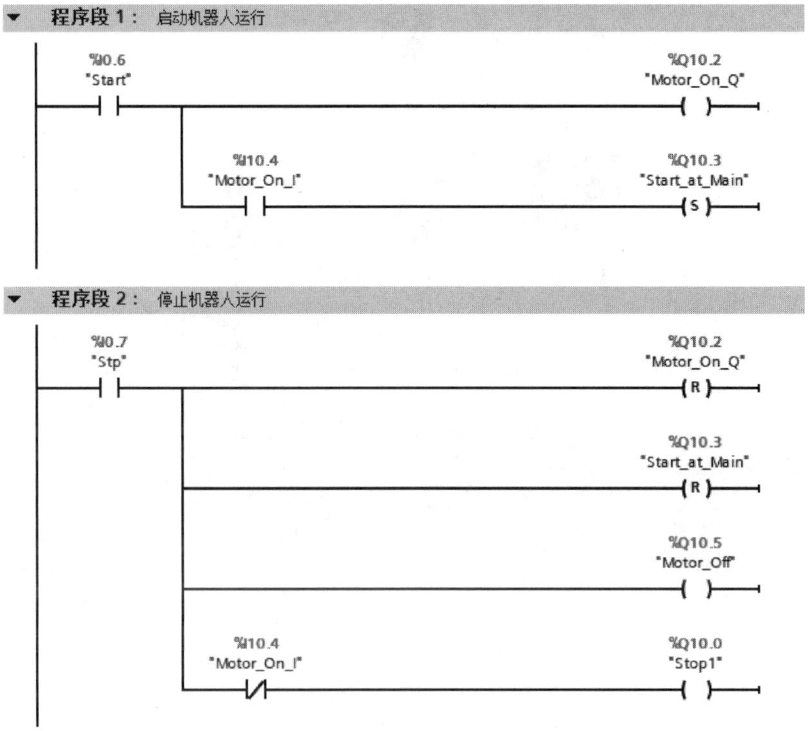

图 10-14　PLC 的控制程序

10.3　西门子 PLC 与机器人的系统集成工程实例

西门子 PLC 与机器人集成应用在工程中十分常见。以下用一个例子介绍典型工程应用方案，但不编写程序。

【例 10-3】有一台汽车玻璃点胶机的控制系统，上位机 HMI 监控现场参数，现场有数字输入点 50 个，数字输出点 38 个，涂胶设备安装在机器人上，设备上有一台扫码器（兼容 Modbus-RTU 协议），用于读取流水号，要求使用 S7-1500 PLC。完成控制系统方案设计。

【解】分析题目：本控制系统，数字输入点 50 个，数字输出点 38 个，ABB 机器人 1 台，扫码器 1 台，用于记录流水信息，业主要求使用 S7-1500 PLC。显然本例是一个典型的小型控制规模的分布式控制系统，采用 CPU1511-1PN 即可。本例的上位机使用西门子的 TP700 型 HMI，上位机与 CPU1511-1PN 采用以太网通信。CPU1511-1PN 与现场的分布式模块、ABB 机器人和网关采用 PROFINET 通信。网关与扫码器之间为 Modbus-RTU 通信。

设计控制系统的网络拓扑图如图 10-15 所示，CPU1511-1PN 可以用 S7-1200 PLC 代替。本例所有设备都在统一网段。

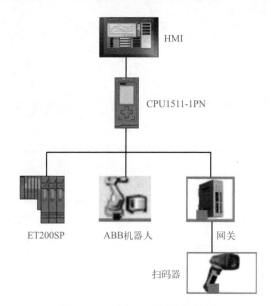

图 10-15　例 10-3 网络拓扑图

第11章
西门子 PLC 与机器视觉的 通信及系统集成

本章主要介绍康耐视 is2000inst 机器视觉传感器，以及 S7-1200/1500 PLC 与康耐视 is2000inst 机器视觉传感器的 PROFINET 通信。

11.1 机器视觉和康耐视 is2000inst 机器视觉传感器介绍

11.1.1 机器视觉介绍

（1）机器视觉的概念

机器视觉是人工智能快速发展的一个分支。简单来说，机器视觉就是用机器代替人眼来做测量和判断。机器视觉系统是通过机器视觉产品（即图像摄取装置，分 CMOS 和 CCD 两种）将被摄取目标转换成图像信号，传送给专用的图像处理系统，得到被摄目标的形态信息，根据像素分布和亮度、颜色等信息，转变成数字化信号。图像系统对这些信号进行各种运算来抽取目标的特征，进而根据判别的结果来控制现场的设备动作。

（2）机器视觉的分类

常见的分类方法是把机器视觉分为如下三类。

① 单目视觉技术，即安装单个摄像机进行图像采集，一般只能获取到二维图像。单目视觉广泛应用于智能机器人领域。

② 双目视觉技术，是一种模拟人类双眼处理环境信息的方式，通过两个摄像机从外界采集一幅或者多幅不同视角的图像，从而建立被测物体的三维坐标。

③ 多目视觉技术，是指采用了多个摄像机以减少盲区，降低错误检测的概率。该技术主要用于物体的运动测量工作。

当然还有其他的分类方法。

（3）机器视觉的应用领域

① 检测：又可分为高精度定量检测（例如显微照片的细胞分类、机械零部件的尺寸和位置测量）和不用量器的定性或半定量检测（例如产品的外观检查、装配线上的零部件识别定位、缺陷性检测与装配完全性检测）。

② 机器人视觉：用于指引机器人在大范围内的操作和行动，如从料斗送出的杂乱工件堆中拣取工件并按一定的方位放在传输带或其他设备上（即料斗拣取问题）。至于小范围内的操作和行动，还需要借助于触觉传感技术。

此外还有：自动光学检查、人脸识别、无人驾驶汽车、产品质量等级分类、印刷品质量自动化检测、文字识别、纹理识别和追踪定位。

11.1.2　康耐视 is2000inst 机器视觉传感器介绍

（1）初识康耐视 is2000inst 机器视觉传感器

康耐视 is2000inst 机器视觉传感器（相机）属于康耐视 In-Sight 2000 系列视觉传感器，其外形如图 11-1 所示，不仅具备 In-Sight 视觉系统较强的功能，还拥有工业传感器的简易性和经济实惠性的优势，属于智能相机（相对于基于 PC 的相机）。其主要功能特征如下：

① 功能较强的 In-Sight 视觉工具。

② 通过 EasyBuilder 易于设置。

③ 现场可换其他型号照明和光学件配置。

④ 模块化的主体设计。

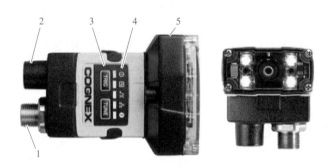

图 11-1　is2000inst 机器视觉传感器外形

1—以太网接口；2—电源、I/O 和 RS-232C 接口；3—手动按钮；4—状态指示灯；5—保护罩、光源和相机镜头

（2）康耐视 is2000inst 机器视觉传感器的按键和指示灯

康耐视 is2000inst 机器视觉传感器上有 2 个按键和 5 盏灯，其功能描述见表 11-1。

表 11-1　is2000inst 机器视觉传感器的按键和指示灯说明

图片	图标	功能	说明
	电源指示灯图标	电源指示灯	绿色指示表示传感器已经通电
	状态指示灯图标	状态指示灯	黄色指示表示正常状态
COGNEX 传感器图片	通过/失败指示灯图标	通过/失败指示灯	绿色指示表示通过，红色指示表示失败
	网络指示灯图标	网络指示灯	通信正常为黄色指示
	错误指示灯图标	错误指示灯	有错误时为红色指示
	TRIG	触发按钮	当相机设置为手动触发模式时，按此按钮触发拍照
	TUNE	调频按钮	不支持此功能

（3）康耐视 is2000inst 机器视觉传感器的接线

① 以太网通信的接线。康耐视 is2000inst 机器视觉传感器的接线比较简单，接线之前必须明确电缆连接器接头的定义。有专门的电缆出售，以太网的专用电缆的引脚定义见表 11-2。此电缆的 P2 连接器与相机的以太网口相连，P1 连接器是 RJ45 接口，与交换机相连。

表 11-2　is2000inst 机器视觉传感器的以太网专用电缆的引脚定义

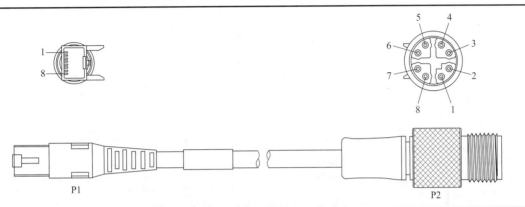

P1 引脚	线的颜色	信号名称	P2 引脚
1	白橙	TxRxA+	1
2	橙	TxRxA−	2
3	白绿	TxRxB+	3
4	蓝	TxRxC+	8
5	白蓝	TxRxC−	7
6	绿	TxRxB−	4
7	白棕	TxRxD+	5
8	棕	TxRxD−	6

② 电源、I/O 和 RS-232C 接口的接线。康耐视 is2000inst 机器视觉传感器拍照触发模式多，不仅有手动触发，还支持数字量输入触发、PROFINET 通信触发以及 RS-232C 通信触发。其电源线、I/O 信号线和 RS-232C 接口通信线是一根专用电缆，其 P1 连接器与康耐视 is2000inst 机器视觉传感器连接，此电缆的引脚定义见表 11-3。如果采用 PROFINET 通信，那么只需要使用此电缆连接器的第 7、8 引脚。

表 11-3　is2000inst 机器视觉传感器的电源、I/O 和 RS-232C 接口的专用电缆的引脚定义

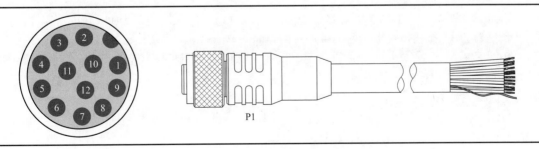

续表

P1 连接器引脚	信号名称（+24V 模式时）	信号线的颜色
1	HSOUT2	黄色
2	RS-232 Tx	白黄色
3	RS-232 Rx	棕色
4	HSOUT3	白棕色
5	IN0	粉色
6	输入公共端子	白粉色
7	+24V DC	红色
8	GND	黑色
9	输出公共端子	绿色
10	触发	橙色
11	HSOUT0	蓝色
12	HSOUT1	灰色

11.2 S7-1200/1500 PLC 与康耐视 is2000inst 的 PROFINET 通信

以下用一个例题介绍 S7-1200 PLC 与康耐视 is2000inst 的 PROFINET 通信。S7-1500 PLC 与康耐视 is2000inst 的 PROFINET 通信与以下的介绍类似，因此不再赘述。

【例 11-1】某系统上有 CP1215C 和康耐视 is2000inst 视觉传感器，两者之间采用 PROFINET 通信，要求在 CP1215C 上发出信号，is2000inst 视觉传感器拍照，并向 CP1215C 返回图像的二维坐标和得分值。

【解】S7-1200/1500 PLC 与康耐视 is2000inst 的 PROFINET 通信主要有两个关键点，一是在 in-sight 软件中正确设置视觉传感器的参数，二是在 TIA Portal 中正确进行组态。以下详细介绍这两个关键点。

（1）在 in-sight 软件中设置视觉传感器的参数

① 设置视觉传感器的设备名称和 IP 地址。PROFINET 通信的设备，在一个网段中，都需要有唯一设备名称和 IP 地址。首先运行 in-sight 软件（此软件在康耐视的官方网站上免费下载），单击菜单栏的"系统"→"将传感器 / 设备添加到网络 ..."，如图 11-2 所示，弹出如图 11-3 所示的界面。

如图 11-3 所示，选中"显示新的"，按照标记②处设置传感器的 IP 地址和设备名，再选中③，单击"应用"按钮，弹出如图 11-4 所示的界面，单击"确定"按钮，重启设备。

② 调整视觉传感器焦距、光源强度、目标光源强度、目标图像亮度、曝光时间等，如图 11-5 所示，先选中"设置图像"，再单击②处图标，触发视觉传感器拍照，调整视觉传感器的图像相关参数，使显示的图像清晰即可。

③ 设置视觉传感器的触发方式。此视觉传感器有三种触发拍照方式，本例选择"PROFINET"通信触发方式，如图 11-6 所示。

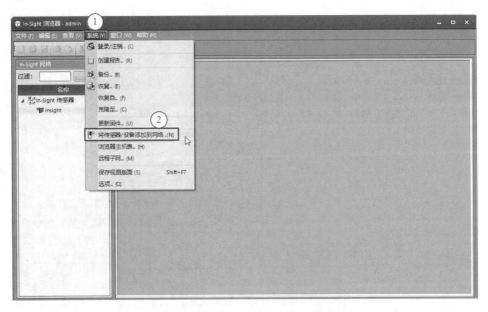

图 11-2　将传感器 / 设备添加到网络

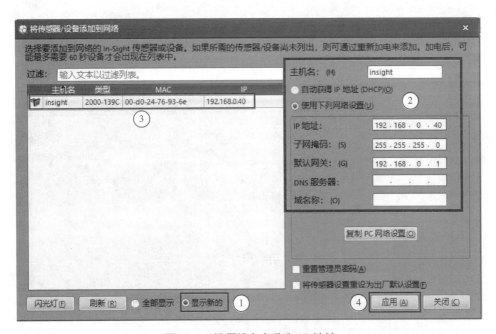

图 11-3　设置设备名称和 IP 地址

图 11-4　重启设备

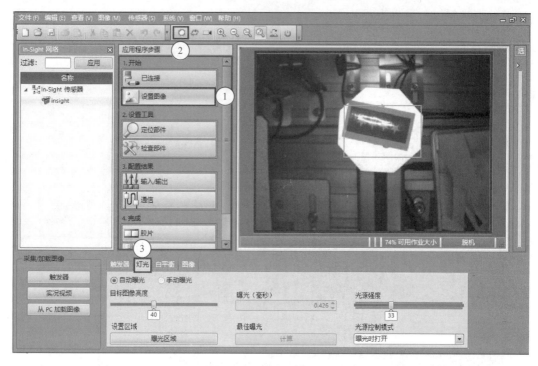

图 11-5 调整视觉传感器的图像相关参数

图 11-6 设置视觉传感器的触发方式

④ 识别物体形状。如图 11-7 所示，选中"定位部件"，调整范围框和识别框，单击"确定"按钮。双击"图案"，如图 11-8 所示。

图 11-7 选中"定位部件",调整范围框和识别框

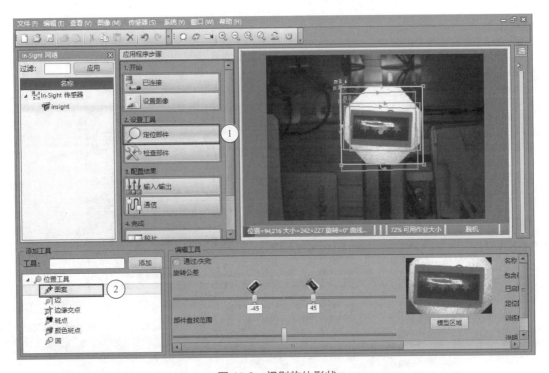

图 11-8 识别物体形状

⑤ 配置 PROFINET 网络。如图 11-9 所示,单击菜单栏的"传感器"→"网络设置",弹出如图 11-10 所示的界面。按照标记①和标记②设置,选中"PROFINET"网络,单击

"设置"按钮，单击⑥处的"确定"，再单击⑦处的"确定"，重启相机。

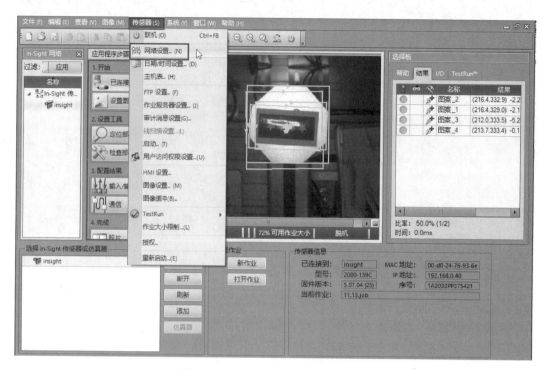

图 11-9　配置 PROFINET 网络（1）

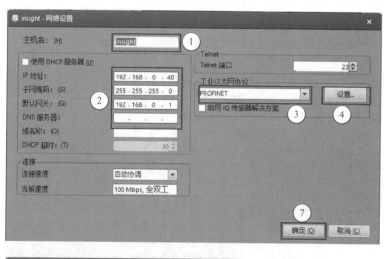

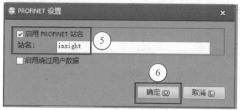

图 11-10　配置 PROFINET 网络（2）

⑥ 通信配置。如图 11-11 所示，选择"通信"，单击"添加设备"，再选择"PLC/Motion 控制器"，选择 PROFINET 协议如图 11-12 所示，单击"确定"按钮。

图 11-11　配置控制器

图 11-12　选择 PROFINET 协议

⑦ 添加工件的得分值和坐标。如图11-13所示，先选中"PROFINET"，再选中"格式化输出数据"选项卡。选中"图案1"→"图案1.定位器.得分"，再选择其数据类型为"8位整数"，单击"确定"按钮，如图11-14所示。

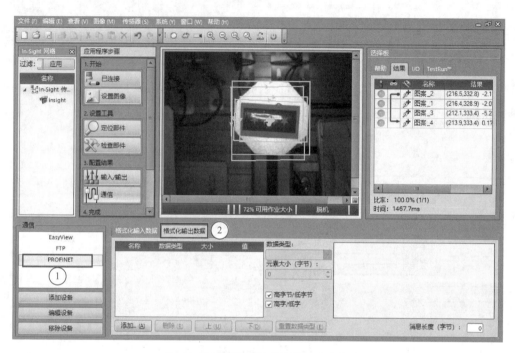

图 11-13　选择"格式化输出数据"

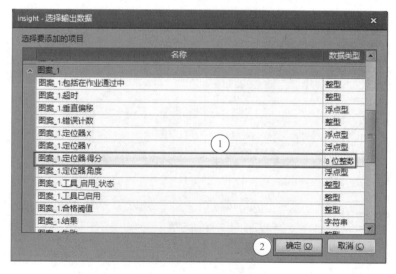

图 11-14　添加工件得分值

用同样的办法，添加坐标，如图11-15所示。

⑧ 保存作业。如图11-16所示，单击"文件"→"保存作业"菜单，保存作业。

⑨ 设置作业启动方式。按照如图11-17所示，设置作业启动方式，表示上电相机就是联机模式。

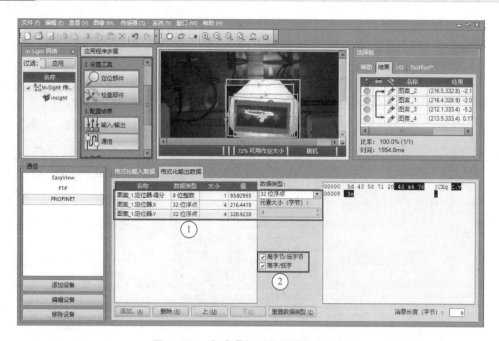

图 11-15　完成添加工件得分值和坐标

图 11-16　保存作业

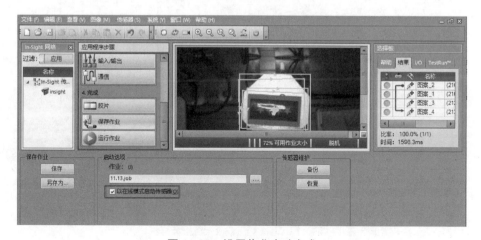

图 11-17　设置作业启动方式

老向讲工控
西门子PLC编程与通信综合应用 —— PLC与机器人、视觉、RFID、仪表、变频器系统集成

（2）在 TIA Portal 中进行组态

① 新建项目与硬件组态。先打开 TIA Portal V17 软件，再新建项目，本例命名为"Congnex"，接着单击"项目视图"按钮，切换到项目视图。在 TIA Portal 软件项目视图的项目树中，双击"添加新设备"按钮，先添加 CPU 模块"CPU1215C"，如图 11-18 所示。

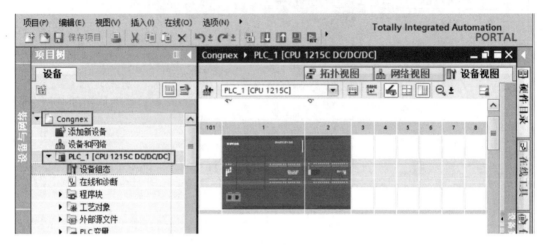

图 11-18　新建项目与硬件组态

② 网络组态。如图 11-19 所示，在"网络视图"中，将标记①的"In-Sight IS2XXX"拖拽到标记②处，注意在进行此操作前，必须先安装该型号的视觉传感器的 GSDML 文件，此文件在官方网站上下载。再将标记③的绿色小窗口选中拖拽到标记④处的绿色小窗口，目的是进行网络连接。

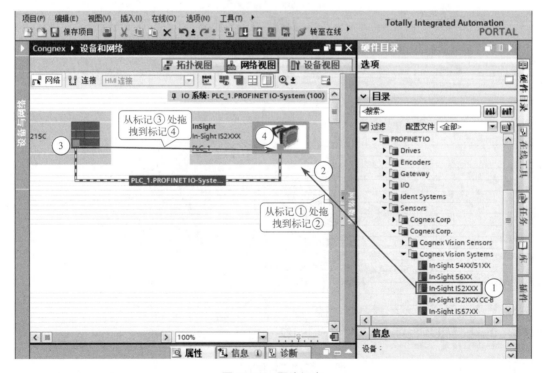

图 11-19　网络组态

262

③ 设置网络名称和 IP 地址。如图 11-20 所示，在"设备视图"中，选中"以太网地址"选项卡，设置网络名称和 IP 地址，要特别注意此处设置的网络名称和 IP 地址要与视觉传感器的实际的网络名称和 IP 地址相同，如不同，可以修改硬件组态或者修改视觉传感器的网络名称和 IP 地址，使其保持一致。

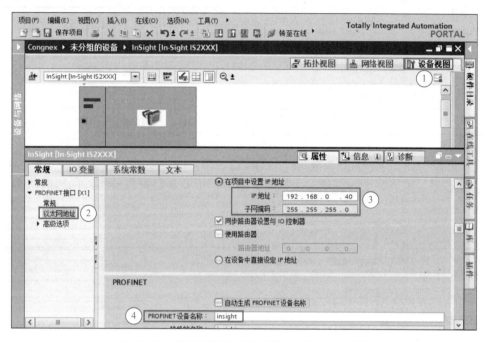

图 11-20　设置视觉传感器的设备名称和 IP 地址

④ 设置视觉传感器的数据传输区。如图 11-21 所示，PLC 与视觉传感器交换数据主要有两个区域：I 地址区域是视觉传感器把数据传送到 PLC 中的数据区，一般是视觉传感器的状态值和参数测量值；Q 地址区域是 PLC 把数据发送到视觉传感器，PLC 控制视觉传感器的信号，如启动视觉传感器拍照。

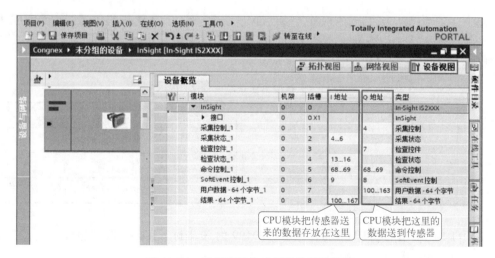

图 11-21　设置视觉传感器的数据传输区

（3）在 TIA Portal 中编写程序

① 控制字。控制字十分关键，只有 1 个字节，主要控制视觉传感器的准备、拍照触发和脱机命令，具体见表 11-4。

表 11-4　控制字各位的含义

序号	控制字的位	说明
1	Bit0	视觉传感器准备命令
2	Bit1	视觉传感器拍照触发命令
3	Bit2 ~ Bit6	预留
4	Bit7	视觉传感器脱机命令

以图 11-21 为例，则 Q4.0 为视觉传感器准备命令，Q4.1 为视觉传感器拍照触发命令。

② 状态字。状态字十分关键，只有 3 个字节，主要采集视觉传感器的当前状态，具体见表 11-5。

表 11-5　状态字各位的含义

序号	状态字的位	说明
1	Bit0	视觉传感器准备完成
2	Bit1	视觉传感器拍照完成
3	Bit2	
4	Bit3	
5	Bit4 ~ Bit6	视觉传感器脱机原因代码
6	Bit7	视觉传感器联机状态
7	Bit8 ~ Bit23	

以图 11-21 为例，则 I4.0 为视觉传感器准备完成状态，I4.1 为视觉传感器拍照完成状态。

③ 数据采集结果。数据采集结果有 260 个字节，主要采集拍照结果数据，例如位置坐标、颜色、角度等，具体见表 11-6。

表 11-6　数据采集结果各字节的含义

序号	字节	说明
1	Byte0 ~ Byte1	完成计数
2	Byte2 ~ Byte3	预留
3	Byte4 ~ Byte259	视觉传感器数据保存地址

以图 11-21 为例，则 IB108 为得分值，ID109 为 X 坐标，ID113 为 Y 坐标。

④ 编写程序如图 11-22 所示。

程序段 1：

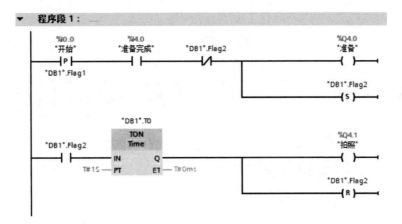

图 11-22　例 11-1 程序

第 12 章
西门子 PLC 与 RFID 的通信及系统集成

RFID 技术不是一项新技术，但近年来越来越受到重视，变成了一项热点技术，其在工业控制中很常用。本章主要介绍 RFID 技术以及 S7-200 SMART/1200/1500 PLC 与 RFID 的通信。

12.1 RFID 技术介绍

（1）RFID 的概念

无线射频识别即射频识别技术（Radio Frequency Identification，RFID），是自动识别技术的一种，通过无线射频方式进行非接触双向数据通信，利用无线射频方式对记录媒体（电子标签或射频卡）进行读写，从而达到识别目标和数据交换的目的，其被认为是 21 世纪最具发展潜力的信息技术之一。

无线射频识别技术通过无线电波不接触快速信息交换和存储技术，通过无线通信结合数据访问技术，然后连接数据库系统，加以实现非接触式的双向通信，从而达到了识别的目的，用于数据交换，串联起一个极其复杂的系统。在识别系统中，通过电磁波实现电子标签的读写与通信。根据通信距离，可分为近场和远场，为此读 / 写设备和电子标签之间的数据交换方式也对应地被分为负载调制和反向散射调制。

（2）RFID 技术的发展历程

20 世纪 40 年代，由于雷达技术的发展和进步从而衍生出了 RFID 技术，1948 年 RFID 的理论基础诞生。之后经过十几年的发展，RFID 技术不断完善，到 20 世纪末，RFID 技术和相关产品被开发并且在多个领域得到应用。

进入 21 世纪后，人们普遍认识到标准化问题的重要意义，RFID 产品的种类进一步丰富发展，无论是有源、无源还是半有源电子标签都开始发展起来，相关生产成本进一步下降，应用领域逐渐增加。

（3）RFID 技术的工作原理

RFID 技术的基本工作原理为：标签进入阅读器后，接收阅读器发出的射频信号，凭借感应电流所获得的能量发送出存储在芯片中的产品信息（Passive Tag，无源标签或被动标签），或者由标签主动发送某一频率的信号（Active Tag，有源标签或主动标签），阅读器读取信息并解码后，送至中央信息系统进行有关数据处理。

（4）RFID 构成

一套完整的 RFID 系统，由阅读器、电子标签（也就是所谓的发送应答器）和应用软件系统三个部分所组成。西门子的 RFID 部分产品如图 12-1 所示，组成的系统如图 12-2 所示，以阅读信息为例讲解，当发送应答器靠近阅读器时，阅读器读取发送应答器中的信息，此信息通过通信模块传送到 S7-1200 CPU 模块中。

(a) 阅读器　　　　　　　(b) 发送应答器　　　　(c) RF120C通信模块

图 12-1　西门子的 RFID 部分产品

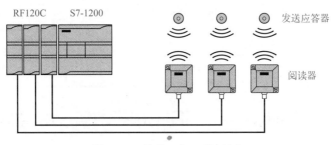

图 12-2　典型 RFID 系统结构

12.2 S7-1200 PLC 与 RFID 的串行通信

12.2.1　西门子 RF120C 和 RF340R 模块

（1）通信模块 RF120C 的介绍

西门子的 RF120C 通信模块是将阅读器的信息与 S7-1200 CPU 模块信息互换的桥梁，是 S7-1200 CPU 的专用模块。一个 S7-1200 CPU 模块最多安装三个 RF120C 通信模块。由于此模块是 S7-1200 CPU 的专用模块，所以不可用于 S7-1500 CPU，这是该模块的局限性。

RF120C 通信模块的串行接口（RS-422）是全双工，数据流向是双向的，其引脚的定义见表 12-1。

表 12-1　RF120C 通信模块的串行接口引脚

接头外形	引脚	说明	引脚	说明
	1	24V DC	6	RxD-
	2	—	7	RxD+
	3	—	8	TxD-
	4	TxD+	9	—
	5	GND	外壳	接地连接

（2）阅读器 RF340R 的介绍

西门子的阅读器 RF340R 能向应答器（标签）读写信息，并可与 RFID 控制器（RF120C、RF180C 等）交换信息。RF340R 阅读器模块的串行接口（RS-422）的引脚的定义见表 12-2。

> **注意** 此串口的圆形接头是 M12 的螺纹。

表 12-2　RF340R 阅读器模块的串行接口引脚

接头外形	序号	说明	序号	说明
	1	+24V	5	RxD+
	2	TxD−	6	RxD−
	3	GND	7	未分配
	4	TxD+	8	地（屏蔽）

12.2.2　S7-1200 PLC 与 RFID 的串行通信应用实例

以下仅用一个实例介绍 S7-1200 PLC 与 RFID 的串行通信。

【例 12-1】要求用 S7-1200 PLC、RF120C 和 RF340R，采用串行通信，将信息写入电子标签中，读取电子标签的信息。

【解】（1）软硬件配置

① 1 台 CPU 1215C。

② 1 台 RF120C。

③ 1 台阅读器 RF340R。

④ 1 根带 M12 螺纹圆接头的电缆（与 RF340R 配）。

⑤ 1 台应答器 MDS D126。

⑥ 1 套 TIA Portal V17。

设计电气原理图如图 12-3 所示。阅读器 RF340R 和通信模块 RF120C 的连接参考表 12-1 和表 12-2，此电缆为专用电缆，选型时需要注意。

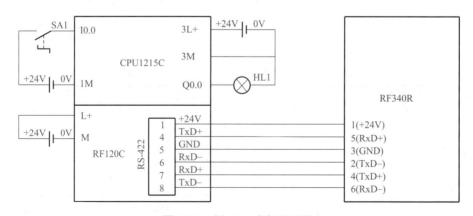

图 12-3　例 12-1 电气原理图

（2）硬件组态

① 新建项目。先打开 TIA Portal V17 软件，再新建项目，本例命名为"RFID"，接着单击"项目视图"按钮，切换到项目视图。

② 硬件配置。在 TIA Portal 软件项目视图的项目树中，双击"添加新设备"按钮，先添加 CPU 模块"CPU1215C"和"RF120C"模块，如图 12-4 所示。

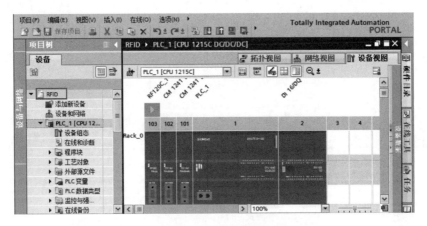

图 12-4　硬件配置

③ 创建数据块。在项目树中，选择"RFID"→"程序块"→"添加新块"，选中"DB2"，单击"确定"按钮，新建连接数据块 DB2，如图 12-5 所示，再在 DB2 中创建 ReceiveData、SendData 和 Value。

		名称	数据类型	偏移量	起始值
DB2					
1	▼	Static			
2	▶	ReceiveData	Array[0..49] of Int	0.0	
3	▶	SendData	Array[0..49] of Int	100.0	
4		Value	Real	200.0	0.0

图 12-5　创建数据块 DB2

在项目树中，如图 12-6 所示，选择"RFID"→"程序块"→"DB2"，单击鼠标右键，弹出快捷菜单，单击"属性"选项，打开"属性"界面，如图 12-7 所示，选择"属性"选项，去掉"优化的块访问"前面的对号"√"，也就是把块变成非优化访问。

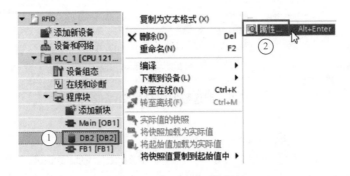

图 12-6　打开 DB2 的属性

图 12-7　修改 DB2 的属性

用同样的方法创建数据块 Read&Write，如图 12-8 所示。

		名称	数据类型	偏移量	起始值	保持
1	▼	Static				☐
2	■ ▶	Read	Array[0..25] ...	0.0		☐
3	■ ▶	Write	Array[0..25] of Int	52.0		☐
4	■	Read_S	Bool	104.0	false	☐
5	■	Write_S	Bool	104.1	false	☐
6	■	Reset_S	Bool	104.2	false	☐
7	■	State	Bool	104.3	false	☐
8	■	Read_OK	Bool	104.4	false	☐
9	■	Write_OK	Bool	104.5	false	☐
10	■	Reset_OK	Bool	104.6	false	☐
11	■ ▶	FuZhu	Array[0..10] of Bool	106.0		☐
12	■	HMI_Input	Real	108.0	888.1	☐
13	■	HMI_Output	Real	112.0	0.0	☐
14	■	Cssc	Bool	116.0	false	☐
15	■	Fwsc	Bool	116.1	false	☐
16	■	Yksc	Bool	116.2	false	☐
17	■	Empty1	Int	118.0	0	☐
18	■	Empty2	Int	120.0	0	☐

图 12-8　创建数据块 Read&Write

（3）工艺组态

在项目树目录下的"工艺对象"中，单击"新增对象"，弹出如图 12-9 所示的界面，按照图中设置，单击"确定"按钮，弹出如图 12-10 所示的界面，按照图中进行设置。

图 12-9　工艺组态（1）

图 12-10　工艺组态（2）

（4）编写程序

编写 OB1 中的梯形图程序如图 12-11 所示。

编写 FB1 的程序如图 12-12 所示。程序段 1：复位阅读器。程序段 2：读应答器的数据保存在数据块中。程序段 3：把数据块中的数据写到应答器中。

▼ 程序段 1：____

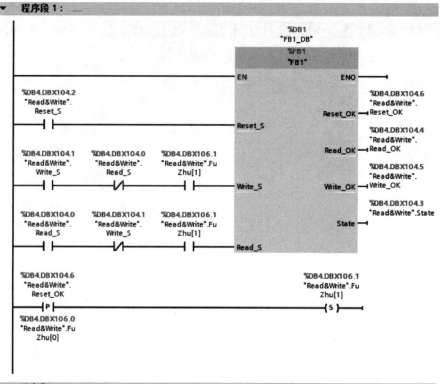

▼ 程序段 2： FRID的状态

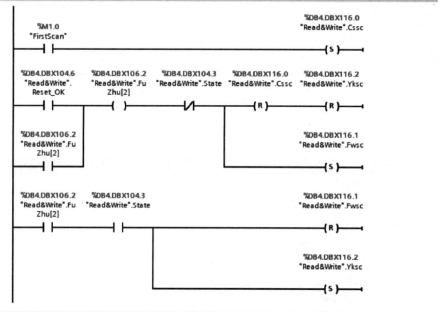

▼ 程序段 3： RFID读写数据

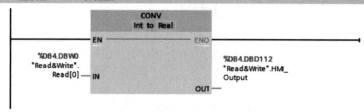

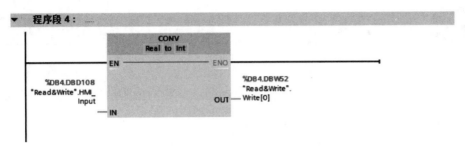

图 12-11 例 12-1 OB1 中的梯形图程序

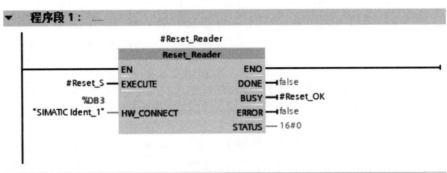

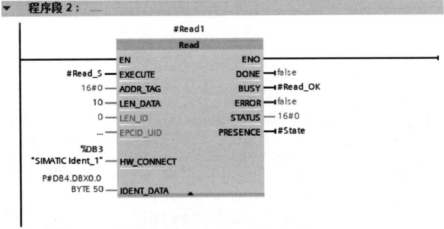

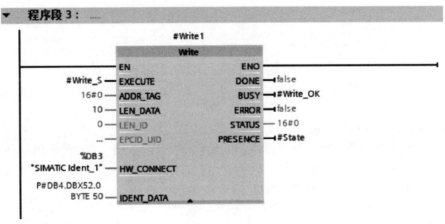

图 12-12 例 12-1 FB1 中的梯形图程序

12.3 S7-200 SMART PLC 与 RFID 的自由口通信

12.3.1 RF-WR-80U 型 RFID 读写头的功能

（1）RF-WR-80U 型 RFID 读写头简介

RF-WR-80U 型 RFID 读写头是一款结构紧凑的读写头，它配置了 RS-485 接口，采用自由口通信模式。它接线简单，只有 4 根线，其接口为 M12 螺纹的母头，如图 12-13 所示，这个接头需要配置专用的电缆，电缆上的接头是 M12 的公头，电缆定义通过颜色区分，见表 12-3。

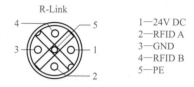

图 12-13　读写头的接口及定义

表 12-3　读写头的电缆号定义

线缆号	功能	电缆颜色
1	电源 24V+	棕
3	电源 0V	蓝
2	RS485-A	白
4	RS485-B	黑
5	屏蔽	裸线

（2）RF-WR-80U 型 RFID 读写头通信协议

① 读命令（上位机→读写器）。上位机要读取应答器中的数据，先要发送 1 个命令给读写器，其通信格式如图 12-14 所示。

数据段	SOF	LEN	CMD	BANK	PTR	CNT	CRC	EOF
长度/Byte	1	2	1	1	1	1	2	1

图 12-14　读命令的通信协议格式

以下对读命令的通信协议格式进行说明。

SOF：包头，为读写器本地地址，如直接一台设备默认为 0xaa。

LEN：包长度，SOF 和 EOF 不计入此长度。

CMD：命令字，读命令为 0x06。

BANK：存储区域，UERS 区为 0x03。

PTR：存储区起始地址，取值范围 0 ～ 255（注意载码体存储空间）。

CNT：要读取的数据长度，单位是字节，取值范围 1 ～ 255（注意载码体存储空间，为载码体的最大存储空间减去起始地址），如果 CNT=0，代表将载码体对应区域数据全部读出（当载码体存储区 >255 时，读取命令返回失败）。

CRC：CRC16，是从 LEN 到 CNT 的 CRC16 校验。

EOF：包尾，为读写器本地地址按位取反，如直接一台设备默认为 0x55。

读命令实例：aa 00 08 06 03 00 02 90 93 55。注意：都是十六进制的。

② 读命令返回（读写器→上位机）。当读写头接收到读命令请求后，将请求信息返回到上位机，其通信协议格式如图 12-15 所示。

数据段	SOF	LEN	CMD	STATUS	*CNT	*DATA	CRC	EOF
长度/Byte	1	2	1	1	1	CNT	2	1

图 12-15　读命令返回的通信协议格式

以下对读命令返回的通信协议格式进行说明。

SOF：包头，为读写器本地地址，如直接一台设备默认为 0xaa。

LEN：包长度，SOF 和 EOF 不计入此长度。

CMD：命令字，读命令为 0x06。

STATUS：状态字，0x00 表示操作成功，后面跟随数据长度和数据，0x80 表示操作失败，0x81 表示命令有误或是传输有误，0x01 表示命令正在执行，处于忙状态。

*CNT：读取的数据长度，单位是字节，取值范围 1 ～ 255（注意载码体存储空间），只有状态返回成功才会有此数据字节。

*DATA：读取的数据内容，长度为 CNT 对应长度，只有状态返回成功才会有此数据区。

CRC：CRC16，是从 LEN 到 DATA 或 STATUS 的 CRC16 校验。

EOF：包尾，为读写器本地地址按位取反，如直接一台设备默认为 0x55。

③ 写命令（上位机→读写器）。上位机将信息传送到读写头，读写头将信息写入到应答器中，其通信格式如图 12-16 所示。

数据段	SOF	LEN	CMD	BANK	PTR	CNT	DATA	CRC	EOF
长度/Byte	1	2	1	1	1	1	CNT	2	1

图 12-16　写命令的通信协议格式

以下对写命令的通信协议格式进行说明。

SOF：包头，为读写器本地地址，如直接一台设备默认为 0xaa。

LEN：包长度，SOF 和 EOF 不计入此长度。

CMD：命令字，写命令为 0x07。

BANK：存储区域，UERS 区为 0x03。

PTR：存储区起始地址，取值范围 0 ～ 255（注意载码体存储空间）。

CNT：要写入的数据长度，单位是字节，取值范围 1 ～ 255（注意载码体存储空间），CNT 不能为 0。

DATA：写入的数据内容，长度为 CNT 对应长度。

CRC：CRC16，是从 LEN 到 DATA 的 CRC16 校验。

EOF：包尾，为读写器本地地址按位取反，如直接一台设备默认为 0x55。

写命令实例：aa 00 0a 07 03 00 02 11 22 82 35 55。注意：都是十六进制。

还有其他的命令通信协议，可参考说明书。理解这部分内容，是正确编写程序的前提。

12.3.2　S7-200 SMART PLC 自由口通信应用实例

【例 12-2】某设备的控制器是 CPU ST40，RFID 读写头型号为 RF-WR-80U，两者之间为自由口通信，要求压下按钮 SB1 时，CPU ST40 通过 RFID 读写头向应答器写入信息"88888888"，写入成功，则点亮一盏灯，要求设计解决方案。

【解】（1）主要软硬件配置

① 1 套 STEP 7-Micro/WIN SMART V2.6。

② 1 台 CPU ST40。

③ 1 根屏蔽双绞电缆（含 1 个网络总线连接器）。

④ 1 台 RF-WR-80U 型 RFID 读写头。

⑤ 1 根网线。

设计电气原理图如图 12-17 所示。

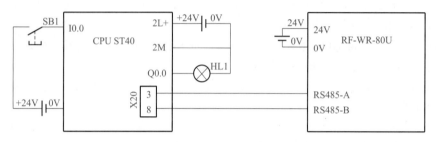

图 12-17　例 12-2 电气原理图

（2）编写程序

编写主程序如图 12-18 所示。对程序的说明如下：

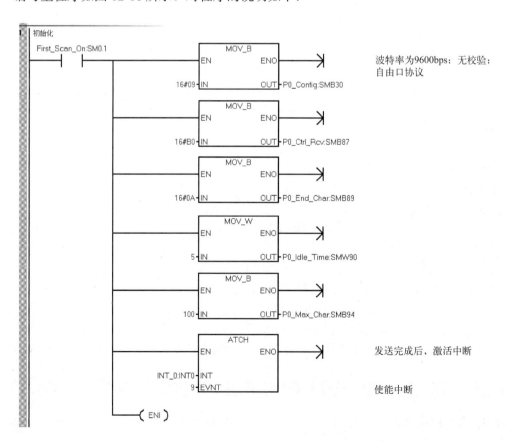

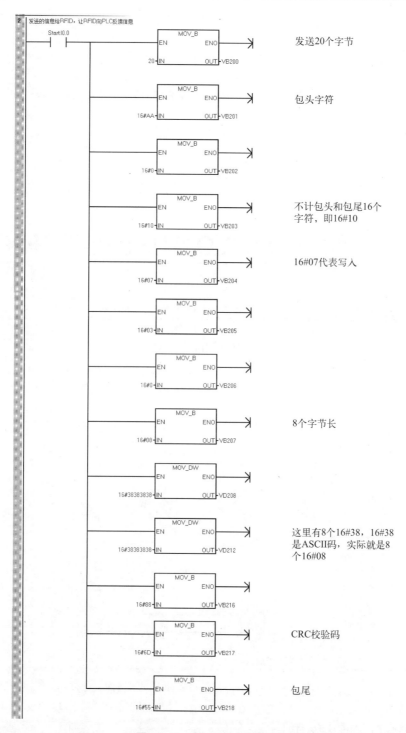

图 12-18 例 12-2 主程序

网络 1：SMB30=16#09，其含义是波特率为 9600bit/s，无校验，自由口通信协议，这个设置必须与 RFID 的设置是一致的，否则不能建立通信。

网络 2：实际就是 PLC 向 RFID 写信息，要参照图 12-15 阅读这段程序。自由口通信以 ASCII 码形式传输的数据，因此传输 16#08 时，要变换成 16#38 传输。CRC 校验是需要编写程序实现的，这里为了简化程序，笔者手工计算出来了 CRC 数值。关于 CRC 校验，读者可查阅相关文献。

中断程序如图 12-19 所示。

图 12-19 例 12-2 中断程序

12.4 S7-1200/1500 PLC 与 RFID 的 PROFINET 通信

12.4.1 S7-1200/1500 PLC 与 RF180C 的系统介绍

（1）S7-1200/1500 PLC 与 RF180C 的系统构成

S7-1200/1500 PLC 与 RF180C 组成系统主要包含 S7-1200/1500 PLC、控制器（如 RF180C）、阅读器（如 RF340R）和应答器（如 RF340T），典型的系统结构如图 12-20 所示。

西门子的 RF180C 通信模块是将阅读器的信息与 S7-1200/1500 CPU 模块信息互换的桥梁，RF180C 通信模块与 S7-1200/1500 CPU 模块之间通过 PROFINET 通信进行信息交换。RF180C 通信模块的通用性比 RF120C 要广泛，只要支持 PROFINET 通信的 CPU 都可以与之配对使用。

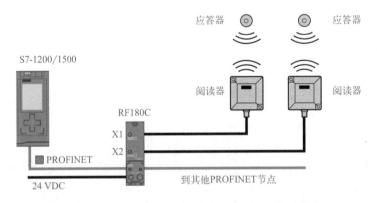

图 12-20 S7-1200/1500PLC 与 RF180C 组成系统结构

（2）RF180C 的结构与接线

RF180C 是模块式结构，包含基本单元与连接块两部分，需要分开订货，初学者订货时容易漏订连接块。连接块分两种形式，即 M12 螺纹连接式和插拔连接式。RF180C 的结构如图 12-21 所示。基本单元上的 X01 和 X02 是与阅读器电缆连接器相连的插座，此处的连接电缆是专用电缆需要单独订货。图 12-21 中 A 向视图显示的是插拔式连接块，连接块上的 X01 和 X02 是 24V DC 供电电源，X03 和 X04 是 PROFINET 接口（简称 PN 口），主要用于通信。

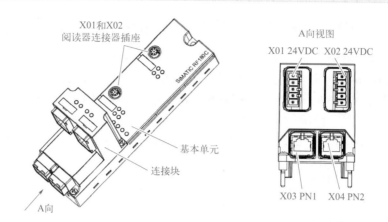

图 12-21　RF180C 的结构

RF180C 通信模块的连接块 X03 和 X04（即 RJ45）的引脚的定义见表 12-4。

表 12-4　RF180C 通信模块的 RJ45 的引脚

插拔式电缆连接器（RJ45）的视图	端子	分配
		用于为 PROFINET 供电的 X03 PN1 用于环接 PROFINET 的 X04 PN2
	1	接收数据 +RD
	2	接收数据 −RD_N
	3	发送数据 +TD
	4	接地 GND（RJ45）
	5	接地 GND（RJ45）
	6	发送数据 −TD_N
	7	接地 GND（RJ45）
	8	接地 GND（RJ45）

RF180C 通信模块的连接块电源插座 X01 和 X02 的引脚的定义见表 12-5。这里的 4 路 24V DC 是相互隔离的，X01 和 X02 处接头需要单独订货，初学者特别容易忽略。

表 12-5　RF180C 通信模块的连接块电源插座引脚

插拔式电缆连接器（1L+ 和 2L+ 电源电压）的视图	端子	分配
		X01 DC 24V（用于馈电） X02 DC 24V（用于环接）
	1	电子器件 / 编码器电源 1L+ 接地
	2	电子器件 / 编码器电源的接地 1M
	3	2L+ 负载电压电源
	4	负载电压电源的接地 2M
	5	功能性接地（PE）

12.4.2　S7-1200/1500 PLC 与 RF180C 的 PROFINET 通信应用实例

以下仅用一个实例介绍 S7-1500 PLC 与 RF180C 的 PROFINET 通信。S7-1200 PLC 与 RF180C 的 PROFINET 通信的方法是类似的，因此不介绍。

【例 12-3】要求用 S7-1500 PLC、RF180C、RF340R 和 RF340T 组成一个 RFID 应用系统，采用 PROFINET 通信，当工件（内包含应答器 RF340T）到达阅读器 RF340R 时，检测到工件到来，先读取应答器 RF340T 中的信息，延时 1s，再将本工序的信息写入应答器 RF340T 中。

【解】（1）软硬件配置

① 1 台 CPU 1511T-1PN。

② 1 台 RF180C。

③ 1 台 RF340R。

④ 1 根带 M12 螺纹圆接头的电缆（与 RF340R 配）。

⑤ 1 台应答器 RF340T。

⑥ 1 套 TIA Portal V17。

设计电气原理图如图 12-22 所示。阅读器 RF340R 和通信模块 RF180C 的连接参考表 12-1 和表 12-2，此电缆为专用电缆，选型时需要注意。

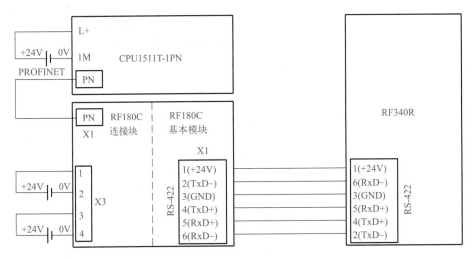

图 12-22　例 12-3 电气原理图

（2）硬件组态

① 新建项目。先打开 TIA Portal V17 软件，再新建项目，本例命名为"RFID_1500"，接着单击"项目视图"按钮，切换到项目视图。

② 硬件配置。在 TIA Portal 软件项目视图的项目树中，双击"添加新设备"按钮，先添加 CPU 模块"CPU1511T-1PN"和"RF180C"模块，如图 12-23 所示。

③ 网络组态。如图 12-24 所示，选中标记①处的绿色小窗，拖拽到标记②处，建立两者之间的网络连接。

在图 12-24 中，双击标记②上面的 rf180c 图标，弹出如图 12-25 所示的界面。标记②处的起始地址"0"必须与程序中对应。标记④处的 IP 地址和标记⑤的设备名必须与真实的 RF180C 模块的一致，如不一致，可以将组态（图 12-25）中的修改成与实际的一致，或者将实际的修改成与组态的一致，这一点至关重要。

图 12-23　硬件配置

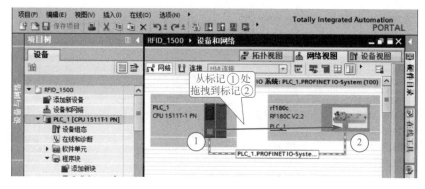

图 12-24　网络组态（1）

图 12-25　网络组态（2）

④ 创建数据块。在项目树中，选择"RFID_1500"→"程序块"→"添加新块"，选中"DB2"，单击"确定"按钮，新建连接数据块 DB2，如图 12-26 所示，再在 DB2 中创建变量。

RFID_1500 ▶ PLC_1 [CPU 1511T-1 PN] ▶ 程序块 ▶ DB2 [DB2]

保持实际值　快照　将快照值复制到起始值中

DB2

		名称	数据类型	偏移量	起始值	保持	从 ...
1		▼ Static				☐	
2		▶ Read	Array[0..20] of Byte	0.0		☐	
3		▶ Write	Array[0..20] of Byte	22.0		☐	
4		Read_Done	Bool	44.0	false	☐	
5		Write_Done	Bool	44.1	false	☐	
6		Reset_Done	Bool	44.2	false	☐	
7		Read_Busy	Bool	44.3	false	☐	
8		Write_Busy	Bool	44.4	false	☐	
9		Write_Error	Bool	44.5	false	☐	
10		Read_Error	Bool	44.6	false	☐	
11		CloseToRF340R	Bool	44.7	false	☐	
12		Reset_Error	Bool	45.0	false	☐	
13		Reset_Busy	Bool	45.1	false	☐	
14		Read_OK	Bool	45.2	false	☐	
15		Write_OK	Bool	45.3	false	☐	
16		Reset_OK	Bool	45.4	false	☐	
17		Read_Start	Bool	45.5	false	☐	

图 12-26　建数据块 DB2

在项目树中，如图 12-27 所示，选择"RFID_1500"→"程序块"→"DB2"，单击鼠标右键，弹出快捷菜单，单击"属性"选项，打开"属性"界面，如图 12-28 所示，选择"属性"选项，去掉"优化的块访问"前面的对号"√"，也就是把块变成非优化访问。

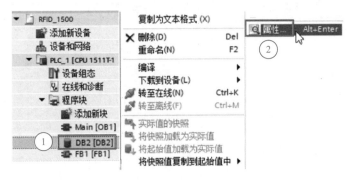

图 12-27　打开 DB2 的属性

（3）工艺组态

在项目树目录下的"工艺对象"中，单击"新增对象"，弹出如图 12-29 所示的界面，按照图中设置，单击"确定"按钮，弹出如图 12-30 所示的界面，先设置"基本参数"，分别选择"rf180c"→"通道 1"→"RF300 general"选项。再设置"Ident 设备参数"，如图 12-31 所示。最后设置"阅读器参数"如图 12-32 所示。

图 12-28　修改 DB2 的属性

图 12-29　工艺组态（1）

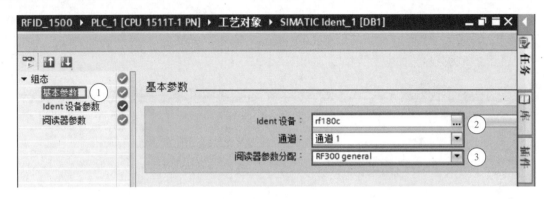

图 12-30　工艺组态（2）

图 12-31　工艺组态（3）

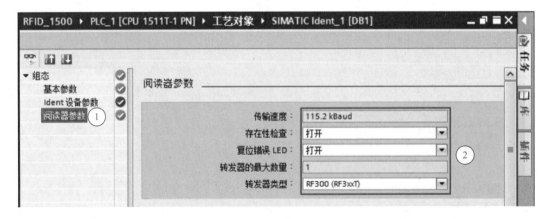

图 12-32　工艺组态（4）

（4）编写程序

OB1 中的梯形图程序如图 12-33 所示。

编写 FB1 的程序如图 12-34 所示。使用 FB 减少了数据块的使用。程序段 1：复位阅读器。程序段 2：当应答器靠近阅读器时，读应答器的数据保存在数据块中。程序段 3：读完数据后，延时，启动写数据。程序段 4：把数据块中的数据写到应答器中，复位写信号。

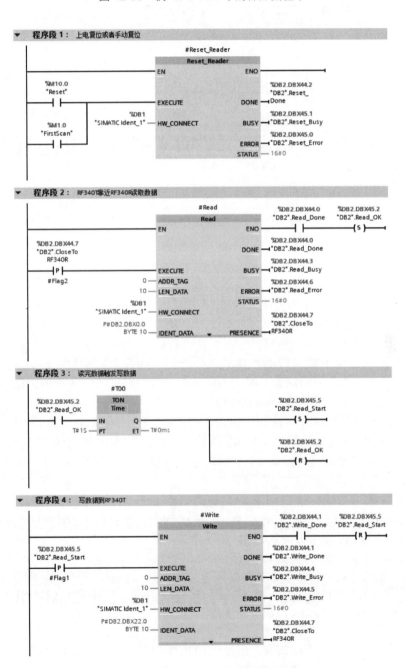

图 12-33　例 12-3 OB1 中的梯形图程序

图 12-34　例 12-3 FB1 中的梯形图程序

第 13 章
西门子 PLC 与智能仪表的通信及系统集成

仪表种类繁多，广泛用于各行各业，随着自动化水平的提高，越来越多的仪表具备通信功能。本章主要介绍 S7-1200/1500 PLC 与仪表的自由口和 Modbus-RTU 通信。

13.1 S7-1200/1500 PLC 与温度仪表之间的 Modbus-RTU 通信

在前面的章节中已经介绍了 Modbus-RTU 通信，以下介绍 S7-1200/1500 PLC 与温度仪表之间的 Modbus-RTU 通信。

13.1.1 温度仪表介绍

（1）温度仪表的功能介绍

温度仪表在工程中极为常用，用于测量实时温度、报警、PID 运算和通信（以太网通信、自由口通信和 Modbus-RTU 通信等）等功能。在国产仪表中，支持自由口通信和 Modbus-RTU 通信的仪表很常用。

KCMR-91W 温度仪表是典型国产仪表，有测量实时温度、报警、PID 运算和 Modbus-RTU 通信等功能，本例只使用仪表的温度测量功能，并将温度实时测量值传送到 PLC 中。

KCMR-91W 温度仪表默认的 Modbus 地址是 1；默认的波特率是 9600bit/s；默认 8 位传送、1 位停止位、无奇偶校验；当然这些通信参数是可以重新设置的，本例不修改。

KCMR-91W 温度仪表的测量值寄存器的绝对地址是 16#1001（十六进制数），对应西门子 PLC 的保持寄存器地址是 44098（十进制），这个地址在编程时要用到。这个地址由仪表厂定义，不同厂家有不同地址。

KCMR-91W 温度仪表发送给 PLC 的测量值是乘 10 的数值，因此 PLC 接收到的数值必须除以 10，编写程序时应注意这一点。关于仪表的详细信息，可参考该型号仪表的说明书。

（2）KCMR-91W 温度仪表的接线

KCMR-91W 温度仪表的接线如图 13-1 所示。注意此仪表的供电电压是交流 220V。

13.1.2 S7-1200/1500 PLC 与温度仪表之间的 Modbus-RTU 通信应用举例

【例 13-1】要求用 S7-1200 PLC、串行通信模块和温度仪表（型号 KCMR-91W），采用 Modbus-RTU 通信，采集温度仪表的温度值。

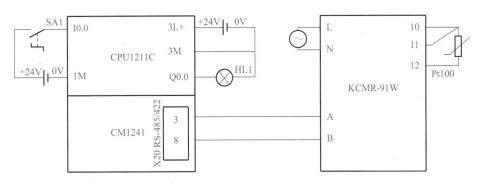

图 13-1　KCMR-91W 温度仪表的接线图

【解】（1）软硬件配置

① 1 台 CPU 1211C。

② 1 台 CM1241（RS-485/422 端口）。

③ 1 台 KCMR-91W 温度仪表（配 RS-485 端口，支持 Modbus-RTU 协议）。

④ 1 根带 PROFIBUS 接头的屏蔽双绞线。

⑤ 1 套 TIA Portal V17。

电气原理图如图 13-1 所示，采用 RS-485 的接线方式，通信电缆需要两根屏蔽线缆，CM1241 模块侧需配置 PROFIBUS 接头，CM1241 模块无需接电源。温度仪表需要接交流 220V 电源。

（2）硬件组态和编写控制程序

① 新建项目。先打开 TIA Portal V17 软件，再新建项目，本例命名为"Modbus_RTU"，接着单击"项目视图"按钮，切换到项目视图。

② 硬件配置。在 TIA Portal 软件项目视图的项目树中，双击"添加新设备"按钮，先添加 CPU 模块"CPU1211C"和"CM1241"模块，并启用时钟存储器字节和系统存储器字节，如图 13-2 所示。

图 13-2　硬件配置

③ 在主站中，创建数据块 DB1。在项目树中，选择"Modbus_RTU" → "程序块" → "添加新块"，选中"DB1"，单击"确定"按钮，新建连接数据块 DB1，如图 13-3 所示，再在 DB1 中创建 ReceiveData 和 RealValue。

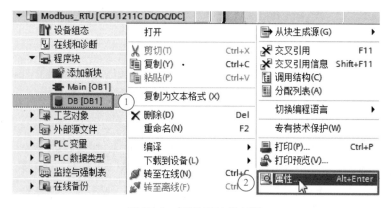

图 13-3　在主站 Master 中，创建数据块 DB1

在项目树中，如图 13-4 所示，选择"Modbus_RTU" → "程序块" → "DB1"，单击鼠标右键，弹出快捷菜单，单击"属性"选项，打开"属性"界面，如图 13-5 所示，选择"属性"选项，去掉"优化的块访问"前面的对号"√"，也就是把块变成非优化访问。

图 13-4　打开 DB1 的属性

图 13-5　修改 DB1 的属性

④ 编写主站的程序。编写主站的 OB1 中的梯形图程序如图 13-6 所示，#Temp1 是临时变量，使用前需要定义。

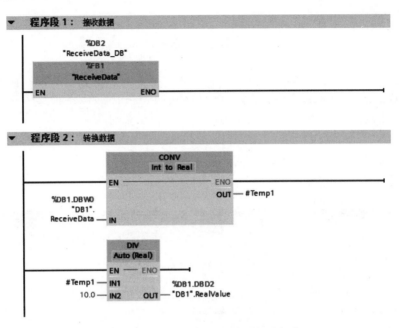

图 13-6　例 13-1 OB1 中的梯形图程序

FB1 的程序如图 13-7 所示，程序段 1 的主要作用是初始化，只要温度仪表的通信参数不修改，则此程序只需要运行一次。此外要注意，波特率和奇偶校验与 CM1241 模块的硬件组态和条形码扫描仪的一致，否则通信不能建立。

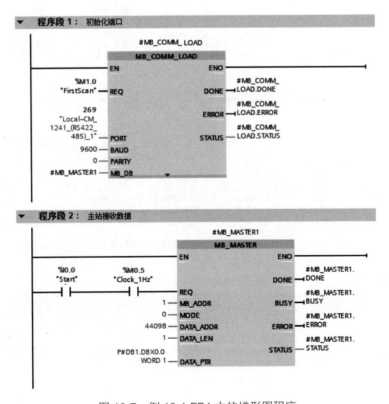

图 13-7　例 13-1 FB1 中的梯形图程序

程序段 2 主要是读取数据，按动按钮即可读入到数组 ReceiveData 中，温度仪表的站地址必须与程序中一致，默认为 1，可以用仪表按键修改。

小结：

① 特别注意：如图 13-8 所示的硬件组态中要组态为"半双工"，因为条码扫描仪的信号线是 2 根（RS-485）；波特率为 9.6kbps，无校验与图 13-7 中的程序要一致，扫描仪的波特率也应设置为 9.6kbps。所以硬件组态、程序和温度仪表都要一致（三者统一），这一点是非常重要的。

② 采用多重实例，可少用背景数据块。

③ 仪表的设置也很重要。

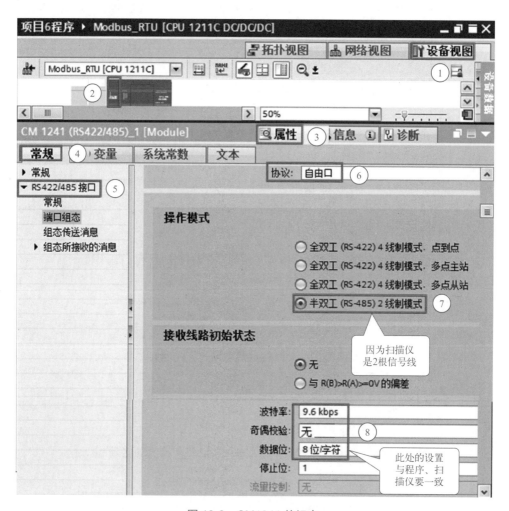

图 13-8　CM1241 的组态

注意 本例采用的是 CPU1211C 和 CM1241 RS-485 模块方案，也可使用 S7-1500 CPU 和 CM PtP RS-485 HF 模块方案，两个方案的程序是一样的。

13.2 S7-1200/1500PLC 与称重仪表的自由口通信

13.2.1 称重仪表介绍

（1）称重仪表的功能介绍

称重仪表在工程中极为常用，用于测量实时重量、报警和通信（以太网通信、自由口通信和 Modbus-RTU 通信等）等功能。在国产仪表中，支持自由口通信和 Modbus-RTU 通信的仪表很常用。

ZN4S XMT 称重仪表是典型国产仪表，有测量实时重量、报警、Modbus-RTU 通信和自由口通信等功能，本例只使用仪表的称重测量功能，并将重量测量值传送到 PLC 中。

ZN4S XMT 称重仪表默认的串行地址是 1；默认的波特率是 9600bps；默认 8 位传送、1 位停止位、无奇偶校验。当然这些通信参数是可以重新设置的，本例不修改。关于仪表的参数设置等详细信息，可参考该型号仪表的说明书。

（2）仪表的通信介绍

ZN4S XMT 称重仪表支持两种通信协议，中诺协议（即自由口通信）和 Modbus-RTU 协议，用户可在使用时选择其中的一种通信协议。

此仪表提供两种通信方式：连续方式（td）和主从方式（rdtd）。

当选择主从方式时，仪表接收上位机命令后应答。

当选择连续方式时，无须上位机发送数据，仪表直接从串口连续不断向外发送数据。本书介绍这种通信方式。此通信方式，仪表向上位机传送报文格式如图 13-9 所示。进行自由口通信必须理解此通信报文格式。

帧头			地址域	命令域	数据(短整型有符号)(2字节: 高字节在前，低字节在后)		小数点	备用	异或 校验
0xBB	0xBB	0xBB	0x**	0xA1	0x**	0x**	0x**	0xff	0x**

图 13-9 ZN4S XMT 称重仪表的连续报文格式

（3）ZN4S XMT 称重仪表的接线

ZN4S XMT 称重仪表的接线如图 13-10 所示。

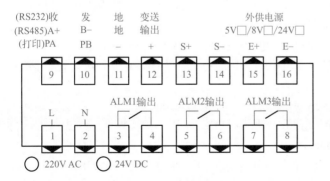

图 13-10 ZN4S XMT 称重仪表的接线

13.2.2 S7-1200 /1500 PLC 与称重仪表的自由口通信应用实例

在前面的章节中已经介绍了自由口通信，以下用一个例子介绍 S7-1200/1500 PLC 与称重仪表之间的自由口通信。

【例 13-2】要求用 S7-1200 PLC、串行通信模块和称重仪表（型号 ZN4S XMT），采用自由口通信，采集温度仪表的重量值。

【解】（1）软硬件配置

① 1 台 CPU 1215C。

② 1 台 CM1241（RS-485/422 端口）。

③ 1 台 ZN4S XMT 称重仪表（配 RS-485 端口，支持自由口协议）。

④ 1 根带 PROFIBUS 接头的屏蔽双绞线。

⑤ 1 套 TIA Portal V17。

电气原理图如图 13-11 所示，采用 RS-485 的接线方式，通信电缆需要两线屏蔽线缆，CM1241 模块侧需配置 PROFIBUS 接头，CM1241 模块无需接电源。称重仪表需要接交流 220V 电源。S+ 和 S- 是传感器的信号线，E+ 和 E- 是传感器的电源线，很多仪表可以给传感器提供稳定可靠的直流电源。

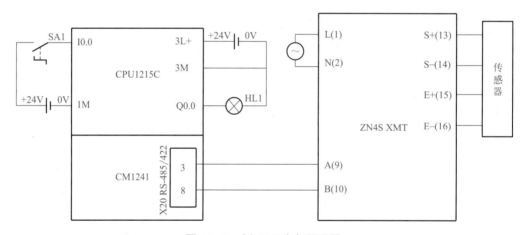

图 13-11　例 13-2 电气原理图

（2）硬件组态和编写控制程序

① 新建项目。先打开 TIA Portal V17 软件，再新建项目，本例命名为"Weighting"，接着单击"项目视图"按钮，切换到项目视图。

② 硬件配置。在 TIA Portal 软件项目视图的项目树中，双击"添加新设备"按钮，先添加 CPU 模块"CPU1215C"和"CM1241"模块，并启用时钟存储器字节和系统存储器字节，如图 13-12 所示。

③ 在主站中，创建数据块 DB2。在项目树中，选择"Weighting"→"程序块"→"添加新块"，选中"DB2"，单击"确定"按钮，新建连接数据块 DB2，如图 13-13 所示，再在 DB2 中创建 ReceiveData 和 HMI_Value。

在项目树中，如图 13-14 所示，选择"Weighting"→"程序块"→"DB2"，单击鼠标右键，弹出快捷菜单，单击"属性"选项，打开"属性"界面，如图 13-15 所示，选择"属性"选项，去掉"优化的块访问"前面的对号"√"，也就是把块变成非优化访问。

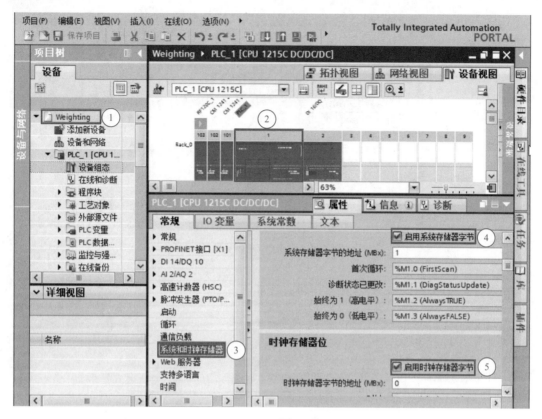

图 13-12　硬件配置

		名称	数据类型	偏移量	起始值
DB2					
1		▼ Static			
2		▶ ReceiveData	Array[0..9] of Int	0.0	
3		HMI_Value	Real	20.0	0.0

图 13-13　在主站 Master 中创建数据块 DB2

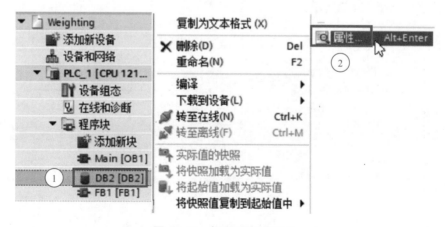

图 13-14　打开 DB2 的属性

图 13-15　修改 DB2 的属性

④ 编写主站的程序。OB1 中的梯形图程序如图 13-16 所示。

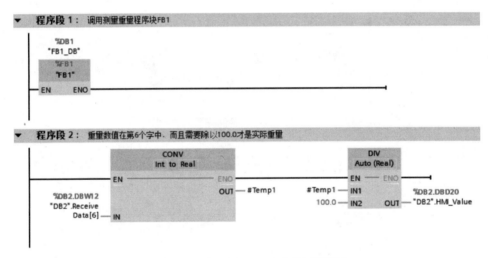

图 13-16　例 13-2 OB1 中的梯形图程序

FB1 的程序如图 13-17 所示。

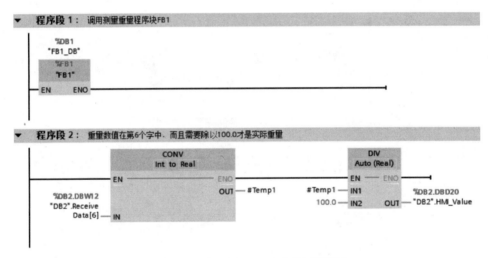

图 13-17　例 13-2 FB1 中的梯形图程序

第 14 章

西门子 PLC 与变频器的通信及系统集成

变频器的速度给定方式较多，但对于中大型项目，通常采用通信速度给定。本章主要介绍 S7-200 SMART/1200/1500 PLC 与 G120 变频器的 PROFINET 通信和 Modbus-RTU 通信。本章是西门子 PLC 通信的重点和难点内容。

14.1 G120 变频器通信报文介绍

（1）SINAMICS 通信报文类型

对于 SIMOTION 与 SINAMICS 系列产品，其报文有标准报文和制造商报文。标准报文根据 PROFIdrive 协议构建。过程数据的驱动内部互联根据设置的报文编号在 Starter/StartDrive 中自动进行。制造商专用报文根据公司内部定义创建。过程数据的驱动内部互联根据设置的报文编号在 Starter/StartDrive 中自动进行。标准报文和制造商报文见表 14-1 和表 14-2。

表 14-1　标准报文

报文名称	描述	应用范围
标准报文 1	16 位转速设定值	基本速度控制
标准报文 2	32 位转速设定值	基本速度控制
标准报文 3	32 位转速设定值，一个位置编码器	支持等时模式的速度或位置控制
标准报文 4	32 位转速设定值，两个位置编码器	支持等时模式的速度或位置控制，双编码器
标准报文 5	32 位转速设定值，一个位置编码器和 DSC	支持等时模式的位置控制
标准报文 6	32 位转速设定值，两个位置编码器和 DSC	支持等时模式的速度或位置控制，双编码器
标准报文 7	基本定位器功能	仅有程序块选择（EPOS）
标准报文 9	直接给定的基本定位器	简化功能的 EPOS 报文（减少使用）
标准报文 20	16 位转速设定值，状态信息和附加信息符合 VIK-NAMUR 标准定义	VIK-NAMUR 标准定义
标准报文 81	一个编码器通道	编码器报文
标准报文 82	一个编码器通道 + 16 位速度设定值	扩展编码器报文
标准报文 83	一个编码器通道 + 32 位速度设定值	扩展编码器报文

注：表中粗体字的报文是常用报文。

表 14-2 制造商专用报文

报文名称	描述	应用范围
制造商报文 102	32 位转速设定值，一个位置编码器和转矩降低	SIMODRIVE 611 U 定位轴
制造商报文 103	32 位转速设定值，两个位置编码器和转矩降低	早期的报文
制造商报文 105	32 位转速设定值，一个位置编码器、转矩降低和 DSC	S120 用于轴控制标准报文（SIMOTION 和 T CPU）
制造商报文 106	32 位转速设定值，两个位置编码器、转矩降低和 DSC	S120 用于轴控制标准报文（SIMOTION 和 T CPU）
制造商报文 110	基本定位器、MDI 和 XIST_A	早期的定位报文
制造商报文 111	MDI 运行方式中的基本定位器	S120 EPOS 基本定位器功能的标准报文
制造商报文 116	32 位转速设定值，两个编码器（编码器 1 和编码器 2）、转矩降低和 DSC，负载、转矩、功率和电流实际值	双编码器轴控，可以在数控系统中使用
制造商报文 118	32 位转速设定值，两个编码器（编码器 2 和编码器 3）、转矩降低和 DSC，负载、转矩、功率和电流实际值	定位，较少使用
制造商报文 125	带转矩前馈的 DSC，一个位置编码器（编码器 1）	可以提高插补精度
制造商报文 126	带转矩前馈的 DSC，两个位置编码器（编码器 1 和编码器 2）	可以提高插补精度，双编码器
制造商报文 136	带转矩前馈的 DSC，两个位置编码器（编码器 1 和编码器 2），四个跟踪信号	数控使用，提高插补精度
制造商报文 138	带转矩前馈的 DSC，两个位置编码器（编码器 1 和编码器 2），四个跟踪信号	扩展编码器报文
制造商报文 139	带 DSC 和转矩前馈控制的转速 / 位置控制，一个位置编码器，电压状态、附加实际值	数控使用
制造商报文 166	配有两个编码器通道和 HLA 附加信号的液压轴	用于液压轴
制造商报文 220	32 位转速设定值	金属工业
制造商报文 352	16 位转速设定值	PCS 提供标准块
制造商报文 370	电源模块报文	控制电源模块启停
制造商报文 371	电源模块报文	金属工业
制造商报文 390	控制单元，带输入输出	控制单元使用
制造商报文 391	控制单元，带输入输出和 2 个快速输入测量	控制单元使用
制造商报文 392	控制单元，带输入输出和 6 个快速输入测量	控制单元使用
制造商报文 393	控制单元，带输入输出和 8 个快速输入测量及模拟量输入	控制单元使用
制造商报文 394	控制单元，带输入输出	控制单元使用
制造商报文 395	控制单元，带输入输出和 16 个快速输入测量	控制单元使用
制造商报文 396	用于传输金属状态数据、CU 上的 I/O，控制 8 个 CU 和来自西门子的限位开关	控制单元使用
自由报文 999	自由报文	原有报文连接不变，并可以对它进行修改

注：表中粗体字的报文是常用报文。

（2）报文的结构

常用的标准报文的结构见表 14-3。

表 14-3 常用的标准报文结构

报文		PZD1	PZD2	PZD3	PZD4	PZD5	PZD6	PZD7	PZD8	PZD9
1	16 位转速设定值	STW1	NSOLL	→ 把报文发送到总线上						
		ZSW1	NIST	← 接收来自总线上的报文						
2	32 位转速设定值	STW1	NSOLL		STW2					
		ZSW1	NIST		ZSW2					
3	32 位转速设定值，一个位置编码器	STW1	NSOLL		STW2	G1_STW				
		ZSW1	NIST		ZSW2	G1_ZSW	G1_XIST1		G1_XIST2	
5	32 位转速设定值，一个位置编码器和 DSC	STW1	NSOLL		STW2	G1_STW	XERR		KPC	
		ZSW1	NIST		ZSW2	G1_ZSW	G1_XIST1		G1_XIST2	

表格中关键字的含义：

STW1：控制字 1　　　STW2：控制字 2　　　G1_STW：编码器控制字

NSOLL：速度设定值　　ZSW2：状态字 2　　　G1_ZSW：编码器状态字

ZSW1：状态字 1　　　XERR：位置差　　　　G1_XIST1：编码器实际值 1

NIST：实际速度　　　KPC：位置闭环增益　　G1_XIST2：编码器实际值 2

常用的制造商报文的结构见表 14-4。

表 14-4 常用的制造商报文结构

报文		PZD1	PZD2	PZD3	PZD4	PZD5	PZD6	PZD7	PZD8	PZD9	PZD9	PZD10	PZD11
105	32 位转速设定值，一个位置编码器、转矩降低和 DSC	STW1	NSOLL		STW2	MOMRED	G1_STW	XERR		KPC			
		ZSW1	NIST		ZSW2	MELDW	G1_ZSW	G1_XIST1		G1_XIST2			
111	MDI 运行方式中的基本定位器	STW1	POS_STW1	POS_STW2	STW2	OVERRIDE	MDI_TARPOS		MDI_VELOCITY		MDI_ACC	MDI_DEC	USER
		ZSW1	POS_ZSW1	POS_ZSW2	ZSW2	MELDW	XIST_A		NIST_B		FAULT_CODE	WARN_CODE	USER

表格中关键字的含义：

STW1：控制字 1　　　STW2：控制字 2　　　G1_STW：编码器控制字　　　POS_STW1：位置控制字

NSOLL：速度设定值　　ZSW2：状态字 2　　　G1_ZSW：编码器状态字　　　POS_ZSW：位置状态字

ZSW1：状态字 1　　　XERR：位置差　　　　G1_XIST1：编码器实际值 1　　MOMRED：转矩降低

NIST：实际速度　　　KPC：位置闭环增益　　G1_XIST2：编码器实际值 2　　MOMRED：消息字

XIST_A：MDI 位置实际值　　MDI_TARPOS：MDI 位置设定值　　MDI_VELOCITY：MDI 速度设定值　　MDI_ACC：MDI 加速度倍率

MDI_DEC：MDI 减速度倍率　　FAULT_CODE：故障代码　　WARN_CODE：报警代码　　OVERRIDE：速度倍率

（3）标准报文 1 的解析

标准报文适用于 SINAMICS、MICROMASTER 和 SIMODRIVE 611 变频器的速度控制。

标准报文 1 只有 2 个字，写报文时，第一个字是控制字（STW1），第二个字是主设定值；读报文时，第一个字是状态字（ZSW1），第二个字是主监控值。

① 控制字 当 p2038 等于 0 时，STW1 的内容符合 SINAMICS 和 MICROMASTER 系列变频器，当 p2038 等于 1 时，STW1 的内容符合 SIMODRIVE 611 系列变频器的标准。

当 p2038 等于 0 时，标准报文 1 的控制字（STW1）的各位的含义见表 14-5。

表 14-5 标准报文 1 的控制字（STW1）的各位的含义

信号	含义	关联参数	说明
STW1.0	上升沿：ON（使能） 0：OFF1（停机）	p840[0]=r2090.0	设置指令"ON/OFF（OFF1）"的信号
STW1.1	0：OFF2 1：NO OFF2	p844[0]=r2090.1	缓慢停转 / 无缓慢停转
STW1.2	0：OFF3（快速停止） 1：NO OFF3（无快速停止）	p848[0]=r2090.2	快速停止 / 无快速停止
STW1.3	0：禁止运行 1：使能运行	p852[0]=r2090.3	使能运行 / 禁止运行
STW1.4	0：禁止斜坡函数发生器 1：使能斜坡函数发生器	p1140[0]=r2090.4	使能斜坡函数发生器 / 禁止斜坡函数发生器
STW1.5	0：禁止继续斜坡函数发生器 1：使能继续斜坡函数发生器	p1141[0]=r2090.5	继续斜坡函数发生器 / 冻结斜坡函数发生器
STW1.6	0：使能设定值 1：禁止设定值	p1142[0]=r2090.6	使能设定值 / 禁止设定值
STW1.7	上升沿确认故障	p2103[0]=r2090.7	应答故障
STW1.8	保留	—	—
STW1.9	保留	—	—
STW1.10	1：通过 PLC 控制	p854[0]=r2090.10	通过 PLC 控制 / 不通过 PLC 控制
STW1.11	1：设定值取反	p1113[0]=r2090.11	设置设定值取反的信号源
STW1.12	保留	—	—
STW1.13	1：设置使能零脉冲	p1035[0]=r2090.13	设置使能零脉冲的信号源
STW1.14	1：设置持续降低电动电位器设定值	p1036[0]=r2090.14	设置持续降低电动电位器设定值的信号源
STW1.15	保留	—	—

读懂表 14-5 是非常重要的。控制字的第 0 位 STW1.0 与启停参数 p840 关联，且为上升沿有效，这点要特别注意。当控制字 STW1 由 16#47E 变成 16#47F（上升沿信号）时，向变频器发出正转启动信号；当控制字 STW1 由 16#47E 变成 16#C7F 时，向变频器发出反转启动信号；当控制字 STW1 为 16#47E 时，向变频器发出停止信号。以上几个特殊的数据读者应该记住。

② 主设定值 主设定值是一个字，用十六进制格式表示，最大数值是 16#4000，对应变频器的额定频率或者转速。例如 G120 变频器的同步转速一般是 1500r/min。以下用一个例题

介绍主设定值的计算。

【例 14-1】变频器通信时，需要对转速进行标准化，计算 1200r/min 对应的标准化数值。

【解】因为 1500r/min 对应的 16#4000，而 16#4000 对应的十进制是 16384，所以 1500r/min 对应的十进制是：

$$n = \frac{1200}{1500} \times 16384 = 13107.2$$

而 13107 对应的十六进制是 16#3333，所以设置时，应设置数值是 16#3333。初学者容易用 16#4000×0.8=16#3200，这是不对的。

14.2   S7-200 SMART/1200/1500 PLC 与 G120 的 PROFINET 通信

前面的章节介绍了西门子 PLC 的 PROFINET 通信，以下将用 2 个例子介绍 S7-200 SMART/1200/1500 PLC 与 G120 的 PROFINET 通信。

14.2.1   S7-200 SMART PLC 与 G120 的 PROFINET 通信

S7-200 SMART PLC 早期的版本不支持 PROFINET IO 通信，从软件和固件 V2.4 版本开始增加了此功能。如果读者的 CPU 模块是早期版本，可在西门子的官方网站上下载固件并更新，新版的软件也可以在西门子官方网站免费下载。以下用一个例题介绍 S7-200 SMART PLC 与 G120C 变频器的 PROFINET 通信的实施过程。

【例 14-2】用一台 HMI 和 CPU ST40 对变频器拖动的电动机进行 PROFINET 无级调速，已知电动机的功率为 0.75kW，额定转速为 1440r/min，额定电压为 380V，额定电流为 2.05A，额定频率为 50Hz。要求设计解决方案。

【解】（1）软硬件配置

① 1 套 STEP 7-MicroWIN SMART V2.6。

② 1 台 G120C 变频器。

③ 1 台 CPU ST40。

④ 1 台电动机。

⑤ 1 根屏蔽双绞线。

原理图如图 14-1 所示，CPU ST40 的 PN 接口与 G120C 变频器 PN 接口之间用专用的以太网屏蔽电缆连接。

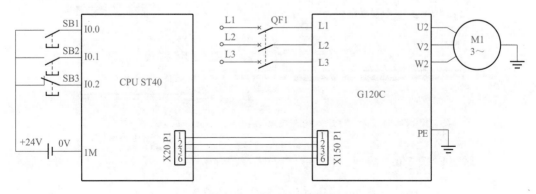

图 14-1　例 14-2 原理图

（2）硬件和网络组态

① 打开 STEP 7-MicroWIN SMART（不低于 V2.4，本例为 V2.6），在"工具"菜单中，单击"PROFINET"按钮，弹出如图 14-2 所示的界面，选择 PLC 的角色为"控制器"，选定 PLC 的 IP 地址（192.168.0.1），注意这个地址要和真实 PLC 的 IP 地址一致，单击"下一步"按钮。

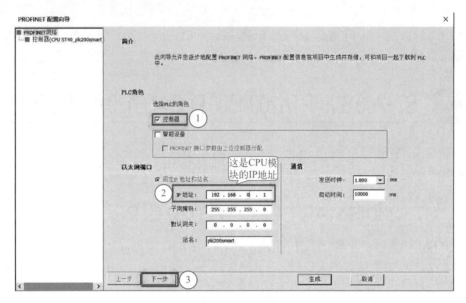

图 14-2 分配 PLC 的角色和 IP 地址

② 建立 PLC 与 G120C 的通信连接。在进行这一步操作之前，必须先安装 G120C 的 GSDML 文件，此文件可以在西门子官方网站上下载。鼠标按住标记①处不放拖拽到②处，并设置 G120C 变频器的 IP 地址，此地址要与真实 G120C 的地址一致，单击"下一步"按钮，如图 14-3 所示。

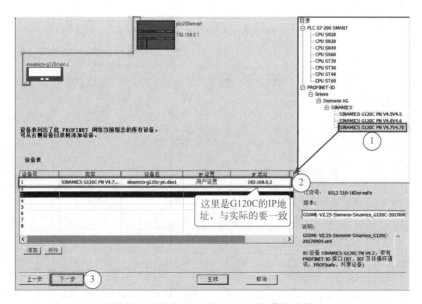

图 14-3 建立 PLC 与 G120 的通信连接

③ 添加报文。鼠标按住标记①处不放拖拽到②处即可，如图 14-4 所示。注意输入和输出地址都是 128，这个地址在编写程序时要用到。

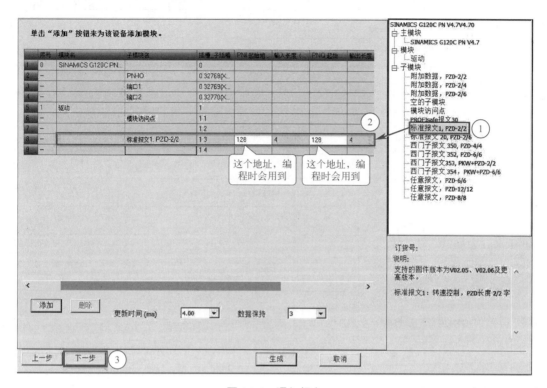

图 14-4　添加报文

④ 完成组态。如图 14-5 所示，单击"生成"按钮，完成硬件和网络组态。

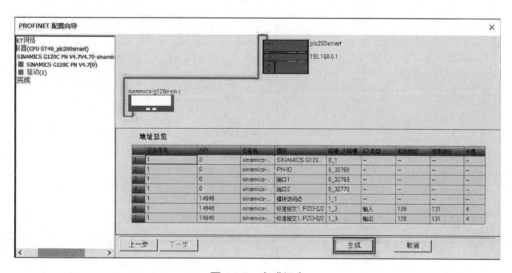

图 14-5　完成组态

（3）指令 SINA_SPEED 介绍
指令 SINA_SPEED 说明见表 14-6。

表 14-6　指令 SINA_SPEED 说明

序号	信号	类型	含义		
			输入		
1	EnableAxis	BOOL	=1，驱动使能		
2	AckError	BOOL	驱动故障应答		
3	SpeedSp	REAL	转速设定值 [r/min]		
4	RefSpeed	REAL	驱动的参考转速 [r/min]，对应于驱动器中的 p2000 参数		
5	ConfigAxis	WORD	默认赋值为 16#003F，详细说明如下		
			位	默认值	含义
			位 0	1	OFF2
			位 1	1	OFF3
			位 2	1	驱动器使能
			位 3	1	使能 / 禁止斜坡函数发生器使能
			位 4	1	继续 / 冻结斜坡函数发生器使能
			位 5	1	转速设定值使能
			位 6	0	打开抱闸
			位 7	0	速度设定值反向
			位 8	0	电动电位计升速
			位 9	0	电动电位计降速
6	Starting_I_add	WORD	PROFINET IO 的 I 存储区起始地址的指针		
7	Starting_Q_add	WORD	PROFINET IO 的 Q 存储区起始地址的指针		
			输出		
1	AxisEnabled	BOOL	驱动已使能		
2	LockOut	BOOL	驱动处于禁止接通状态		
3	ActVelocity	REAL	实际速度 [r/min]		
4	Error	BOOL	1= 存在错误		

（4）编写程序

程序如图 14-6 所示。VD10 在 HMI 中设置。

（5）设置 G120 变频器的参数

设置 G120 变频器的参数十分关键，否则通信是不能正确建立的。变频器参数见表 14-7。

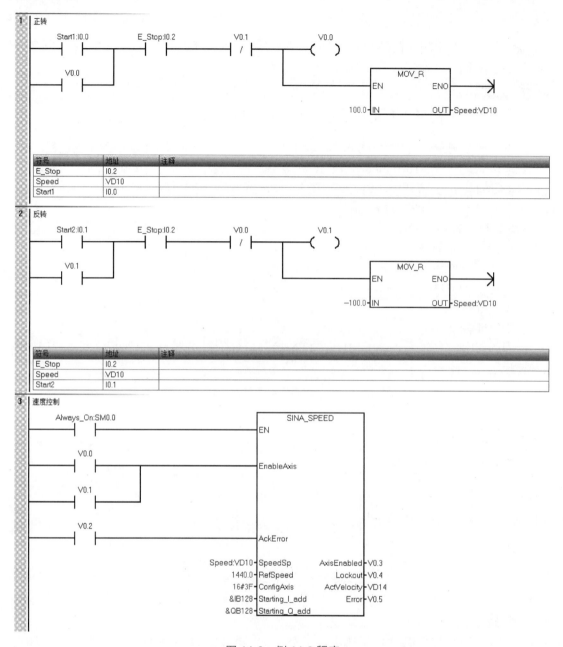

图 14-6　例 14-2 程序

表 14-7　变频器参数

变频器参数	设定值	单位	功能说明
p0003	3	—	权限级别，3 是专家级
p0010	1/0	—	驱动调试参数筛选。先设置为 1，当把 p15 和电动机相关参数修改完成后，再设置为 0
p0015	7	—	驱动设备宏 7 指令
p0311	1440	r/min	电动机的额定转速

> **注意** 本例的变频器设置的是宏 7 指令，宏 7 指令中采用的是西门子报文 1，与 S7-200 SMART PLC 组态时选用的报文是一致的（必须一致）。

14.2.2 S7-1200/1500 PLC 与 G120 的 PROFINET 通信

以下用一个例题介绍 S7-1200 PLC 与 G120C 变频器的 PROFINET 通信的实施过程。

【例 14-3】用一台 HMI 和 CPU1211C 对变频器拖动的电动机进行 PROFINET 无级调速，已知电动机的功率为 0.75kW，额定转速为 1440r/min，额定电压为 380V，额定电流为 2.05A，额定频率为 50Hz。要求设计解决方案。

【解】（1）软硬件配置

① 1 套 TIA Portal V17。

② 1 台 G120C 变频器。

③ 1 台 CPU1211C。

④ 1 台电动机。

⑤ 1 根屏蔽双绞线。

原理图如图 14-7 所示，CPU1211C 的 PN 接口与 G120C 变频器 PN 接口之间用专用的以太网屏蔽电缆连接。

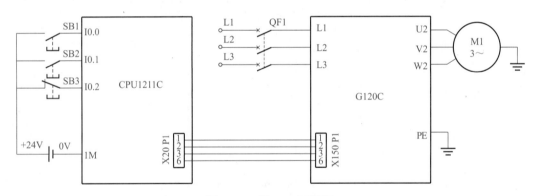

图 14-7 例 14-3 原理图

（2）硬件组态

① 新建项目"PN-1211C"，如图 14-8 所示，选中"设备和网络"→"设备视图"，在"硬件目录"中，选中 CPU1211C，并将"6ES7 211-1BE40-0XB0"拖拽到标记③的位置。

② 配置 PROFINET 接口。在"设备视图"中选中"CPU1211C"的图标→"属性"→"以太网地址"，单击"添加新子网"按钮，新建 PROFINET 网络，如图 14-9 所示。

③ 安装 GSD 文件。一般 TIA Portal 软件中没有安装 GSD 文件时，无法组态 G120C 变频器，因此在组态变频器之前，需要安装 GSD 文件（之前安装了 GSD 文件，则忽略此步骤）。在图 14-10 中，单击菜单栏的"选项"→"管理通用站描述文件（GSD）"，弹出安装 GSD 文件的界面如图 14-11 所示，选择 G120C 变频器的 GSD 文件"GSDML-V2.25..."和"GSDML-V2.31..."，单击"安装"按钮即可，安装完成后，软件自动更新硬件目录。

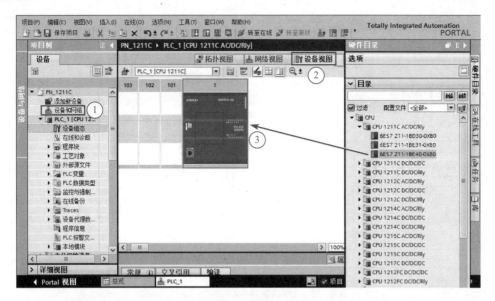

图 14-8　新建项目

图 14-9　配置 PROFINET 接口

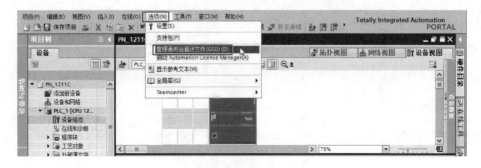

图 14-10　安装 GSD 文件（1）

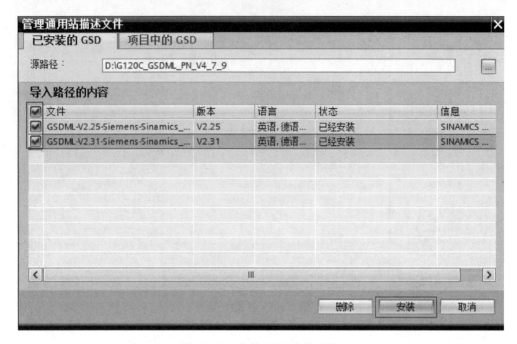

图 14-11　安装 GSD 文件（2）

④ 配置 G120C 变频器。展开右侧的硬件目录，选中"其它现场设备"→"PROFINET IO"→"Drives"→"SIEMENS AG"→"SINAMICS"→"SINAMICS G120C"，拖拽"SINAMICS G120C"到如图 14-12 所示的界面。在图 14-13 中，用鼠标左键选中标记①处的绿色标记（即 PROFINET 接口）按住不放，拖拽到标记②处的绿色标记（G120C 的 PROFINET 接口）松开鼠标。

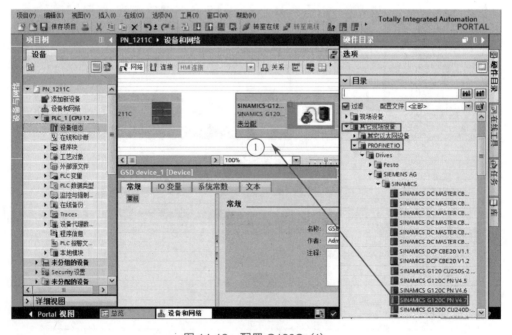

图 14-12　配置 G120C（1）

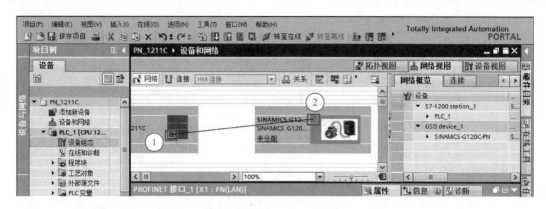

图 14-13　配置 G120C（2）

⑤ 配置通信报文。选中并双击"G120C"，切换到 G120C 的"设备视图"中，选中"西门子报文 352 PZD-6/6"，并拖拽到如图 14-14 所示的位置。注意：PLC 侧选择通信报文 352，那么变频器侧也要选择报文 352，这一点要特别注意。报文的控制字是 QW78，主设定值是 QW80，详见标记②处。

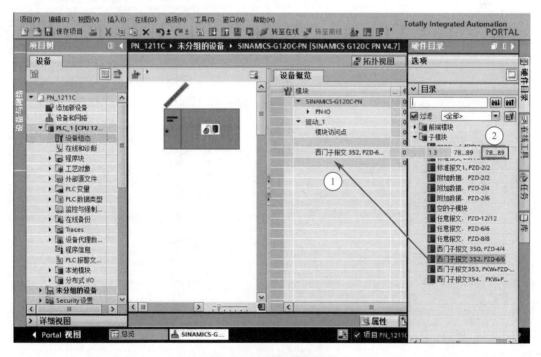

图 14-14　配置通信报文

（3）分配 G120C 的名称和 IP 地址

分配 G120C 的名称和 IP 地址也可以在 Starter 软件中进行，当然还可以在 STEP 7 软件、TIA Portal 软件、PRONETA 和 BOP-2 等中分配。

分配变频器的名称和 IP 地址对于成功通信是至关重要的，初学者往往会忽略这一步从而造成通信不成功。

（4）编写程序

控制程序如图 14-15 和图 14-16 所示，程序的说明如下。

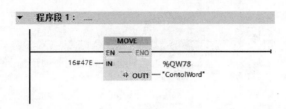

图 14-15　例 14-3 OB100 中程序

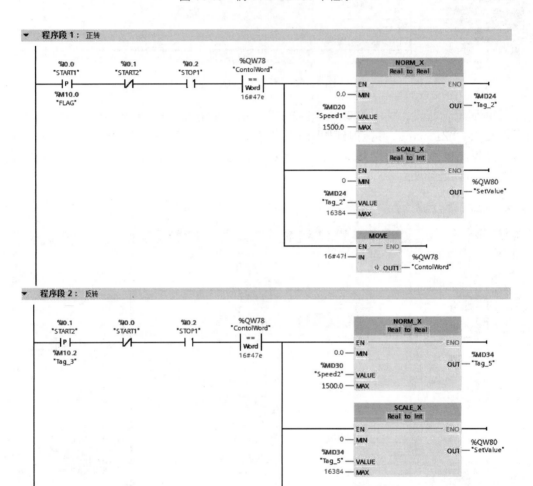

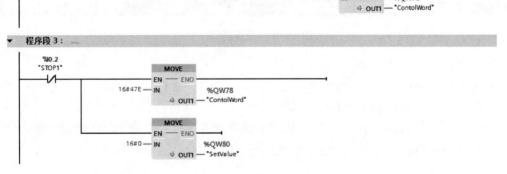

图 14-16　例 14-3 程序

① 将 16#47E 送入控制字 QW78：P 中，是发送停机信号。

② 将 16#47E 送入控制字 QW78：P 中，延时 100ms，再将 16#47F 送入控制字 QW78：P 中，是为了发送给变频器一个正转脉冲信号。

③ 将 16#47E 送入控制字 QW78：P 中，延时 100ms，再将 16#C7F 送入控制字 QW78：P 中，是为了发送给变频器一个反转脉冲信号。

④ 将 MD20 经过变换后，送入主设置定值 QW80：P 中，是为了发送正转转速设定值信号。

⑤ 将 MD30 经过变换后，送入主设置定值 QW80：P 中，是为了发送反转转速设定值信号。

14.3 S7-1200/1500 PLC 与 G120 变频器的 Modbus-RTU 通信

14.3.1 G120 变频器的 Modbus-RTU 通信基础

S7-1200 PLC 的 Modbus 通信需要配置串行通信模块，如 CM1241（RS-485）、CM 1241 RS-422/485 和 CB 1241 RS-485 板。一个 S7-1200 CPU 中最多可安装三个 CM 1241 或 RS-422/485 模块和一个 CB 1241 RS-485 板。

对于 S7-1200 CPU（V4.1 版本及以上）扩展了 Modbus 的功能，可以使用 PROFINET 或 PROFIBUS 分布式 I/O 机架上的串行通信模块与设备进行 Modbus 通信。

S7-1500 PLC 的 Modbus 通信同样需要配置串行通信模块，如 CM PtP RS-422/485 HF 或 CM PtP RS-232 HF，注意只能选用高性能型串行通信模块，否则不支持 Modbus 通信协议。

14.3.2 S7-1200/1500 PLC 与 G120 变频器的 Modbus-RTU 通信

以下用一个例题介绍 S7-1200 PLC 与 G120C 变频器的 Modbus 通信的实施过程。S7-1500 PLC 与 G120C 变频器的 Modbus 通信只是选用模块和硬件组态不同。

【例 14-4】用一台 CPU 1211C 对变频器拖动的电动机进行 Modbus 无级调速，已知电动机的功率为 0.75kW，额定转速为 1440r/min，额定电压为 380V，额定电流为 2.05A，额定频率为 50Hz。要求设计解决方案。

【解】（1）软硬件配置

① 1 套 TIA Portal V17。

② 1 台 G120C 变频器。

③ 1 台 CPU 1211C 和 CM1241（RS-485）。

④ 1 台电动机。

⑤ 1 根屏蔽双绞线。

接线如图 14-17 所示，CM1241（RS-485）模块串口的 3 引脚 和 8 引脚与 G120C 变频器的通信口的 2 号和 3 号端子相连，PLC 端和变频器端的终端电阻置于 ON。

（2）硬件组态

① 新建项目"MODBUS_1200"，添加新设备，先把 CPU1211C 拖拽到设备视图，再将 CM1241（RS-485）通信模块拖拽到设备视图，如图 14-18 所示。

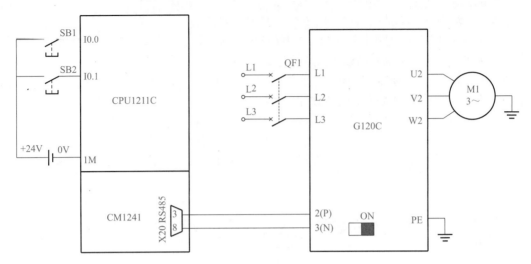

图 14-17　例 14-4 原理图

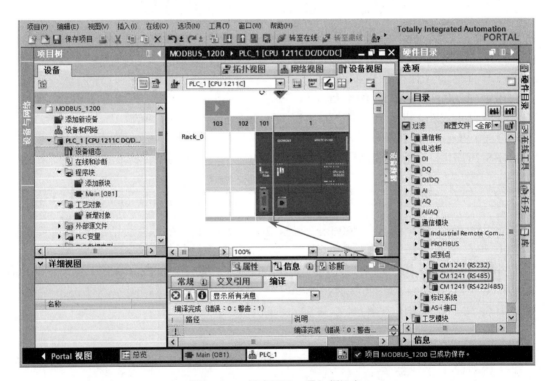

图 14-18　新建项目，添加新设备

② 选中 CM1241（RS-485）的串口，再选中"属性"→"常规"→"IO-Link"，不修改"IO-Link"串口的参数（也可根据实际情况修改，但变频器中的参数要和此参数一致），如图 14-19 所示。

（3）修改变频器参数

G120 变频器的 Modbus-RTU 通信时，采用宏 21，与 USS 通信的参数设置大致相同（p2030 除外），变频器中需要修改的参数见表 14-8。

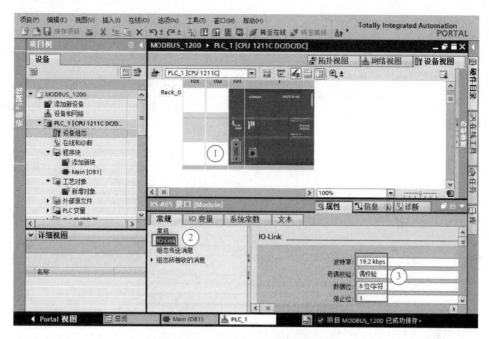

图 14-19 "IO-Link"串口的参数

表 14-8 变频器参数

序号	变频器参数	设定值	单位	功能说明
1	p0003	3	—	权限级别，3 是专家级
2	p0010	1/0	—	驱动调试参数筛选。先设置为 1，当把 p0015 和电动机相关参数修改完成后，再设置为 0
3	p0015	21	—	驱动设备宏指令
4	p0304	380	V	电动机的额定电压
5	p0305	2.05	A	电动机的额定电流
6	p0307	0.75	kW	电动机的额定功率
7	p0310	50.00	Hz	电动机的额定频率
8	p0311	1440	r/min	电动机的额定转速
9	p2020	7	—	Modbus 通信波特率，7 代表 19200bit/s
10	p2021	2	—	Modbus 地址
11	p2022	2	—	Modbus 通信 PZD 长度
12	p2030	2	—	Modbus 通信协议
13	p2031	2	—	偶校验
14	p2040	1000	ms	总线监控时间

（4）指令介绍和程序编写

1）Modbus_Comm_Load 指令　Modbus_Comm_Load 指令用于 Modbus-RTU 协议通信的串行通信端口，分配通信参数。主站和从站都要调用此指令，Modbus_Comm_Load 指令输入 / 输出参数见表 14-9。

表 14-9   Modbus_Comm_Load 指令的参数表

LAD	SCL	输入 / 输出	说 明
		EN	使能
	"Modbus_Comm_Load_DB"（REQ: =_bool_in_, PORT: =_uint_in_, BAUD: =_udint_in_, PARITY: =_uint_in_, FLOW_CTRL: =_uint_in_, RTS_ON_DLY: =_uint_in_, RTS_OFF_DLY: =_uint_in_, RESP_TO: =_uint_in_, DONE=>_bool_out_, ERROR=>_bool_out_, STATUS=>_word_out_, MB_DB: =_fbtref_inout_) ;	REQ	上升沿时信号启动操作
		PORT	硬件标识符
		BAUD	波特率
		PARITY	奇偶校验选择： 0—无 1—奇校验 2—偶校验
		MB_DB	对 Modbus_Master 或 Modbus_Slave 指令所使用的背景数据块的引用
		DONE	上一请求已完成且没有出错后，DONE 位将保持为 TRUE 一个扫描周期时间
		STATUS	故障代码
		ERROR	是否出错：0 表示无错误，1 表示有错误

使用 Modbus_Comm_Load 指令注意：

① REQ 是上升沿信号有效，不需要高电平一直接通。

② 波特率和奇偶校验必须与变频器（见表 14-8）和串行通信模块硬件组态（见图 14-19）一致。

③ 通常运行一次即可，但波特率等修改后，需要再次运行。PROFINET 或 PROFIBUS 分布式 I/O 机架上的串行通信模块与设备进行 Modbus 通信，需要循环调用此指令。

2）Modbus_Master 指令   Modbus_Master 指令是 Modbus 主站指令，在执行此指令之前，要执行 Modbus_Comm_Load 指令组态端口。将 Modbus_Master 指令插入程序时，自动分配背景数据块。指定 Modbus_Comm_Load 指令的 MB_DB 参数时将使用该 Modbus_Master 背景数据块。Modbus_Master 指令输入 / 输出参数见表 14-10。

表 14-10   Modbus_Master 指令的参数表

LAD	SCL	输入 / 输出	说 明
		EN	使能
	"Modbus_Master_DB"（REQ: =_bool_in_, MB_ADDR: =_uint_in_, MODE: =_usint_in_, DATA_ADDR: =_udint_in_, DATA_LEN: =_uint_in_, DONE=>_bool_out_, BUSY=>_bool_out_, ERROR=>_bool_out_, STATUS=>_word_out_, DATA_PTR: =variant_inout）;	MB_ADDR	从站站地址，有效值为 1 ～ 247
		MODE	模式选择：0 — 读，1 — 写
		DATA_ADDR	从站中的寄存器地址
		DATA_LEN	数据长度
		DATA_PTR	数据指针：指向要写入或读取的数据的 M 或 DB 地址（未经优化的 DB 类型）
		DONE	上一请求已完成且没有出错后，DONE 位将保持为 TRUE 一个扫描周期时间
		BUSY	0—无 Modbus_Master 操作正在进行 1—Modbus_Master 操作正在进行
		STATUS	故障代码
		ERROR	是否出错：0 表示无错误，1 表示有错误

Modbus 地址通常是包含数据类型和偏移量的 5 个字符值。第一个字符确定数据类型，后面四个字符选择数据类型内的正确数值。PLC 等对 G120/S120 变频器的访问是通过访问相应的寄存器（地址）实现的。这些寄存器是变频器厂家依据 Modbus 定义的。例如寄存器 40345 代表是 G120 变频器的实际电流值。因此，在编写通信程序之前，必须熟悉需要使用的寄存器（地址）。G120 变频器常用的寄存器（地址）见表 14-11。

表 14-11　G120 变频器常用的寄存器（地址）

Modbus 寄存器号	描述	Modbus 访问	单位	标定系数	ON/OFF 或数值域		数据 / 参数
过程数据							
控制数据							
40100	控制字	R/W	—	1			过程数据 1
40101	主设定值	R/W	—	1			过程数据 2
状态数据							
40110	状态字	R	—	1			过程数据 1
40111	主实际值	R	—	1			过程数据 2
参数数据							
数字量输出							
40200	DO 0	R/W	—	1	高	低	p0730，r747.0，p748.0
40201	DO 1	R/W	—	1	高	低	p0731，r747.1，p748.1
40202	DO 2	R/W	—	1	高	低	p0732，r747.2，p748.2
模拟量输出							
40220	AO 0	R	%	100	−100.0 ～ 100.0		r0774.0
40221	AO 1	R	%	100	−100.0 ～ 100.0		r0774.1
数字量输入							
40240	DI 0	R	—	1	高	低	r0722.0
40241	DI 1	R	—	1	高	低	r0722.1
40242	DI 2	R	—	1	高	低	r0722.2
40243	DI 3	R	—	1	高	低	r0722.3
40244	DI 4	R	—	1	高	低	r0722.4
40245	DI 5	R	—	1	高	低	r0722.5
模拟量输入							
40260	AI 0	R	%	100	−300.0 ～ 300.0		r0755 [0]
40261	AI 1	R	%	100	−300.0 ～ 300.0		r0755 [1]
40262	AI 2	R	%	100	−300.0 ～ 300.0		r0755 [2]
40263	AI 3	R	%	100	−300.0 ～ 300.0		r0755 [3]

续表

Modbus 寄存器号	描述	Modbus 访问	单位	标定系数	ON/OFF 或数值域	数据 / 参数
变频器检测						
40300	功率栈编号	R	—	1	0 ~ 32767	r0200
40301	变频器的固件	R	—	1	0.00 ~ 327.67	r0018
变频器数据						
40320	功率模块的额定功率	R	kW	100	0 ~ 327.67	r0206
40321	电流限值	R/W	%	10	10.0 ~ 400.0	p0640
40322	加速时间	R/W	s	100	0.00 ~ 650.0	p1120
40323	减速时间	R/W	s	100	0.00 ~ 650.0	p1121
40324	基准转速	R/W	r/min	1	6 ~ 32767	p2000
变频器诊断						
40340	转速设定值	R	r/min	1	−16250 ~ 16250	r0020
40341	转速实际值	R	r/min	1	−16250 ~ 16250	r0022
40342	输出频率	R	Hz	100	−327.68 ~ 327.67	r0024
40343	输出电压	R	V	1	0 ~ 32767	r0025
40344	直流母线电压	R	V	1	0 ~ 32767	r0026
40345	电流实际值	R	A	100	0 ~ 163.83	r0027
40346	转矩实际值	R	N · m	100	−325.00 ~ 325.00	r0031
40347	有功功率实际值	R	kW	100	0 ~ 327.67	r0032
40348	能耗	R	kW · h	1	0 ~ 32767	r0039
故障诊断						
40400	故障号，下标 0	R	—	1	0 ~ 32767	r0947 [0]
40401	故障号，下标 1	R	—	1	0 ~ 32767	r0947 [1]
40402	故障号，下标 2	R	—	1	0 ~ 32767	r0947 [2]
40403	故障号，下标 3	R	—	1	0 ~ 32767	r0947 [3]
40404	故障号，下标 4	R	—	1	0 ~ 32767	r0947 [4]
40405	故障号，下标 5	R	—	1	0 ~ 32767	r0947 [5]
40406	故障号，下标 6	R	—	1	0 ~ 32767	r0947 [6]
40407	故障号，下标 7	R	—	1	0 ~ 32767	r0947 [7]
40408	报警号	R	—	1	0 ~ 32767	r2110 [0]
40409	当前报警代码	R	—	1	0 ~ 32767	r2132
40499	PRM ERROR 代码	R	—	1	0 ~ 255	—

续表

Modbus 寄存器号	描述	Modbus 访问	单位	标定系数	ON/OFF 或数值域	数据 / 参数
工艺控制器						
40500	工艺控制器使能	R/W	—	1	0 … 1	p2200，2349.0
40501	工艺控制器 MOP	R/W	%	100	−200.0 ～ 200.0	p2240
40510	工艺控制器的实际值滤波器时间常数	R/W	—	100	0.00 … 60.0	p2265
40511	工艺控制器实际值的比例系数	R/W	%	100	0.00 … 500.00	p2269
40512	工艺控制器的比例增益	R/W	—	1000	0.000…65.000	p2280
40513	工艺控制器的积分作用时间	R/W	s	1	0 … 60	p2285
40514	工艺控制器差分分量的时间常数	R/W	—	1	0 … 60	p2274
40515	工艺控制器的最大极限值	R/W	%	100	−200.0~ 200.0	p2291
40516	工艺控制器的最小极限值	R/W	%	100	−200… 200.0	p2292
PID 诊断						
40520	有效设定值，在斜坡函数发生器的内部工艺控制器 MOP 之后	R	%	100	−100.0 …100.0	r2250
40521	工艺控制器实际值，在滤波器之后	R	%	100	−100.0 …100.0	r2266
40522	工艺控制器的输出信号	R	%	100	−100.0 …100.0	r2294
非循环通信						
40601	DS47 Control	R/W	—	—	—	—
40602	DS47 Header	R/W	—	—	—	—
40603	DS47 数据 1	R/W	—	—	—	—
…	…					
40722	DS47 数据 120	R/W	—	—	—	—

使用 Modbus_Master 指令注意：

① Modbus 寻址支持最多 247 个从站（从站编号 1 ～ 247）。每个 Modbus 网段最多可以有 32 个设备，多于 32 个从站，需要添加中继器。

② DATA_ADDR 必须查询西门子变频器手册。

3）编写程序　OB1 中的程序如图 14-20 所示。以下仅对部分进行解释。

① 程序段 1：当系统上电时，激活 Modbus_Comm_Load 指令，使能完成后，设置了 Modbus 的通信端口、波特率和奇偶校验，如果以上参数需要改变时，需要重新激活 Modbus_Comm_Load 指令。

② 程序段 3：当压下 I0.0 按钮时，把主设定值传送到 MW56 中。

在 Modbus 从站寄存器号 DATA_ADDR 中写入 40101，40101 代表速度主设定值寄存器号。在 DATA_PTR（MW56）中写入 16#1000，代表速度主设定值。

③ 程序段 4：延时 0.3s，在 Modbus 从站寄存器号 DATA_ADDR 中写入 40100，40100 代表控制字寄存器号。在 DATA_PTR 中写入 16#47E，代表使变频器停车。

④ 程序段 5：延时 0.3s，在 DATA_PTR 中写入 16#47F，代表使变频器启动。

⑤ 程序段 6：当压下停止按钮 I0.1 时，从站寄存器号 DATA_ADDR 中写入 40100，停止信号（16#47E）传送到 MW56 中，变频器停机。

⑥ 程序段 8：在从站寄存器号 DATA_ADDR 中写入 40101，将主设定值设置为 0，变频器停机。

> **注意** 要使变频器启动，必须先发出停车信号，无论之前变频器是否处于运行状态。

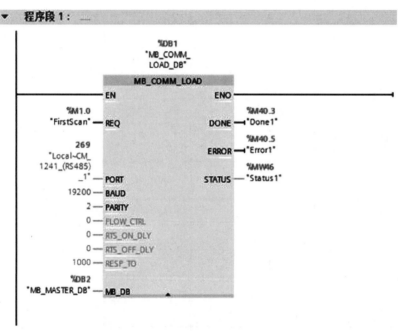

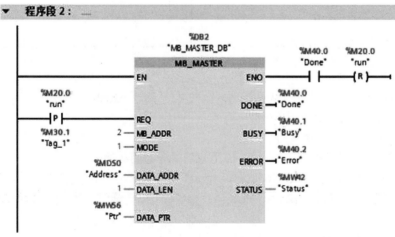

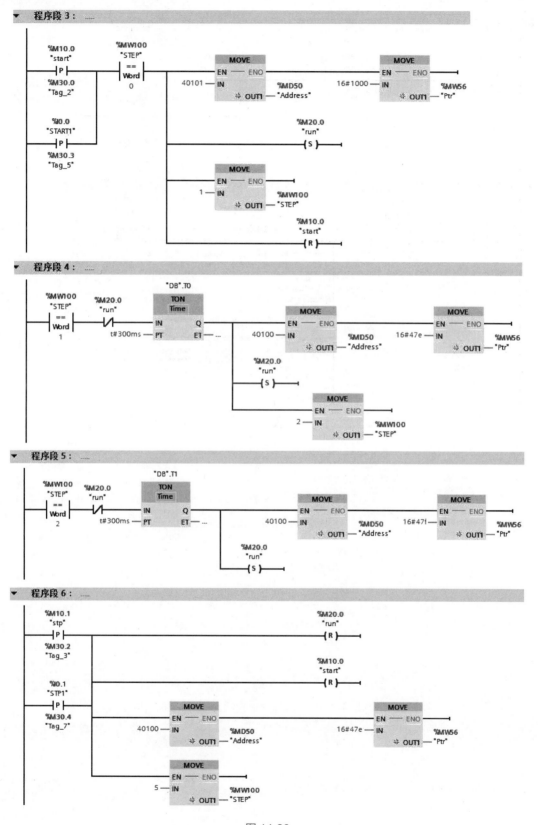

图 14-20

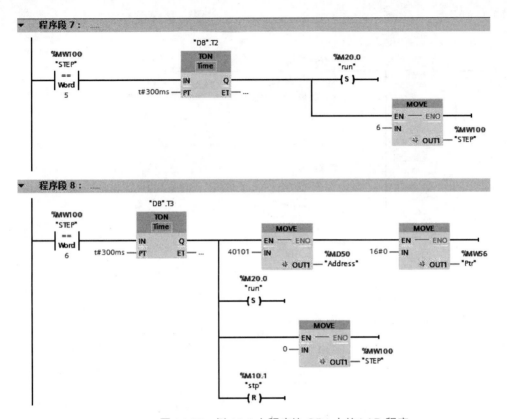

图 14-20　例 14-4 主程序块 OB1 中的 LAD 程序

第 15 章
网关和耦合器的通信及系统集成

本章主要介绍网关和耦合器的应用。随着自动化程度的不断提高，控制系统的通信节点数目不断增加，由于耦合器可以扩展网络，因此其使用也随着增加。当一个网络中有不同通信协议的网络设备需要通信时，通常需要使用网关。网关和耦合器相关内容有一定的难度。

15.1 网关在通信中的应用

15.1.1 网关介绍

网关（Gateway）又称网间连接器、协议转换器。网关在网络层以上实现网络互联，是复杂的网络互联设备，仅用于两个高层协议不同的网络互联。网关既可以用于广域网互联，也可以用于局域网互联。网关是一种充当转换重任的计算机系统或设备，使用在不同的通信协议、数据格式或语言，甚至体系结构完全不同的两种系统之间，网关是一个翻译器。

在工程实践中，当控制器（如兼容 PROFINET）和被控设备（如兼容 Modbus）兼容的通信协议不同时，又需要进行通信，通常要使用网关。

15.1.2 用 S7-1200/1500 PLC、Modbus 转 PROFINET 网关和温度仪表测量温度

以下用一个例子介绍用 S7-1500 PLC、Modbus 转 PROFINET 网关和温度仪表测量温度。用 S7-1200 PLC、Modbus 转 PROFINET 网关和温度仪表测量温度的方法与以下介绍的方法类似，仅硬件组态不同，因此不赘述。

【例 15-1】某设备控制系统由 S7-1500 PLC（没有配置串行通信模块）、ET200SP、网关和温度仪表（型号 KCMR-91W）组成，温度仪表兼容 Modbus-RTU 通信协议，要求压下启动按钮，开始实时采集温度仪表的实时温度值，压下停止按钮则停止采集信息，正常采集温度时，指示灯亮。

【解】（1）软硬件配置

① 1 台 CPU 1511T-1PN。

② 1 台 TS-180 网关。

③ 1 台 KCMR-91W 温度仪表（配 RS-485 端口，支持 Modbus-RTU 协议）。

④ 1根带 PROFIBUS 接头的屏蔽双绞线。

⑤ 1套 ET200SP（含数字量输入和数字量输出模块）。

⑥ 1套 TIA Portal V17。

电气原理图如图 15-1 所示，采用 RS-485 的接线方式，通信电缆需要两根屏蔽线缆。温度仪表需要接交流 220V 电源。

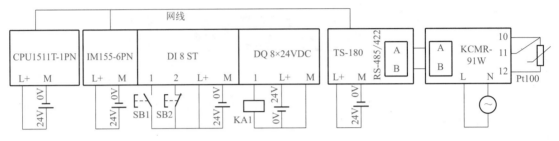

图 15-1　例 15-1 电气原理图

（2）硬件组态和网络组态

① 新建项目。先打开 TIA Portal V17 软件，再新建项目，本例命名为"GateWay"，接着单击"项目视图"按钮，切换到项目视图。

② 硬件组态。在 TIA Portal 软件项目视图的项目树中，双击"添加新设备"按钮，先添加 CPU 模块"CPU1511T-1PN"，再添加"IM155-6PN""DI×8"和"DQ×8"模块，之后将"CPU1511T-1PN"和"IM155-6PN"连成网络，如图 15-2 所示。

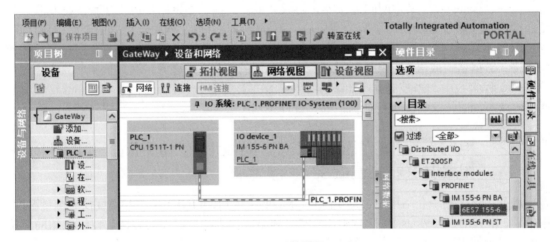

图 15-2　硬件配置

③ 网关组态。网关组态的前提是 TIA Portal 中已经安装 TS-180 的 GSDML 文件，GSDML 文件可以理解为该硬件的驱动，此文件可以在该生产厂家的官网上免费下载。如图 15-3 所示，在"网络视图"中，先选中标记②的设备，用鼠标左键按住拖拽到标记③处。之后选中 PLC_1 的绿色小窗，即标记④，用鼠标左键按住拖拽到网关的绿色小窗，即标记⑤处释放。

在图 15-3 中，双击标记③处的网关，弹出如图 15-4 所示的界面，先选中标记②的"Input/Output 002 bytes"，用鼠标左键按住拖拽到标记③处。I 地址下的"1...2"的含义是

PLC 从 IB1 ～ IB8 存储区接收信息，Q 地址下的"1...2"的含义是 PLC 向 QB1 ～ QB8 存储区发送信息。

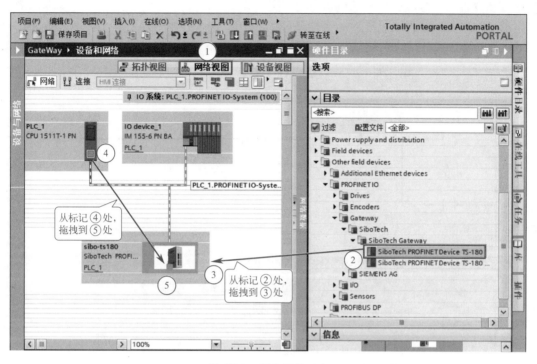

图 15-3　组态网关（1）

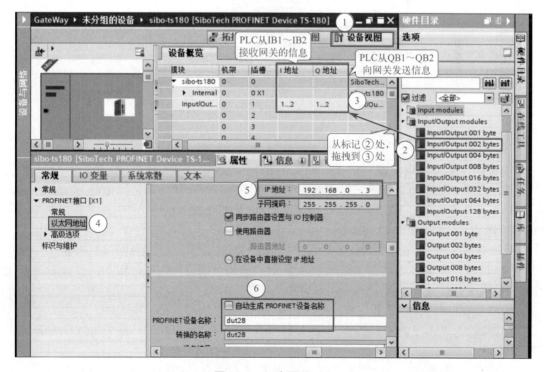

图 15-4　组态网关（2）

标记⑤处的 IP 地址是网关的 IP 地址，必须与真实网关的一致，标记⑥处的设备名也必须与真实网关的一致。在工程实践中，如两者不一致，通常的做法是，用软件把真实网关的 IP 地址和设备名称修改成与硬件组态中的相同。

（3）编写主站的程序

主站 OB1 中的梯形图程序如图 15-5 所示。

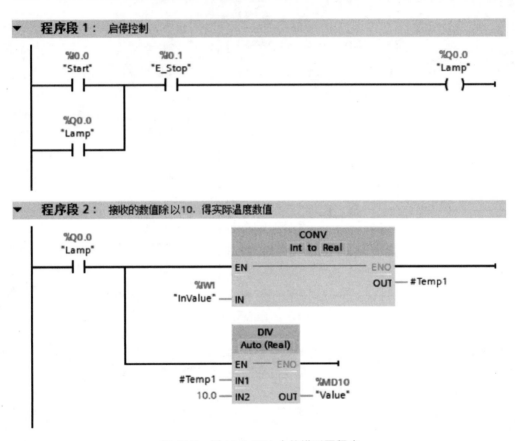

图 15-5　例 15-1 OB1 中的梯形图程序

（4）设置网关

对网关的设置特别关键。ST-180 网关的设置需要用专用的软件 TS-123，此软件在生产厂家的官网上可以免费下载。设置网关的主要目的有两个：一是把网关的 IP 地址和网络名称设置成与组态的一致，本例组态的名称和 IP 地址如图 15-4 所示；二是在网关中设置 Modbus 地址、波特率和奇偶校验等。

①设置网关的 IP 地址及设备名称。单击菜单栏的"工具"→"分配以太网参数"，弹出"设置 IP 地址及设备名"界面，如图 15-6 所示，单击"浏览"按钮，输入需要设置的 IP 地址和设备名称，注意要与图 15-4 中的硬件组态中的一致。

②网关的 PROFINET 配置。将"2byte"从标记①处拖拽到②处，如图 15-7 所示。

③配置 Modbus 子网。按照图 15-8 所示进行设置，注意此处的参数要与仪表的一致，这一点至关重要。

④设置仪表的地址。一个子网可以有多个仪表或者其他的设备，设置地址如图 15-9 所示。

图 15-6　设置网关的 IP 地址及设备名称

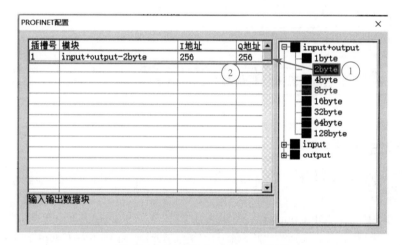

图 15-7　网关的 PROFINET 配置

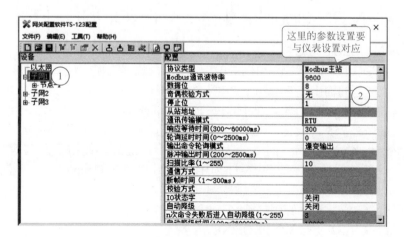

图 15-8　配置 Modbus 子网

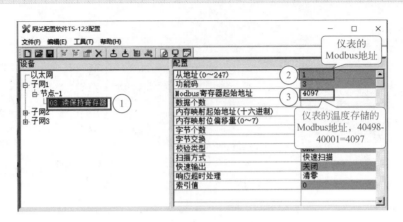

图 15-9　设置仪表的地址

注意　本例控制器采用的是 S7-1500 PLC，也可以使用 S7-1200 PLC 作为控制器，两个方案的程序是一样的，组态方法也类似。

15.2　耦合器在通信中的应用

15.2.1　耦合器介绍

这里讲解的西门子耦合器（Coupler）指 PN/PN Coupler 和 DP/DP Coupler，这两种耦合器实际上也是网关。

在工程实践中，DP/DP Coupler 主要用于主站和主站的通信，而 PN/PN Coupler 主要用于不同网段的控制器之间的通信。实际上 DP/DP Coupler 和 PN/PN Coupler 的使用，都可以扩展网络的规模。

15.2.2　用 PN/PN Coupler 组建一个 PROFINET 网络

（1）PN/PN Coupler 概述

PN/PN Coupler 用于连接两个 PROFINET 网络进行数据交换。最多可以传送 256 个字节的输入和 256 个字节的输出。它有两个 PROFINET 接口，每个接口作为一个 IO Device（IO 设备）连接到各自的 PROFINET 系统中。PN/PN Coupler 如图 15-10 所示。

一个网段最多有 255 台设备，使用 PN/PN Coupler 后可以扩展网络的规模，如图 15-11 所示，使用 PN/PN Coupler 后，网络设备可达 510 台。此外，使用了 PN/PN Coupler 还能使不同网段的设备进行通信，如图 15-11 所示，使用 PN/PN Coupler 后，不同网段可以通信了。

（2）PN/PN Coupler 的应用领域

① 使用系统冗余 S2 互连 2 个 PROFINET 子网。

② 互连 2 个以太网子网。

③ 交换数据。

④ 与多达 4 个 IO 控制器共享或耦合数据。

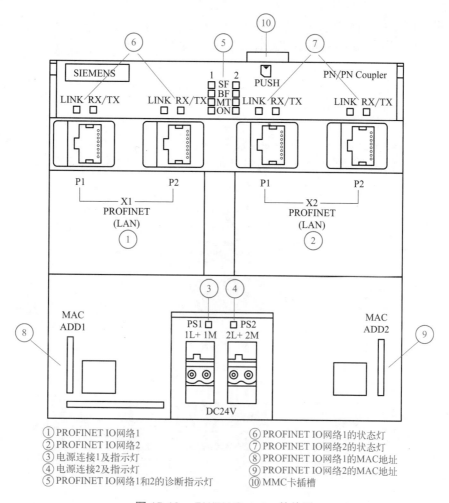

① PROFINET IO网络1
② PROFINET IO网络2
③ 电源连接1及指示灯
④ 电源连接2及指示灯
⑤ PROFINET IO网络1和2的诊断指示灯
⑥ PROFINET IO网络1的状态灯
⑦ PROFINET IO网络2的状态灯
⑧ PROFINET IO网络1的MAC地址
⑨ PROFINET IO网络2的MAC地址
⑩ MMC卡插槽

图 15-10　PN/PN Coupler 的外形

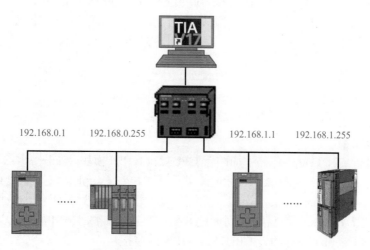

图 15-11　PN/PN Coupler 应用案例

（3）PN/PN Coupler 的应用举例

【例15-2】某汽车零部件厂有 50 套设备，每台设备的主控制器都是 S7-1500 PLC，来自不同的制造商，IP 地址处于多个不同的网段，工厂的 MES 系统需要采集每个设备的信息（如产量、用于可追溯的流水号和设备状态等），每台设备把 MES 需要采集的信息存放在 12 个字节中，用于发送，同时接收来自 MES 的信息，存放在 6 个字节中，要求设计解决方案。

【解】1）方案设计　由于工厂的设备来自不同的制造商，所以 IP 地址不都在同一网段，而即使在同一网段，有的 IP 地址也有可能冲突，因此组成一个局域网，没有可行性。因此本例的解决方案是 50 台设备组成 50 个局域网，每台设备配一台 PN/PN Coupler（共 50 台），每台 PN/PN Coupler 的端口一端与设备相连，而另一端和一台主 S7-1500 PLC 相连，MES 系统直接采集主 S7-1500 PLC 的信息即可，其拓扑图如图 15-12 所示（图中只示意了 2 台设备）。

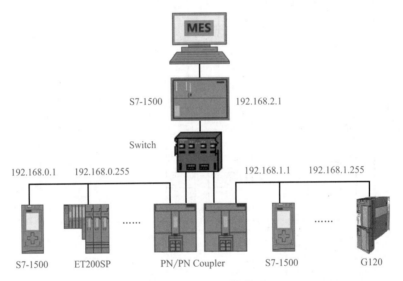

图 15-12　例 15-2 拓扑图

每台数据的流向都是从设备的 S7-1500 PLC 流向 PN/PN Coupler，再流向主 PLC（IP 地址为 192.168.2.1），最后由 MES 系统采集。因此，本例仅仅讲解一台设备将数据送到主 PLC，其余设备类似，不一一介绍。这是一个典型的系统集成方案。

2）软硬件配置

① 2 台 CPU 1511T-1PN。

② 1 台 PN/PN Coupler。

③ 1 套 TIA Portal V17。

3）硬件和网络组态

① 新建项目 "PN_Coupler"，添加两台 CPU1511T-1PN 模块，如图 15-13 所示。

② 网络组态。在网络视图中，从标记①处将 "PN/PN Coupler×1" 拖拽到标记②处，从标记③处将 "PN/PN Coupler×2" 拖拽到标记④处。把标记⑤处的绿色小窗拖拽到标记⑥处的小窗，把标记⑦处的绿色小窗拖拽到标记⑧处的小窗，如图 15-14 所示。这样做的目的实际是通过 PN/PN Coupler 建立两台 CPU1511T-1PN 的连接。

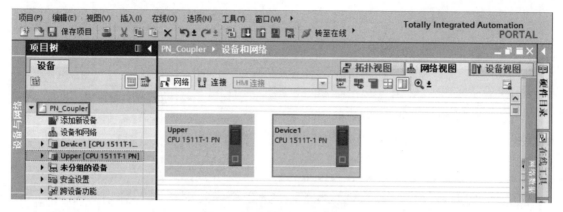

图 15-13　新建项目和硬件组态

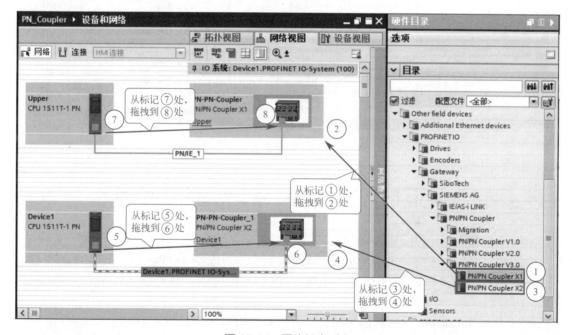

图 15-14　网络组态（1）

在图 15-14 中，双击⑧处的"PN/PN Coupler×1"，弹出如图 15-15 所示的上面的画面，从标记①处将"IN/OUT 12 Bytes/6 Bytes"拖拽到标记②处，这样操作的目的是将主 PLC 接收数据的地址定义为 IB0 ～ IB11，将主 PLC 向设备发送数据的地址定义为 QB0 ～ QB5。

在图 15-14 中，双击⑥处的"PN/PN Coupler×2"，弹出如图 15-15 所示的下面的画面，从标记③处将"IN/OUT 6 Bytes/12 Bytes"拖拽到标记④处，这样操作的目的是将设备接收数据的地址定义为 IB0 ～ IB5，将设备向主 PLC 发送数据的地址定义为 QB0 ～ QB11。

③ 关于数据流向的说明。完成以上组态后，并不需要编写程序，设备 CPU1511T-1PN 上的信息，通过 PN/PN Coupler 自动映射到主 PLC 的对应的地址中。MES 只需要在这些地址中读写数据即可，有关 MES 怎样与 PLC 交换数据，不在本书讨论范围。

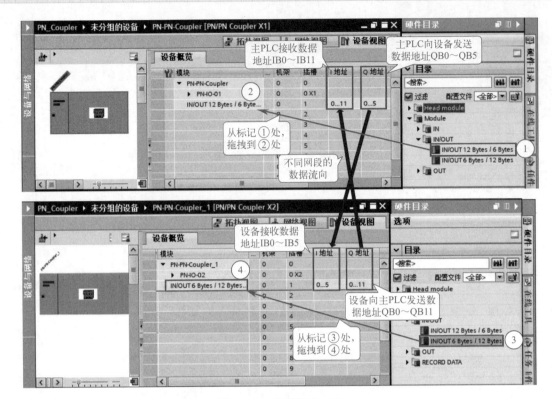

图 15-15 网络组态（2）

15.2.3 用 DP/DP Coupler 组建一个 PROFIBUS 网络

（1） DP/DP Coupler 模块概述

DP/DP Coupler 用于连接两个 Profibus-DP 主站网络，以便在这两个主站网络之间进行数据通信，数据通信区最高可以达 244 字节输入和 244 字节输出。DP/DP Coupler 模块面板如图 15-16 所示。

对于 DP/DP Coupler 连接的两个网段，通信速率可以不同，因此 DP/DP Coupler 非常适用于不同通信速率的两个 Profibus-DP 主站系统之间的数据通信，但是对于通信数据区，网络 1 的输入区必须和网络 2 的输出区完全对应，同样网络 2 的输入区必须和网络 1 的输出区完全对应，否则会造成通信故障。

DP/DP Coupler 的拨码开关和指示灯的含义见表 15-1。

表 15-1 拨码开关和指示灯的含义

开关	拨码值		含义
PS	DP1	ON	PS1 24V DC 供电监控使能（用于诊断）
		OFF	PS1 24V DC 供电监控未使能
	DP2	ON	PS2 24V DC 供电监控使能（用于诊断）
		OFF	PS2 24V DC 供电监控未使能

续表

开关	拨码值		含义
DIA	DP1	ON	网络 2 的输出数据发送给网络 1 的输入数据验证使能
		OFF	网络 2 的输出数据发送给网络 1 的输入数据验证未使能
	DP2	ON	网络 1 的输出数据发送给网络 2 的输入数据验证使能
		OFF	网络 1 的输出数据发送给网络 2 的输入数据验证未使能
ADDR	DP1	ON	网络 1Profibus 站地址通过 STEP7 来设置
		OFF	网络 1Profibus 站地址通过模块本身 DIL 开关来设置
	DP2	ON	网络 2Profibus 站地址通过 STEP7 来设置
		OFF	网络 2Profibus 站地址通过模块本身 DIL 开关来设置
1，2，4，8，16，32，64	DP1		网络 1Profibus 站地址设置开关（1 ~ 125）
	DP2		网络 2Profibus 站地址设置开关（1 ~ 125）

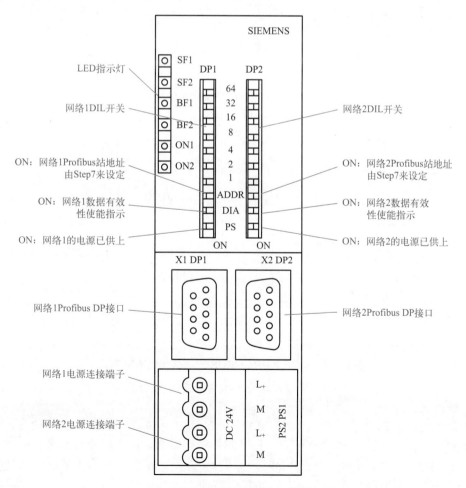

图 15-16   DP/DP Coupler 面板

（2）DP/DP Coupler 模块具有的特点

① 连接两个不同的 Profibus 网络进行通信，两个网络的通信速率、站地址可以不同。

② 最多可以建立 16 个 I/O 数据交换区。

③ 两个网络电气隔离，一个网段故障不影响另一个网段的运行。

④ 支持 DPV1 全模式诊断。

⑤ 可通过 DIL 开关，Step 7 或其他编程工具设定 Profibus 站地址。

⑥ 双路冗余供电方式。

（3）DP/DP Coupler 模块应用实例

以下用一个例子，介绍 DP/DP Coupler 模块的应用。通过组建两个 PROFIBUS 网络，实现两个网络主站之间的 PROFIBUS 通信。

【例 15-3】有 1 台设备，控制系统由 CPU412-1、CPU314C-2DP、DP/DP Coupler、CPU226CN、EM277、SM421 和 SM422 组成，要求从 CPU314C-2DP 的 MW0 发出 2 个字节到 CPU412-1 的 MW0，从 CPU412-1 的 MW10 发送 2 个字节到 CPU314C-2DP 的 MW10 中。

【解】1）主要软硬件配置

① 1 套 STEP 7 V5.6 SP2。

② 1 台 CPU314C-2DP、CPU226CN、EM277。

③ 1 台 DP/DP Coupler。

④ 1 台 CPU412-1。

⑤ 1 台 SM421 和 SM422。

⑥ 1 根编程电缆。

⑦ 2 根 PROFIBUS 网络电缆（含 6 个网络总线连接器）。

PROFIBUS 现场总线硬件配置如图 15-17 所示。

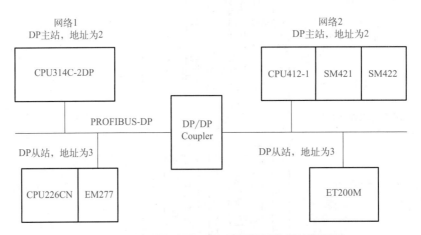

图 15-17　例 15-3 PROFIBUS 现场总线硬件配置图

2）硬件组态

① 新建项目，并组态网络 1。在 SIMATIC Manager 界面，首先新建一个项目，本例为 "DP/DP Coupler"，再插入 S7-300 站点；打开硬件组态界面，插入机架 RACK，再插入 CPU 314C-2DP，如图 15-18 所示，双击 "DP"，弹出 "属性" 界面，单击 "属性" 按钮，弹出 "属性 -PROFIBUS 接口" 界面，单击 "新建" 按钮，选择站地址为 "2"，单击 "确定" 按钮。再插入 EM277 模块，EM277 的 DP 地址为 "3"，再插入输入 / 输出区间。

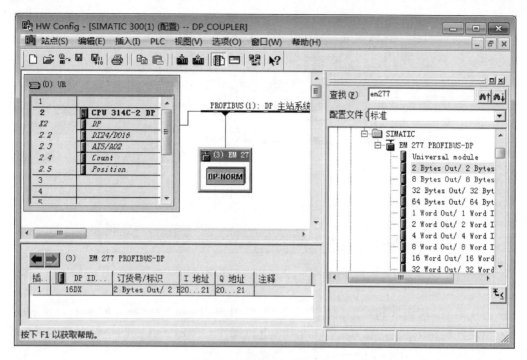

图 15-18　网络 1 的硬件组态

　　② 插入"DP/DP Coupler"模块。用鼠标左键选中"DP/DP Coupler",并拖入到如图 15-19 箭头所示的位置,弹出"属性 -PROFIBUS 接口"界面,如图 15-20 所示,选择地址为"4",再单击"确定"按钮。

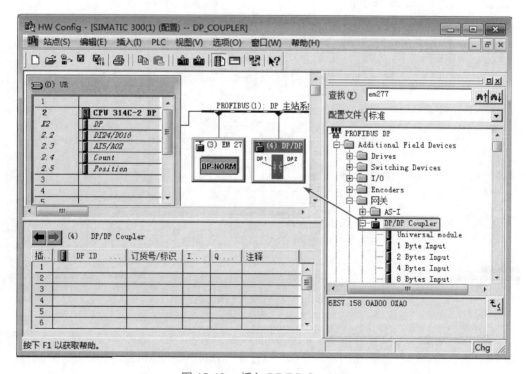

图 15-19　插入 DP/DP Coupler

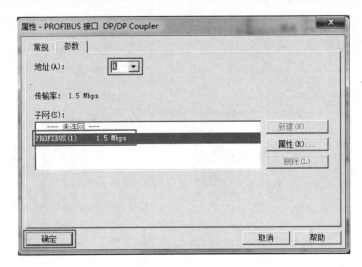

图 15-20　新建 PROFIBUS 网络

再插入输入 / 输出区间，用鼠标左键选中"2 Bytes Input"，并拖入如图 15-21 箭头所示的位置，用同样的方法对"2 Bytes Output"进行操作。单击工具栏的"保存和编译"按钮，如没显示错误，网络 1 的硬件组态工作完成。

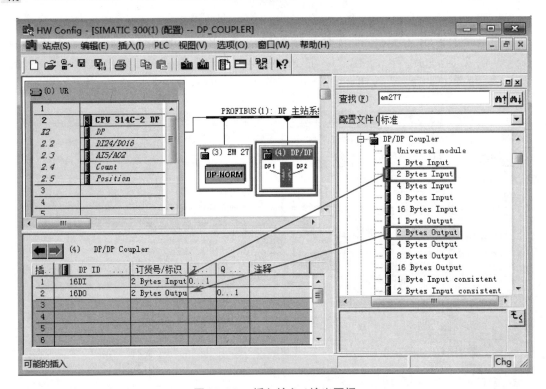

图 15-21　插入输入 / 输出区间

③ 组态网络 2。在 SIMATIC Manager 界面，再插入 S7-400 站点；打开硬件组态界面，插入机架 UR2，再先后插入 PS407 4A、CPU 412-1、SM421 和 SM422，如图 15-22 所示。

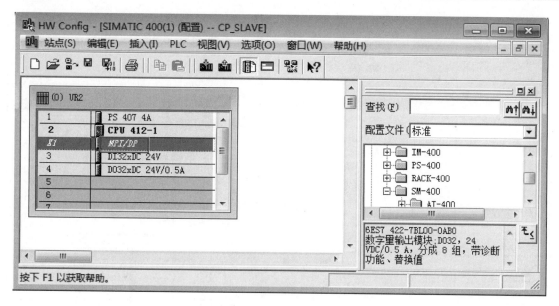

图 15-22　硬件组态

④ 新建 PROFIBUS 网络。双击如图"MPI/DP"，如图 15-22 所示，弹出"属性 -MPI/DP"对话框，把类型选为"PROFIBUS"，再单击"属性"按钮。弹出"属性 -PROFIBUS 接口"对话框，单击"新建"按钮，实际就是新建 PROFIBUS 网络，如图 15-23 所示，单击"属性 -PROFIBUS 接口"对话框的"确定"按钮，最后单击"属性 -MPI/DP"对话框的"确定"按钮。

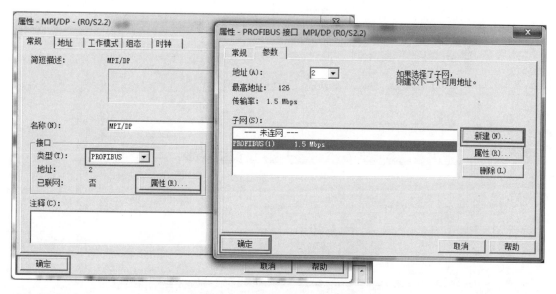

图 15-23　新建 PROFIBUS 网络

⑤ 插入"DP/DP Coupler"模块。用鼠标左键选中"DP/DP Coupler"，并拖入如图 15-24 所示的界面，弹出"属性 -PROFIBUS 接口"界面，如图 15-25 所示，选择地址为"5"，再单击"确定"按钮。

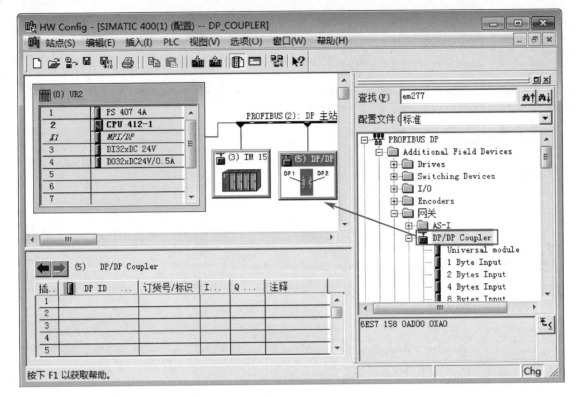

图 15-24　拖入 DP/DP Coupler

图 15-25　新建 PROFIBUS 网络

再插入输入 / 输出区间，用鼠标左键选中 "2 Bytes Input"，并拖入如图 15-26 所示箭头的位置，用同样的方法对 "2 Bytes Output" 进行操作。单击工具栏的 "保存和编译" 按钮，如没显示错误，网络 2 的硬件组态工作完成。打开网络组态如图 15-27 所示。

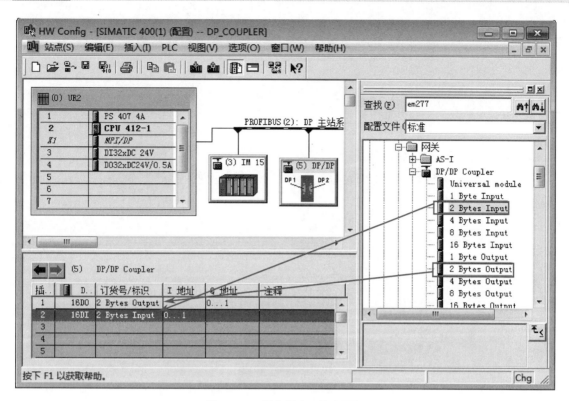

图 15-26 插入输入 / 输出区间

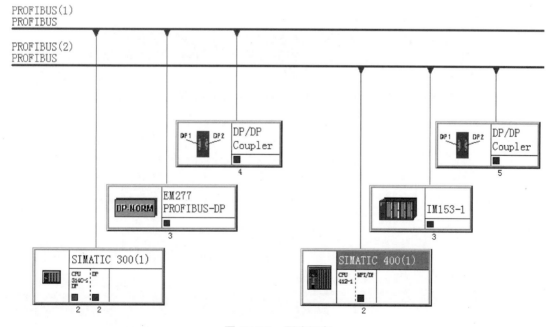

图 15-27 网络组态

3）编写程序　网络 1 的 OB1 中的程序如图 15-28 所示，网络 2 的 OB1 中的程序如图 15-29 所示。

⊟ **程序段 1**：标题：

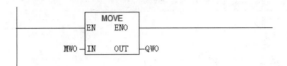

⊟ **程序段 2**：标题：

图 15-28　例 15-3 网络 1 的 OB1 中的程序

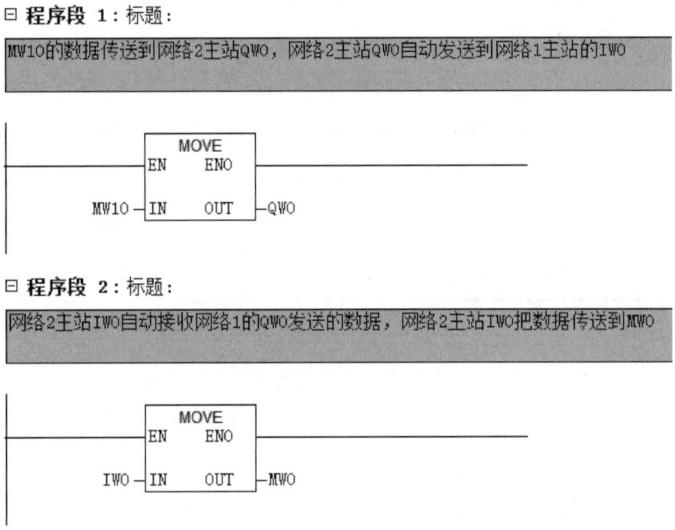

⊟ **程序段 1**：标题：

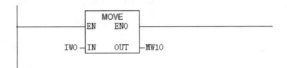

⊟ **程序段 2**：标题：

图 15-29　例 15-3 网络 2 的 OB1 中的程序

第16章
无线通信及系统集成

本章介绍的无线通信仅限于工业控制场合。工业控制中通常采用有线通信控制，但在敷设线缆成本高或者不方便敷设电缆的场合以及无法使用有线通信的场合，无线通信成为必然的选择。此外，预防性维修及远程故障诊断和维护等技术的应用可大幅降低成本，这也需要用到无线通信。

随着无线通信的可靠性不断增强，无线通信在工业控制中的应用将越来越广泛。

16.1　无线网关在通信中的应用

16.1.1　无线通信概述

（1）无线通信的概念

无线通信（wireless communication）是指多个节点间不经由导体或线缆传播进行的远距离传输通信，利用收音机、无线电等都可以进行无线通信。本书讲解的无线通信仅限于工业控制场合。

无线通信包括各种固定式、移动式和便携式应用，例如双向无线电、手机、个人数码助理及无线网络。其他无线通信的例子还有 GPS、车库门遥控器、无线鼠标等。

大部分无线通信技术会用到无线电，包括距离只到数米的 WiFi、蓝牙，也包括距离超过数百万千米的深空网络。但有些无线通信的技术不使用无线电，而是使用其他的电磁波无线技术，例如光、磁场、电场等。

（2）无线通信在工业控制中的应用

在工业控制中，因为有线通信稳定可靠，而且在多数场合有线通信的成本相对较低，所以有线通信比无线通信应用更广泛。但在一些特定的场合，使用无线通信更有优势，甚至不可替代，具体说明如下。

① 路程较远，敷设电缆成本大的地方。例如监测江河湖海的水质；监测桥梁的状态；煤气、水表和热力抄表系统，采用无线通信成本更低。

② 不方便敷设的场合。例如设备信息化改造时，敷设有线电缆有困难，无线通信是较好的选择。

③ 调试时，为了方便（有的地方不方便到达，如仪表在高处、井下和有危险的地方）和提高工作效率。

④ 有的设备上有些部件相对处于运动状态（尤其是旋转状态），从固定部件上把信息传送到旋转部件上，采用无线通信也是可行的选择方案。

⑤ 预防性维修、远程的故障诊断和维护。

（3）工业控制中近距离与远程无线通信产品

① 近距离的无线通信典型产品有西门子的工业无线局域网（IWLAN，如 SCALANCE W700 产品），罗斯蒙特的 WirelessHART 和邦纳的无线网关等。其他的公司也有类似的产品。

② 远程无线通信典型产品有各大 PLC 厂家生产的 GPRS 或者 4G 模块、部分触摸屏自带的远程控制功能和种类繁多的国产物联网模块（如汉枫的远程控制模块）等。

16.1.2　无线网关介绍

（1）网关与无线网关

网关是一种复杂的网络连接设备，可以支持不同协议之间的转换，实现不同协议网络之间的互联。

无线网关是指集成有简单路由功能的无线访问接入点（AP，Wireless Access Point），即无线网关通过不同设置可完成无线网桥和无线路由器的功能，也可以直接连接外部网络（如 WAN），同时实现 AP 功能。无线网关一般具有一个 10Mbps 或 10/100Mbps 的广域网口（WAN）、多个（4 ～ 8）10/100Mbps 的局域网口（LAN）、一个支持 IEEE802.11b、802.11g 或 802.11a/g 标准的无线局域网接入点、具有网络地址转换功能（NAT）以实现多用户的 Internet 共享接入的硬件设备。

（2）邦纳 DXM100 无线网关介绍

DXM100 控制器是一款工业无线控制器，用于促进以太网连接和工业物联网（IIoT，Industrial Internet of Things）应用。图 16-1 所示为 DXM100 无线网关，主要有以下几个特点。

① 将 Modbus RTU 转换成 Modbus TCP/IP 或 Ethernet IP。

② 逻辑控制器可以使用动作规则和文本语言方式编程。

③ 微型 SD 卡用于数据储存。

④ 邮件和短信报警。

图 16-1　DXM100 无线网关

图 16-2　DX80 无线节点

（3）邦纳 DX80 无线节点介绍

DX80 无线节点的外观如图 16-2 所示。DX80 无线节点可以创建点对多网络，在大范围内分布 I/O 点。输入和输出类型包括离散量（干触点，PNP/NPN）、模拟量（0 ～ 10V DC，0 ～ 20mA）、温度（热电偶和热电阻），以及脉冲计数器。其特点如下。

① 增强的网关和节点在 900 MHz 频段提供更远的距离。

② 高密度 I/O 容量提供最多 12 路离散量输入或输出，或者混合离散量和开关量的 I/O。

③ 通用型模拟量输入允许根据现场需求选择电流或电压。

DX80 无线节点的下接口的定义见表 16-1。

表 16-1 DX80 无线节点的下接口引脚定义

5 引脚 M12 连接器外形	引脚号	线的颜色	定义
	1	棕	电源正：10 ～ 30V DC
	2	白	RS 485+/B
	3	蓝	GND/0V
	4	黑	RS 485-/A
	5	灰	公共地

注意 通常仅使用引脚 1 和 3 作为该设备的电源。引脚 2 和 4 是 RS 485 通信引脚，仅用于参数设置，一般情况不使用。该接头处的电缆为专用电缆。

DX80 无线节点的上接口的定义见表 16-2。这个接口与传感器相连。该接头处的电缆为专用电缆。

表 16-2 DX80 无线节点的上接口引脚定义

5 引脚 M12 连接器外形	引脚号	线的颜色	定义
	1	棕	电源正：3.6 ～ 5.5V DC
	2	白	串行设备方式选择（漏型输入）
	3	蓝	GND/0V
	4	黑	不用 / 保留
	5	灰	串行通信线

16.1.3 用邦纳 DXM100 无线网关测量振动和温度

【例 16-1】预防性维修对控制系统的稳定运行十分重要，因此对控制对象的实时监测就非常必要。某系统有一台关键的电动机，需要对其温度和振动进行检测，现场敷设有线电缆比较困难，要求用无线通信，请设计解决方案。

【解】（1）软硬件配置

① 1 台 CPU 1215C。

② 1 台 DXM100 网关。

③ 1 台 DX80 无线节点。

④ 1 台 QM30VT1 振动、温度传感器。

⑤ 1 套 TIA Portal V17。

⑥ 1 套 DXMConfigurationTool_3.1.11（无线网关配置软件，可在邦纳官网免费下载）。

硬件配置方案如图 16-3 所示，QM30VT1 振动、温度传感器采集电动机的信号传送到 DX80 无线节点（邦纳自有串行通信协议），DX80 无线节点通过无线传输的方式把信号传送到 DXM100 网关（邦纳自有无线通信协议），再通过以太网（本例采用 MODBUS-TCP 通信协议）传送到 PLC。当然手机等上位机安装了客户端软件，也可以接收 DXM100 网关的信号。

图 16-3　例 16-1 系统配置方案

（2）无线网关与节点配置

无线网关与节点配置非常重要。无线网关与节点配置的主要目的是设置参数，具体如下。

① 建立无线网关与节点之间的无线通信。

② 把 DXM100 网关收到的信息映射到 MODBUS-TCP 的地址，方便上位机采集。

③ 设置参数包括站名、站 IP 地址等。

无线节点的配置只需要按面板上的按钮，再看液晶屏的提示即可，具体操作可以查看邦纳的说明书。DXM100 网关除需要在面板上设置参数外，还需要用软件 DXMConfigurationTool 进行设置，例如把 DX80 节点通道传输到 DXM100 的数据与 MODBUS-TCP 通道进行匹配（映射）。打开 DXMConfigurationTool 软件，如图 16-4 所示，单击"Add Read Rule"按钮 6 次，把 6 个通道与地址进行匹配。匹配完成后实际生成一个 "XML"文件。再单击菜单"Device"→"Send XML Configuration to DXM"，如图 16-5 所示，目的是把生成的"XML"文件传送到 DXM100 中去。

（3）硬件组态

① 新建项目。先打开 TIA Portal V17 软件，再新建项目，本例命名为"Temperature Measurement"，接着单击"项目视图"按钮，切换到项目视图。

② 硬件配置。在 TIA Portal 软件项目视图的项目树中，双击"添加新设备"按钮，先添加 CPU 模块"CPU1215C"模块，如图 16-6 所示。

（4）编写程序

① 创建数据块。在项目树的 PLC_1 中，单击"添加新块"按钮，新建数据块 "Temperature"，如图 16-7 所示，创建变量即 Receive，其数据类型为"TCON_IP_v4"（这个数据类型是手动输入的），按照如图 16-7 所示进行设置。注意："ADDR"后面的 IP 地址 "192.168.0.50"是 DXM100 的 IP 地址，在手动设置 DXM100 的 IP 参数时，要与这里设置成一样的。RemotePort 是远程接口，MODBUS-TCP 通信的固定值为 502，不能更改。

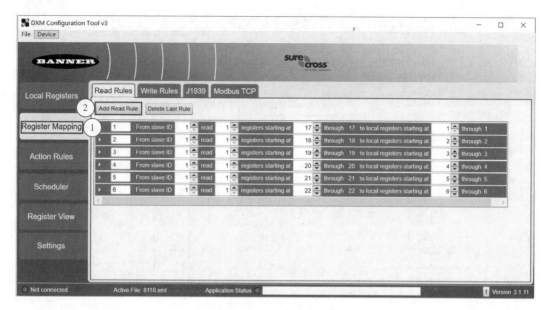

图 16-4　地址映射（匹配）

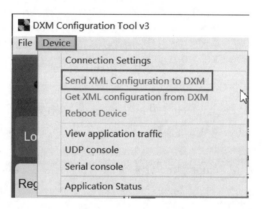

图 16-5　传送"XML"文件传送到 DXM100

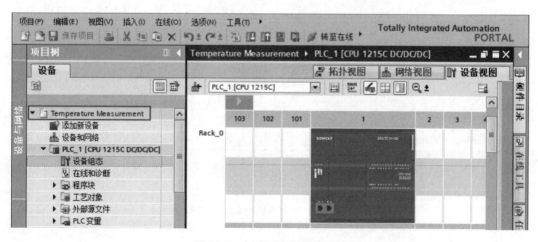

图 16-6　新建项目和硬件组态

	名称	数据类型	偏移量	起始值	保持
1	▼ Static				
2	▼ Receive	TCON_IP_v4	0.0		☑
3	■ InterfaceId	HW_ANY	0.0	64	☑
4	■ ID	CONN_OUC	2.0	16#1	☑
5	■ ConnectionType	Byte	4.0	16#0B	☑
6	■ ActiveEstablished	Bool	5.0	1	☑
7	▼ RemoteAddress	IP_V4	6.0		☑
8	▼ ADDR	Array[1..4] of Byte	6.0		☑
9	■ ADDR[1]	Byte	6.0	192	☑
10	■ ADDR[2]	Byte	7.0	168	☑
11	■ ADDR[3]	Byte	8.0	0	☑
	■ ADDR[4]	Byte	9.0	50	☑
	RemotePort	UInt	10.0	502	☑
	LocalPort	UInt	12.0	0	☑
15	▶ Temperature_Data	Array[0..10] of Int	14.0		☑
16	State_communicate	Word	36.0	16#0	☑
	Viberate_X	Real	38.0	0.0	☑
	Viberate_Z	Real	42.0	0.0	☑
	Temperature	Real	46.0	0.0	☑

数据类型，手动输入

这里的参数非常重要

测量参数的数组

转换后的测量参数

图 16-7　数据块 "Temperature"

Temperature_Data 是 11 个元素的数组，实际只需要用到前 6 个，因为图 16-4 中只创建了 6 个通道，这里也只接收 6 个整数型数据。这个数值需要经过转换后才变成振动数值和温度。

Viberate_X、Viberate_Z 和 Temperature 分别是 X 方向的振动、Z 方向的振动和温度数值。

> **注意** 数据块创建或修改完成后，需进行编译。

② 编写主程序。OB1 中的梯形图程序如图 16-8 所示。

程序段 1 : ......

```
     %DB2
   "FB1_DB"
     %FB1
     "FB1"
 EN        ENO
```

图 16-8　例 16-1 OB1 中的梯形图程序

③ 编写 FB1 程序。FB1 中的梯形图程序如图 16-9 所示。

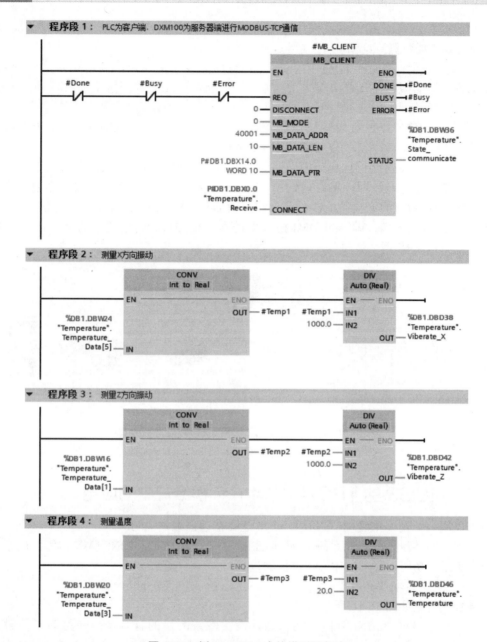

图 16-9　例 16-1 FB1 中的梯形图程序

16.2　无线通信在远程维护中的应用

16.2.1　远程无线通信方案介绍

常见典型的远程无线方案如下。

① 各 PLC 厂家生产的，基于 4G/GPRS 网络的 PLC 通信模块（如西门子的 MD720-3 模

块、CP1242-7 模块等），通常这些模块只能与 PLC 配合使用。利用手机移动网络传输数据，这种模块需要消耗数据流量。

② 某些厂家生产的物联网通用模块，如 DTU 无线通信模块，利用 4G/GPRS 移动网络传输数据，这种模块需要消耗数据流量。其通用性比 PLC 专用模块强，不局限于 PLC 模块。

③ 某些设备附带 WiFi 或者 4G/GPRS 网络的通信功能，例如 MCGS 的 TPC7022Nt 触摸屏，自带 WiFi 功能，其具体功能方案如图 16-10 所示。

以计算机对远程的 CPU1511 下载程序为例说明其数据流向，个人计算机与无线路由器交换数据并把数据送到公网，然后送到 MCGS 公司服务器，MCGS 公司服务器通过公网将数据送到与 HMI 附近的无线路由器，此无线路由器与 HMI 交换数据（WiFi 通信），而 HMI 与 CPU1511 是有线连接，即通过 HMI 把数据送到 CPU1511。由于使用的是 WiFi，所以并不需要消耗 4G/GPRS 网络流量。

图 16-10　TPC7022Nt 触摸屏的远程控制功能方案

16.2.2　MCGS 的 TPC7022Nt 在远程维护中的应用

以下仅用一个例子介绍 MCGS 的 TPC7022Nt 在远程维护中的应用。

【例 16-2】某设备的控制系统上配有 CPU1511T-PN、TPC7022Nt（WiFi 版），此系统具备远程设备维护功能，要求描述远程维护的过程。

【解】（1）控制方案说明

总体控制方案如图 16-10 所示。

首先要设置 TPC7022Nt 触摸屏的参数，设置参数的目的有两个：一是为了使触摸屏（HMI）与附近的无线路由器建立 WiFi 连接，即将触摸屏（HMI）接入公网；二是为个人计算机与触摸屏（HMI）连接创立条件。

接着在个人计算机中运行专用程序"MCGS 调试助手"，此程序由官方提供，运行此程序的目的就是建立个人计算机与触摸屏（HMI）的点对点连接，可理解为建立了一个从个人计算机到触摸屏（HMI）的通道。由于触摸屏与 CPU1511 组成的是局域网，实际就是创建一个从个人计算机到 CPU1511 的通道，这一步是远程维护是否能够成功实施的关键。

个人计算机到 CPU1511 的通道创建完成后，其两者的距离再远，都可以从远程的个人计算机对 CPU1511 下载程序和故障诊断了。

（2）TPC7022Nt 触摸屏的设置

① 进入系统参数设置。TPC7022Nt 触摸屏通电，按住触摸屏的空白处 3s 后，弹出如图 16-11 所示的界面，单击"系统参数设置"按钮。

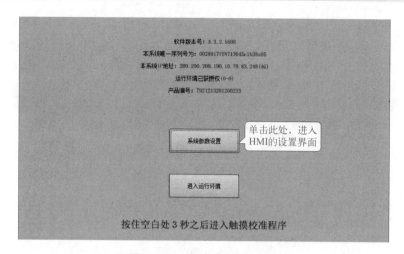

图 16-11　进入系统参数设置

②　网络设置。选中"网络"选项卡，如图 16-12 所示，在网卡后面选中"WiFi"，在
"DHCP"后勾选"启用动态 IP 地址分配模式"。弹出如图 16-13 所示界面，SSID 后面的
WiFi 名称是 HMI 附近可以使用无线路由器的 WiFi，密码也是此无线路由器的 WiFi 密码。

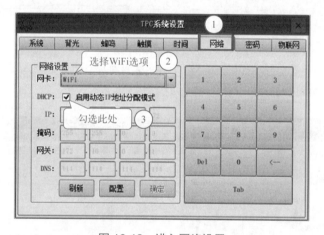

图 16-12　进入网络设置

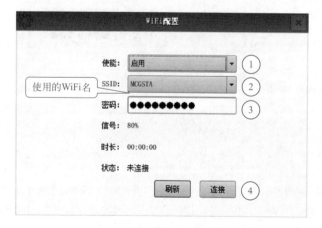

图 16-13　WiFi 配置

③ 物联网设置。选中"物联网"选项卡，如图 16-14 所示，设备名称为"1"，用户名为 "Xiangxh"（也可以是别的合法名称），密码为"11111111"，这里的用户名和密码，与后续远程个人计算机端的"MCGS 调试助手"的登录用户名和密码是一致的。勾选"开机自动上线"，再单击"确定"和"上线"按钮。

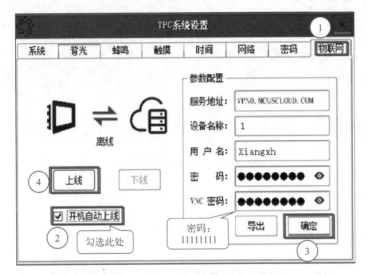

图 16-14　物联网配置

当触摸屏中显示"在线"，如图 16-15 所示，表明触摸屏已经接入了无线 WiFi 网络，且已经做好了与远程计算机通信的准备。

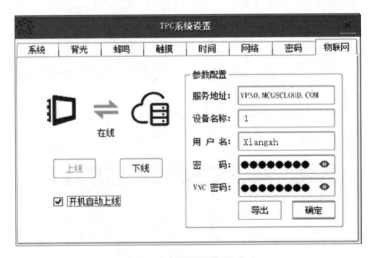

图 16-15　物联网配置成功

（3）运行 MCGS 调试助手

① 登录 MCGS 调试助手。运行 MCGS 调试助手的目的就是创建一条从个人计算机到远程触摸屏的通道。此软件由 MCGS 官方提供。运行 MCGS 调试助手软件，弹出如图 16-16 所示的登录界面，输入用户名和密码（此处的用户名和密码与图 16-14 的用户名和密码相同），单击"登录"按钮弹出如图 16-17 所示的画面。

图 16-16　登录 MCGS 调试助手

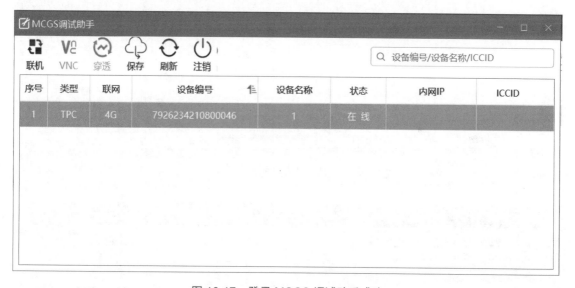

图 16-17　登录 MCGS 调试助手成功

② 建立远程个人计算机与触摸屏连接的通道。在图 16-17 中，单击"联机"按钮，弹出如图 16-18 所示的界面，单击"Continue"（继续）按钮，弹出如图 16-19 所示的界面，在"Password"（密码）后输入"11111111"（这个密码与图 16-15 中的密码相同），单击"OK"按钮。

在图 16-20 中，"状态"显示联机，表示 MCGS 调试助手联机成功。如联机不成功，则需要将安装 MCGS 调试助手计算机中的除无线网卡和 TAP Windows Adapter V9 虚拟网卡以外的有线网卡和虚拟网卡全部禁用。TAP Windows Adapter V9 虚拟网卡的 IP 地址设置为"自动搜索获得 IP 地址"。

图 16-18　调试助手联机（1）

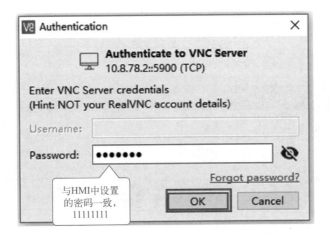

图 16-19　调试助手联机（2）

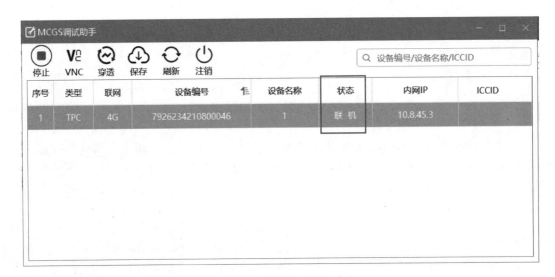

图 16-20　调试助手联机成功

（4）远程下载与维护

① 远程下载。当 CPU1511 的程序需要更新时，就需要进行远程下载。打开 TIA Portal V17 软件，单击工具栏的"下载到设备"按钮，弹出如图 16-21 的界面，按照图中选择"PG/PC 接口"的设置，单击"开始搜索"按钮，搜索到"PLC_1"后，单击"下载"按钮，弹出如图 16-22 的界面，单击"装载"按钮，弹出如图 16-23 的界面，单击"完成"按钮即可。

注意 "PG/PC 接口"是 TAP Windows Adapter V9 虚拟网卡，不是本计算机的有线或者无线网卡，而且其 IP 地址设置为"自动搜索获得 IP 地址"（默认值）。

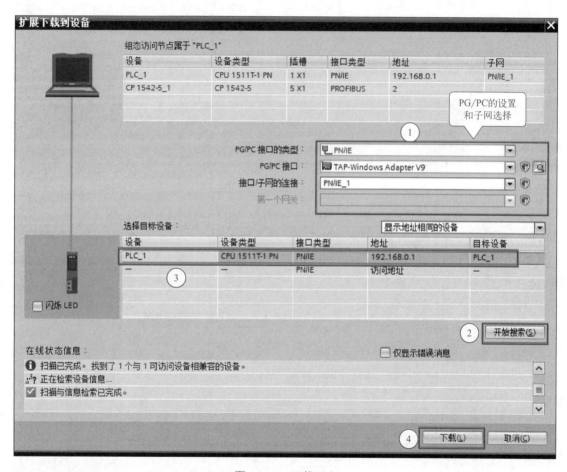

图 16-21 下载（1）

② 远程故障诊断。如图 16-24 所示，单击"转至在线"按钮，在项目树中出现红色圆圈内有感叹号和红色扳手图标，表示有系统故障。

在图 16-25 中，选中"在线访问"，再选中"诊断缓冲区"，可以看到"IO 设备故障 - 找不到 IO 设备"，通常这种情况，一般是 IO 设备站故障、通信电缆断线，或者组态的设备名称和 IP 地址与实际设备的不一致等故障，即俗称"掉站"故障。

很显然，当远程设备的程序需要升级及远程设备有故障需要维护时，利用远程故障诊断技术对远程设备进行诊断，节省了时间，减少了维护成本，非常具有工程实用价值。

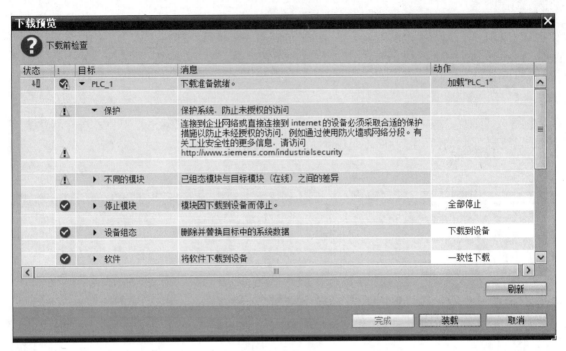

图 16-22　下载（2）

图 16-23　下载完成

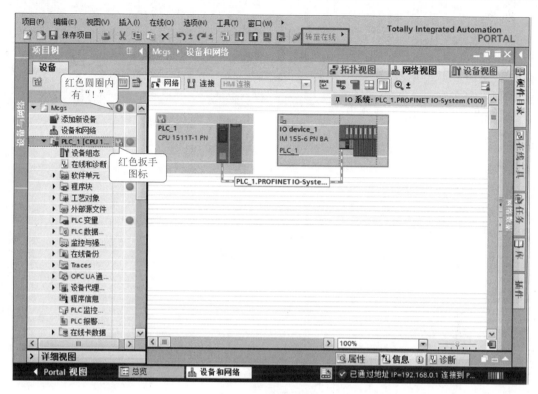

图 16-24　转至在线

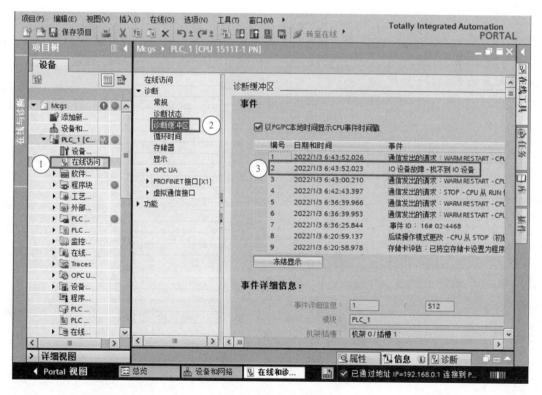

图 16-25　故障诊断

参考文献

[1] 向晓汉 . 西门子 PLC 工业通信完全精通教程 . 北京：化学工业出版社，2013.

[2] 向晓汉 . 电气控制工程师手册 . 北京：化学工业出版社，2021.